新工科应用型人才培养计算机类系列教材

Python 工程应用——

机器学习方法与实践

郭 奕 潘晓衡 肖海林 编著

部分配套资源

西安电子科技大学出版社

内 容 简 介

　　本书通过对大量实际案例的分析以及部分相关理论的适当解读，帮助读者使用 Python 语言进行程序设计，同时能够利用 Python 语言实现基础的机器学习算法。

　　全书包含三大部分：机器学习概念和编程基础、数据预处理基础、机器学习方法及案例，每一部分都结合大量实际例程进行解读。本书共 13 章，具体内容包括机器学习概述、Python 机器学习基础库、数据预处理、K 近邻算法、朴素贝叶斯、决策树、随机森林、AdaBoost 模型、支持向量机、人工神经网络、K 均值聚类、财政收入影响因素分析及预测案例、偷税漏税行为识别分析案例。书末给出两个附录，分别为 Python 的安装与环境配置和 Python 开发工具的安装。

　　本书适合作为电子信息类专业的教材，希望学习机器学习技术的读者均可使用。学习本书需要具备 Python 程序设计基础知识。

　　★本书免费提供书中程序代码和部分数据集、PPT 及部分案例讲解视频、Python 的安装与环境配置、Python 开发工具的安装等资源，需要的读者可以扫描扉页二维码或从出版社网站查看。

图书在版编目(CIP)数据

Python 工程应用：机器学习方法与实践 / 郭奕，潘晓衡，肖海林编著. —西安：西安电子科技大学出版社，2022.6
ISBN 978–7–5606–6464–4

Ⅰ.①P… Ⅱ.①郭… ②潘… ③肖… Ⅲ.①软件工程—程序设计②机器学习
Ⅳ.①TP311.561②TP181

中国版本图书馆 CIP 数据核字(2022)第 079044 号

策　　划　李惠萍
责任编辑　李惠萍
出版发行　西安电子科技大学出版社(西安市太白南路 2 号)
电　　话　(029)88202421　88201467　　　　邮　　编　710071
网　　址　www.xduph.com　　　　　　　　电子邮箱　xdupfxb001@163.com
经　　销　新华书店
印刷单位　陕西天意印务有限责任公司
版　　次　2022 年 6 月第 1 版　　2022 年 6 月第 1 次印刷
开　　本　787 毫米×1092 毫米　1/16　印张 17
字　　数　399 千字
印　　数　1～2000 册
定　　价　39.00 元
ISBN　978–7–5606–6464–4 / TP
XDUP　6766001–1
如有印装问题可调换

前　言

自从 AlphaGo 在 2016 年 3 月战胜了人类围棋顶尖高手之后，人工智能、机器学习、深度学习等词汇就逐渐进入了大众的视野，机器学习也成为了学术界和工业界都极其关注的技术。机器学习是计算机研究领域的一个重要分支，是人工智能的核心基础，也是人工智能领域最具活力的研究方向之一。

机器学习的算法研究需要具备一定的理论基础，而其算法的产业应用又需要一定的编程基础。面对机器学习，不少人都想尝试和体验其神奇之处，但又苦于其较高的门槛而不知如何下手。尽管已经有许多介绍机器学习的优秀著作，但它们大多要么过于偏重理论，要么过于偏重应用，要么过于“厚重”，让人望而生畏。本书致力于将理论与实践相结合，在尽量通俗、形象地讲述理论知识的同时，利用 Python 这一简单、易学的编程语言进行机器学习算法的实践和应用。

鉴于上述写作思路，本书共设计了 13 章，主要包括以下内容：

第 1 章为机器学习基础，简要介绍机器学习的概念、应用、研究方法等；

第 2 章和第 3 章为 Python 应用于机器学习研究的基础内容，主要介绍 Python 中常用于机器学习的基本库以及机器学习应用中的数据预处理方法；

第 4 章到第 11 章为机器学习算法和基本实践，分别从分类任务和聚类任务两大方面介绍了八种常见的机器学习模型，每个模型除了介绍基本原理之外，都通过具体的案例介绍了算法的应用，方便读者复现练习；

第 12 章和第 13 章提供了两个完整的、相对复杂的案例，进一步说明机器学习方法的使用。

书中所有案例均来自于实际工程应用项目或者国际开源的比赛项目，对于科学研究和行业发展有一定的参考价值。

本书由西华大学电气与电子信息学院郭奕老师担任主编，郭老师主要编写了本书的第 1、2、3、4、5、9、10、11 章，东莞理工学院计算机科学与技术学院潘晓衡老师编写了本书的第 6、7、8 章，肖海林工程师编写了本书的第 12、13 章。本书中部分经典案例使用了开源数据集和开源代码。感谢王晓兰、汤微杰、周鑫、熊雪军、周永平同学在书稿校验和代码验证阶段所做的大量工作，同时也感谢在本书编写过程中给予我们帮助的其他朋友们。

本书相关的教学资料和程序源代码等可以在西安电子科技大学出版社的网站上下载。书中存在的不当和错误之处，敬请读者批评指正，我们不胜感谢。这里特留下作者邮箱以接受批评指正和进行相关讨论：lpngy@vip.163.com。

编　者

2022 年 4 月

作者简介

郭奕，副教授，西华大学电气与电子信息学院教师，电子科技大学博士，研究方向为多媒体信息处理与数据挖掘。

潘晓衡，高级工程师，东莞理工学院计算机科学与技术学院教师，电子科技大学硕士，研究方向为云计算、人工智能。

肖海林，高级工程师，电子科技大学硕士，长期从事数据挖掘、机器学习、医学图像处理等方面的研究和工程实践。

目　录

第 1 章

机器学习概述

知识引入

大数据、云计算、物联网与人工智能等技术在近些年取得了令人瞩目的成就，这些原本主要被学术界津津乐道的技术，逐渐形成了实际的应用，进入了普通人的生活，使得更多的人开始关注起这些技术来。作为这些技术的核心之一，机器学习也不断地被各行各业广泛关注和应用。目前，很多企业可以通过机器学习技术获得更多的支持，其产品服务水平得到提升。机器学习还能够为企业经营或者日常生活提供帮助。机器学习广泛应用于数据挖掘、搜索引擎、电子商务、自动驾驶、图像识别、自然语言处理、计算机视觉、医学辅助诊断以及金融等领域。机器学习相关技术的进步，促进了大数据及人工智能在各个领域的发展。本章将对机器学习的相关知识进行简要概述。

知识图谱

本章知识图谱如图 1-1 所示。

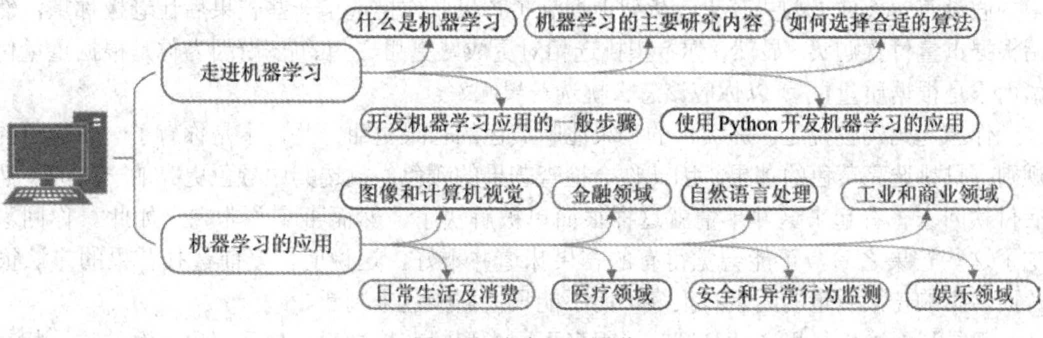

图 1-1　本章知识图谱

1.1 什么是机器学习

我们先来看两个小故事。

故事一：瑞雪兆丰年

中国有一句关于农业生产的谚语：瑞雪兆丰年。意思是说，如果前一年冬天下雪很大、很多，那么第二年庄稼丰收的可能性就比较大。

这条谚语是怎么来的呢？我们可以想象一下当时的情景：第一年冬天下了很大的雪，第二年的收获季节获得了大丰收；第二年冬天没怎么下雪，到了第三年的收获季节，庄稼颗粒无收；第三年的冬天又是大雪，到了第四年的收获季节，又是大丰收；就这样年复一年，若干年后的冬天又下了很大的雪，大家根据多年以来的经验判断，来年一定是个丰收年，这就是瑞雪兆丰年的故事。头一年的瑞雪和来年的丰收，本来是两个看起来并不相关的现象，但是智慧的农民通过几十年甚至几代人的经验，总结出了两个现象之间的规律。尽管现代的农业科学家通过科学分析弄清楚了瑞雪兆丰年背后的本质原理，但对于古代的农民来说，知道规律就够了，就能够通过规律来为下一年的生产生活做出有效的调整。

故事二：买芒果

假设有一天你去购买芒果，货架上摆满了芒果。你挑选了一些芒果后让老板称重，然后根据重量付款购买。显然，你希望挑选相对更成熟更甜一些的芒果(因为你是根据重量付款而不是根据质量)，所以你应该怎么挑选芒果呢？

你想起妈妈曾说过，亮黄色的芒果比暗黄色的芒果更甜一些，于是你有了一个简单的规则：只挑选亮黄色的芒果。因此你会检查芒果的颜色，挑选其中颜色更亮丽一些的，然后付款回家。看起来这件事情就这样很简单被解决了，然而事实并非完全如此。你回家吃了这些芒果之后，可能会觉得有的芒果味道并不好，这说明，之前选择芒果的方法很片面，影响芒果质量的因素有很多，而不能只根据颜色来判断。

于是，经过大量思考并且试吃了很多不同类型的芒果之后，你又得出一个结论：相对更大的亮黄色芒果肯定是甜的，同时，相对较小的亮黄色芒果只有一半甜(即如果你买 100 个亮黄色芒果，其中 50 个大的，50 个小的，则 50 个大的都是甜的，而 50 个小的大概只有 25 个是甜的)。你决定下次再去买芒果的时候就根据这个结论来挑选。

但是下次又去买芒果的时候，你喜欢的那家店不卖了，所以你只能买别家的芒果，不过另外一家的芒果和之前你常去的那家店的芒果不是一个产地的，同时你发现之前得出的结论不适用了，所以你只能重新开始尝试。在尝试了这家店的每种类型的芒果之后你发现，对于这个产地的芒果，小的、暗黄色的更甜一些。

有一次有朋友来你家里，你摆了一些芒果给他们吃，但是朋友说他并不是很在意芒果甜不甜，他更加喜欢多汁的芒果。又一次，你根据自己的经验，尝了所有类型的芒果之后发现：软一点的芒果汁比较多。

后来你又因为工作或其他原因搬家了，在新的地方你发现这里的芒果和以前的芒果不太一样，这里绿色的芒果反而比黄色的更甜一点。

我们尝试将上述选择芒果的规则编写成计算机程序，可以写出如下一些规则：

```
if(颜色是亮黄 and 尺寸是大的 and 购自最喜欢的小贩): 芒果是甜的
if(软的): 芒果是多汁的
……
```

你可以利用这些规则来挑选芒果，也可以让你的朋友按照这个规则列表去买芒果，而且确定他一定会买到满意的芒果。但是一旦你在芒果实验中有了新的发现，你就不得不手动修改这份规则列表。你得搞清楚影响芒果质量的所有因素及其错综复杂的细节。如果问题越来越复杂，则要针对所有芒果类型手动制定挑选规则就变得非常困难了。

面对这样既简单又复杂的问题，我们可以用机器学习的方法来解决。机器学习算法是由普通的算法演化而来的，它通过让机器自动从提供的数据中学习来修改算法、建立模型，让程序变得更“聪明”。

从市场上的芒果里随机抽取一定的样品(称为训练数据)，针对这些样品制作一张表格，记录每个芒果的物理属性，比如颜色、大小、形状、产地、卖家等(称为特征)，还记录下这个芒果甜不甜、是否多汁、是否成熟(称为输出变量)等品质。你将这些数据提供给一个机器学习算法，然后它就会学习出一个关于芒果的物理属性和它的品质之间关系的模型。下次你再去集市，只要测测那些芒果的特性(测试数据)，然后将它输入一个机器学习算法中，算法就将根据之前计算出的模型来预测芒果的品质。该算法内部使用的规则其实就是类似之前手写在纸上的那些规则，或者还有更丰富的内容，但使用者基本不需要关心这些内部细节。这就是用机器学习的方法解决实际问题的一个典型例子。

那么，到底什么是机器学习(Machine Learning)呢？

机器学习是研究如何“利用经验来改善计算机系统自身性能”的学科①。

机器学习研究计算机怎样模拟或实现人类的学习行为，以获取新的知识或技能，重新组织已有的知识结构，以便不断改善自身的性能。

机器学习计算机学科的子领域，也是人工智能的一个分支和实现方式。Tom Mitchell 在 1997 年出版的《机器学习》一书中指出，机器学习这门学科所关注的是计算机程序如何随着经验的积累自动提高性能。他同时给出了形式化的描述：对于某类任务 T 和性能度量 P，如果一个计算机程序在 T 上以 P 衡量的性能随着经验 E 而自我完善，那么就认为这个计算机程序在从经验 E 中学习。简单来说，机器学习就是把无序的数据转换成有用的信息。我们需要获取海量的数据，然后从这些数据中获取有用的信息，我们会利用计算机来展现数据背后的真实含义，这才是机器学习的意义。

我们可以把机器学习的过程与人类对历史经验归纳的过程做一比对，如图 1-2 所示。

---

① Mitchell T. M. Machine Learning. New York: McGraw-Hill, 1997.

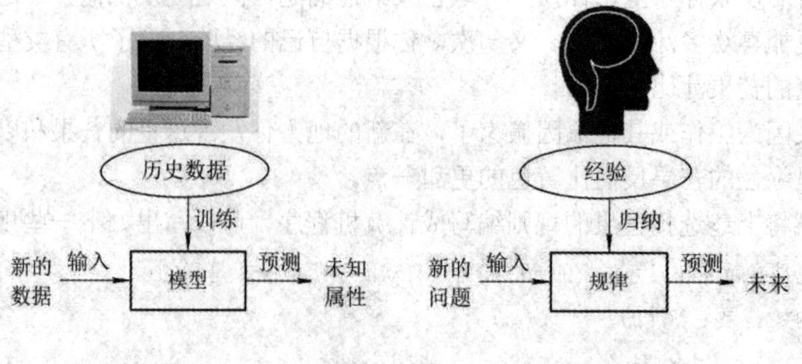

图 1-2 机器学习过程(左)与人类的归纳过程(右)比较

人类在成长、生活过程中积累了很多的经验。人类定期地对这些经验进行归纳，获得了生活的规律。当人类遇到未知的问题或者需要对未来进行推测的时候，人类使用这些规律对未知问题与未来进行推测，从而指导自己的生活和工作。机器学习中的训练与预测过程可以对应到人类的归纳和推测过程。通过这样的对应，我们可以发现，机器学习的思想并不复杂，仅仅是对人类在生活中学习成长的一个模拟。由于机器学习不是基于编程形成的结果，因此它的处理过程不是因果逻辑，而是通过归纳思想得出的相关性结论。

机器学习横跨了计算机科学、工程技术和统计学等多个学科，需要多学科的专业知识，其核心要素是数据、算法和模型。

1.2 机器学习的应用

目前，机器学习和人工智能已经广泛出现在我们身边，不断影响着我们的生产和生活。随着海量数据的积累和硬件运算能力的提升，机器学习的应用领域还在快速延展。

1.2.1 图像和计算机视觉

近年来引领机器学习发展的最重要算法之一就是深度学习，深度学习在计算机视觉(Computer Vision，CV)领域已经占据了绝对的主导地位，在许多相关任务和竞赛中都获得了最好的表现。这些计算机视觉竞赛中最有名的就是 ImageNet。参加 ImageNet 竞赛的研究人员通过创造更好的模型来尽可能精确地将给定的图像进行分类。过去几年里，深度学习技术在该竞赛中取得了快速的发展，甚至超越了人类的表现。

1. ImageNet 竞赛和 WebVision 竞赛

ImageNet 项目是一个供视觉对象识别软件研究使用的大型可视化数据库，其中超过 1400 万的图像被手动注释，以指示图片中的对象。ImageNet 包含 2 万多个类别的图像，一个典型的类别(如“气球”或“草莓”)包含数百个图像。自 2010 年以来，ImageNet 项目每年举办一次软件比赛，即 ImageNet 大规模视觉识别挑战赛(ILSVRC，又称 ImageNet 竞赛)，软件程序的目标是正确分类检测物体和场景。从 2010 年以来，每年的 ILSVRC 都主要包括以下 3 项，后来逐渐增多。

• 图像分类：算法产生图像中存在的对象类别列表；

• 单物体定位：算法生成一个图像中含有的物体类别的列表，以及轴对齐的边框，边框指示每个物体类别的每个实例的位置和比例；

• 物体检测：算法生成图像中含有的物体类别的列表，以及每个物体类别中每个实例的边框，边框表示这些实例的位置和大小。

2012 年，Alex Krizhevsky、Ilya Sutskever 和 Geoffrey Hinton 创造了一个“大型的深度卷积神经网络”，即现在众所周知的 AlexNet，赢得了当年 ILSVRC 的冠军。这是史上第一次有模型在 ImageNet 数据集上表现如此出色。自此之后，深度学习技术在该项比赛中大放异彩，取得了众多令人瞩目的成就。物体识别的平均准确率从 2010 年的 0.23 上升到了 0.66，分类错误率也从 2010 年的 0.28 下降到了 0.03，超过了人类的 0.05 的识别分类错误率(如图 1-3 所示)。

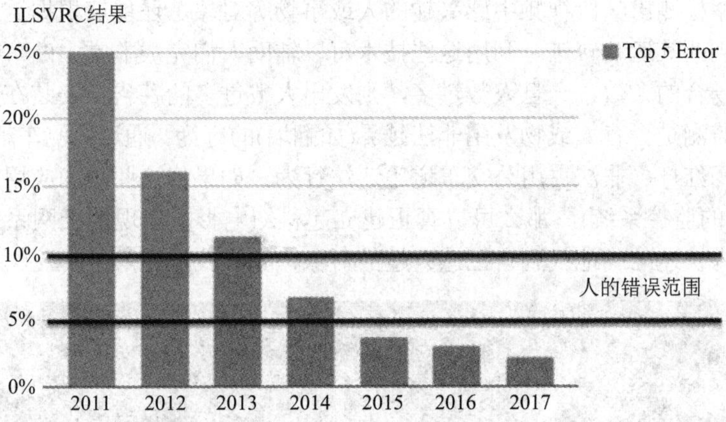

图 1-3 历年 ILSVRC 比赛结果错误率比较

正因为这些成就，继续在同样的问题上做研究就显得意义不大了，因此 ILSVRC 比赛于 2017 年正式结束，未来计算机视觉的重点在图像理解，而作为 ILSVRC 替代者的候选之一是苏黎世理工大学和谷歌等联合提出的 WebVision Challenge，其内容侧重于学习和理解网络数据。

相对于 ImageNet 而言，WebVision 竞赛难度更高，但也更贴近实际的应用场景。ImageNet 提供的是完全人工标注的干净数据，而 WebVision 所用的数据集是直接从互联网爬取的，没有经过人工标注，数据含有很多噪音，并且数据类别的数量存在着极大的不平衡。WebVision 数据集来源于 Google 和 Flickr 两个网站，前者是著名的搜索引擎，后者是雅虎旗下的图片分享网站。该数据集主要是利用 ImageNet 中 1000 个类的文本信息从网站上爬取数据，所以它的数据类别与 ImageNet 完全一样，为 1000 个类别，由 240 万幅图片构成训练数据集，分别由 5 万张图片构成验证集和测试集(均带有人工标注)。

第一年的 WebVision Challenge 比赛于 2017 年举行，引起了全球研究人员的广泛关注，注册参加的团队超过 100 个，包括 SnapChat、清华大学、上海科技大学、UCF 等来自世界各国的顶尖学术和研发机构，最终码隆科技取得了这次竞赛的第一名，最佳结果(94.78%)比第二名高出 2.5%。

到了 2018 年，主办方将数据集合由 1000 类扩大到 5000 类，训练数据量由 240 万张图片扩大到 1600 万张图片，数据类别和识别难度均大幅提高。WebVision 这一年共吸引了全球 100 多支团队参加，涵盖众多顶尖科技公司和知名高校，百度以领先第二名 3.95 个百分点的优异成绩获得 WebVision 竞赛冠军。

2. 物体识别与目标跟踪

随着人们生活水平的提高，智能手机已经得到了普及。用智能手机拍照的时候，一般的手机能够自动检测出人脸，并且对于人脸部分自动做一些美化操作，还有一些高端的手机，除了能够检测出人脸之外，还能够自动识别拍摄的物体(比如花草或者天空)，然后根据拍摄目标的不同，自动调整不同的拍照参数，让没有专业拍摄经验的人也能够拍出非常靓丽的照片。人脸识别已经成为机器学习成果中离我们生活最近的一个了。

除了能够从静态图像中识别关注的物体之外，利用机器学习技术，还能够从视频当中检测出关注的内容，并实时跟踪，如图 1-4 所示。从图中可以看出，利用现有的机器学习技术，不但能够检测出一段视频中感兴趣的人或事物等对象，还能够根据这些对象从连续视频中的关系判断其运动轨迹。利用这些技术可以辅助人们完成非常多的事情，比如，可以监测某公共场合的人数，一旦人数过多，则发出人数过多的警告；安装在某围墙上的监控摄像头可以监测是否有人或物发生非法越界(如翻墙)的行为；通过监测车辆的行为轨迹，判断其是否有闯红灯、非法占用公交车道等违法行为。如果将这些技术应用到比较大的范围(如一个城市的监控系统)，那么可以真正建立起科幻电影中出现的天网系统，可以在监控覆盖的范围内快速准确地找到自己感兴趣的对象，如寻找逃犯等。

图 1-4　视频中的多目标跟踪

更进一步地说，一些先进的算法能够部分理解图片和视频的内容，并以此为基础提供服务。比如，可以在若干的视频片段中通过分析视频内容，找出包含所需内容的视频片段(如日落的图片或视频)，这就涉及更高级的利用机器学习的方法对图像和视频的内容进行理解的能力了。

3. 辅助成像和艺术创作

机器学习技术还被应用到图像修复中。通过机器学习(主要是深度学习)的方法，可将残缺不全的图片或者内容模糊的图片完整地修复出来，达到基本重现原图样貌的效果。

如图 1-5 所示，左图为破损残缺的图片，其中右下角的湖面有一部分破损，右图为修复后的图片，可以看出通过处理，湖面破损部分已经被修复，而且基本看不出修复的痕迹。

图 1-5　利用机器学习技术进行残缺图像修复的效果对比

利用类似的方法，可以对卫星遥感图像进行修复，方便人们更加清楚地了解真实的情况；可以对某些监控照片进行修复，协助公安部门破案等。

信手涂鸦一直是很多人的梦想，利用机器学习中的深度神经网络，人们可以通过合成的方式绘制一幅充满艺术气息的画。其原理是使用卷积神经网络提取模板图片中的绘画特征，并应用马尔科夫随机场(MRF)对输入的涂鸦进行处理，最后合成一张新的图片。

类似地，可以利用深度学习方法训练计算机模仿世界名画的风格，然后应用到另一幅画中，仿佛自己也可以创作出类似于梵高的《星空》那样的作品，如图 1-6 所示。

(a) 原图

(b) 模仿《星空》的作画结果

图 1-6 模仿世界名画

1.2.2 日常生活及消费

现在人们在日常生活和工作中经常使用搜索引擎搜索信息，输入想搜索的关键词，搜索引擎就会返回结果列表。当你在使用搜索引擎的时候，机器学习算法会在后台判断到底哪些结果才是你真正想要的。

机器学习在人们日常生活中另一个非常广泛的应用就是推荐系统。说起推荐系统大家可能稍微有些陌生，但实际上它已经无时无刻不在我们身边了。当我们想要买一部新手机时，我们先打开淘宝进行了搜索，结果暂时没有选好合适的；之后再打开京东的时候，京东的主页上就会推荐一些手机。当我们再打开今日头条浏览新闻的时候，连里面穿插的广告也都是手机的广告。甚至是当我们用账号登录电脑端网页，利用百度进行信息搜索的时候，搜索结果旁边的广告也可能都是关于手机销售的。更厉害的是，各个系统给我们推荐的有可能不只是手机，连手机的周边产品也都一同推荐了，比如手机保护套、手机屏幕保护膜、碎屏险等。

从前人们看新闻，通常会打开新浪、网易等各大门户网站进行浏览，每个人看到的新闻大体上都差不多。可是现在，通过今日头条这种基于推荐系统构建的新闻 APP，人们可以看到自己真正关心的新闻内容。推荐系统会记录人们的阅读习惯和喜好，比如之前喜欢阅读什么类型的新闻，每一种类型的新闻的阅读时长，等等。根据人们的这些阅读行为，利用类似于协同过滤的算法，计算出更加适合阅读的新闻推荐给我们，一方面提高了人们的阅读体验，另一方面也提高了新闻的阅读量。

除此之外，在听音乐和看视频方面，推荐系统也是大放异彩。在这方面最著名的音乐软件是网易云音乐。音乐推荐功能是网易云音乐的主推功能和核心竞争力所在，备受用户推崇，号称越使用越懂你。当你不断地使用该软件时，软件就会从你的越来越多的行为当中，更准确地分析出你的个人喜好，向你推荐可能更适合你的音乐。

2019 年 1 月 4 日，网易云音乐发布了 2018 年度听歌报告，主题是“遇见你真好”，对用户 2018 年使用网易云音乐进行了总结。这份报告里，用户可以看到自己 2018 年在网易云音乐听了几首歌、最常听的歌曲、喜欢的风格、常听的时间段、最老的一首歌等。更有意思的是，在报告的最后还有小彩蛋，用户可以在所有网易云音乐用户中选择听歌品味最匹配的那个人，一起互动聊天，不得不说这又是推荐系统的一个重要发光点。

1.2.3　金融领域

金融与人们的衣食住行等息息相关，也是目前机器学习和人工智能应用非常活跃的领域。和人类相比，利用机器学习方法处理金融行业的业务往往更加高效，可以同时对数千只股票进行精确分析，在短时间内给出结论；机器学习没有人性的缺点，在处理财务问题时更加可靠和稳定；通过建立欺诈或异常检测模型提高金融安全性，有效检测出细微模式的差别，结果更加精确。

在信用评价方面，一些金融机构利用评分模型来降低信贷评估、发放和监督中的信贷风险。利用机器学习算法，基于客户的职业、薪酬、所处行业、历史信用记录等信息确定客户的信用评分，不仅可以降低风险，还可以加快放贷过程，减少人工调查的工作量，提高工作效率。

在欺诈检测方面，利用机器学习的方法，基于收集到的历史数据进行训练得到机器学习模型，以此来预测欺诈行为发生的概率。与传统检测相比，这种欺诈检测方法所用的时间更少。

在保险行业中，过去因为保险业的数据太多，人们无暇顾及，也没有能力去整合如此庞大的数据，数据中所藏着的珍贵信息都被忽视了。而如今，机器通过学习“过去发生了什么”，理解“现在正在发生什么”，并且监控“关键性表现指标”(KPI)，建立在人工智能技术上的应用可以给人们提供非常及时且正确的指引、提示、建议。

在房地产行业，构建基于数据和机器学习的经纪人管理系统，通过利用大数据和算法的能力，辅助管理者进行判断和决策，提升房产经纪人的管理水平和效率。利用大数据和机器学习的方法对客户信息进行管理，可以更加准确高效地为客户推荐适合的房源，提高房产交易成交率。

在客户关系管理(CRM)方面，可以从银行等金融机构现有的海量数据中挖掘出有用的信息，通过机器学习模型对客户进行细分，从而支持业务部门的销售和推广活动。此外，应用聊天机器人等综合人工智能技术可以全天候服务客户，提供私人财务助理服务。

1.2.4　医疗领域

医疗是目前机器学习和人工智能各应用领域中发展相对较快的领域。人工智能技术在近年来的飞速发展，使得医学专家系统、人工神经网络等在医学领域的开发与应用成为现实，并且取得了很大的突破。大量医疗人工智能创业公司自 2014 年后集中涌现，不少传统医疗相关企业纷纷引入人工智能人才与技术。根据前瞻产业研究院发布的《2018—2023 年中国医疗人工智能行业市场前景预测与投资战略规划分析报告》数据统计：国内目前为止已有公开披露的融资事件 93 笔，其中有 57 笔明确公布了融资金额。目前，机器学习和人工智能在医疗领域的应用将主要集中在以下几个方面。

在辅助诊断疾病方面，可以利用机器学习的方法，辅助医生作出正确的判断。医学面临的最大挑战是疾病的正确诊断和识别，这也是机器学习发展的重中之重。2015 年的一份报告显示，针对超过 800 种癌症的治疗方案正在临床试验中，而利用机器学习可使癌症识别更加精确。以一家总部位于波士顿的生物制药公司 Berg 为例，目前公司正在利用 AI 平台对临床试验患者数据进行分析，以促进治疗各种疾病的新药开发。

在个性化用药方面，可以通过使用机器学习和预测分析来定制针对个人的个性化治疗方案。目前，研究的重点是有监督的学习，医生可以利用遗传信息和症状缩小诊断范围，或对患者的风险做出有根据的推测。预计未来 10 年，先进的健康测量移动应用以及微生物传感器和设备的使用将激增，这将提供丰富的数据，进而有助于有效地研发更好的个性化治疗方案。

在新药物的研发方面，机器学习在早期药物发现(如新药开发)和研发技术(如下一代测序)中发挥着许多作用。医药开发中的机器学习可以帮助制药公司通过分析药品制造过程中的数据来优化生产，并加快生产速度。

在临床实验方面，机器学习可以在各方面帮助缩短这一漫长而艰巨的过程。可以通过对广泛的数据使用高级预测分析，从而更快地确定目标人群的临床试验候选人。麦肯锡(McKinsey)的分析师描述了其他机器学习应用程序，这些应用程序可以通过简化计算理想样本大小、方便患者招募以及使用病历将数据错误降至最低等任务来提高临床试验的效率。

在中医方面，机器学习也得到了广泛的应用。和西医以实验为主不一样，中医本身就是基于经验和数据来进行诊断的学科，这和机器学习需要从历史数据中得到经验、建立模型非常相似。传统中医主要是通过整体、动态、个性化了解病人的身体状态来诊断疾病的，理念超前，然而中医诊断方法却依赖于经验，使其巨大潜力未能充分发挥，导致这一状况的关键在于缺乏实现这种先进理念和方法的技术手段。而机器学习方法正好提供了这样的技术手段，通过对大量历史数据的分析整理建立诊疗模型，再通过对病人个体的特征来判断疾病，给中医医生以参考。

1.2.5 自然语言处理

自然语言处理(Natural Language Processing，NLP)是人工智能和语言学领域的分支学科，主要探讨如何利用计算机处理及运用自然语言。实现人机间自然语言通信意味着要使计算机既能理解自然语言文本的意义，也能以自然语言文本来表达给定的意图、思想等。前者称为自然语言理解，后者称为自然语言生成。因此，自然语言处理大体包括了自然语言理解和自然语言生成两个部分。历史上对自然语言理解的研究较多，而对自然语言生成的研究较少，具备一定商用能力的产品也比较少。但随着相关技术的不断发展，这方面的成果也在逐渐涌现。

自然语言处理的研究内容非常广泛，主要包括以下几个方面。

(1) 句法语义分析：包括对于给定的文本内容进行分词(即将句子拆分为词语)、词性标记、句法分析、语义角色识别和多义词消歧等内容。

(2) 信息提取：从给定文本内容中提取重要的信息，比如时间、地点、人物、事件、原因、结果、数字、日期、货币、专有名词等。简单来说，就是要了解谁在什么时候、什么原因、对谁、做了什么事、有什么结果。信息提取涉及实体识别、时间抽取、因果关系抽取等关键技术。

(3) 文本挖掘：包括针对文本内容的聚类、分类、信息抽取、摘要、情感分析以及对挖掘的信息和知识的可视化、交互式的表达界面等。

(4) 机器翻译：把输入的源语言文本自动翻译成另外一种语言的文本。机器翻译也是离我们日常生活较近的应用之一，很多同学在阅读文献或者写学术论文的时候都会用到谷歌翻译或者百度翻译。现在又有了智能翻译耳机，可以同步地把别人说的话实时翻译成自己希望听到的语言。谷歌还推出了基于摄像头的实时翻译 APP，可以实时地将摄像头拍摄的内容自动进行翻译，方便大家出国旅游交流。机器翻译从最早的基于规则的方法到二十年前的基于统计的方法，再到今天的基于神经网络的方法，逐渐形成了一套比较严谨的方法体系。

(5) 信息检索：利用信息检索技术可以对大规模的文档进行索引。在查询的时候，对输入的查询表达式(比如一个检索词或者一个句子)进行分析，然后在索引里查找匹配的候选文档，再根据一个排序机制把候选文档排序，最后输出排序得分最高的文档。

(6) 问答系统：对一个自然语言表达的问题，由问答系统给出一个精准的答案。需要对自然语言查询语句进行某种程度的语义分析，包括实体链接、关系识别，形成逻辑表达式，然后到知识库中查找可能的候选答案并通过一个排序机制找出最佳的答案。

(7) 对话系统：系统通过一系列的对话，跟用户进行聊天、回答问题、完成某一项任务，涉及用户意图理解、通用聊天引擎、问答引擎、对话管理等技术。此外，为了体现上下文相关，要具备多轮对话能力。同时，为了体现个性化，要开发用户画像以及基于用户画像的个性化回复。

(8) 文本自动摘要：即 Automatic Text Summarization，就是在不改变文档原意的情况下，利用计算机程序自动地总结出文档的主要内容。自动摘要的应用场景非常多，如新闻标题生成、科技文献摘要生成、搜索结果片段生成、商品评论摘要等。在信息爆炸的互联网大数据时代，如果能用简短的文本来表达信息的主要内涵，无疑将有利于缓解信息过载问题。自动摘要的方法主要有两种：抽取式(Extraction)和摘要式(Abstraction)。其中，抽取式自动摘要方法是通过提取文档中已存在的关键词、句子形成摘要；摘要式方法是一种生成式的自动文摘方法，通过建立抽象的语义表示，使用自然语言生成技术形成摘要。目前相对成熟的是抽取式的自动摘要方法，可以在一定程度上满足需求，而生成式自动摘要方法需要更复杂的自然语言理解和生成技术支持，目前效果还不太理想。

(9) 自然语言生成：即 Natural Language Generation(缩写为 NLG)，它是自然语言处理的一部分，从知识库或逻辑形式等机器表述系统去生成自然语言。其主要难点在于在知识库或逻辑形式等方面需要进行大量的基础工作，而人类语言系统中又存在较多的背景知识，这对于机器学习系统来说非常难以理解。自然语言生成可以视为自然语言理解的反向：自然语言理解系统需要理解清楚输入句的含义，从而产生机器表述语言；自然语言生成系统需要决定如何把概念转化成语言。

1.2.6 安全和异常行为监测

近年来，随着云计算、物联网、大数据、人工智能等新兴技术的迅猛发展，数以亿计的网络接入点、联网设备以及网络应用产生的海量数据，给网络空间安全带来了巨大的困难和挑战，传统的安全问题解决方案面对海量数据变得效率低下，而机器学习技术以其强大的自适应性、自学习能力为安全领域提供了一系列有效的分析决策工具，取得了一系列重要的成果。

机器学习在网络空间的系统安全、网络安全以及应用安全方面取得了很多重要的研究成果。其中，系统安全以芯片、系统硬件物理环境及系统软件为研究对象，网络安全主要以网络基础设施、网络安全检测为研究重点，应用层面则主要关注软件安全和社会网络安全等方面，一些典型的应用如图 1-7 所示。

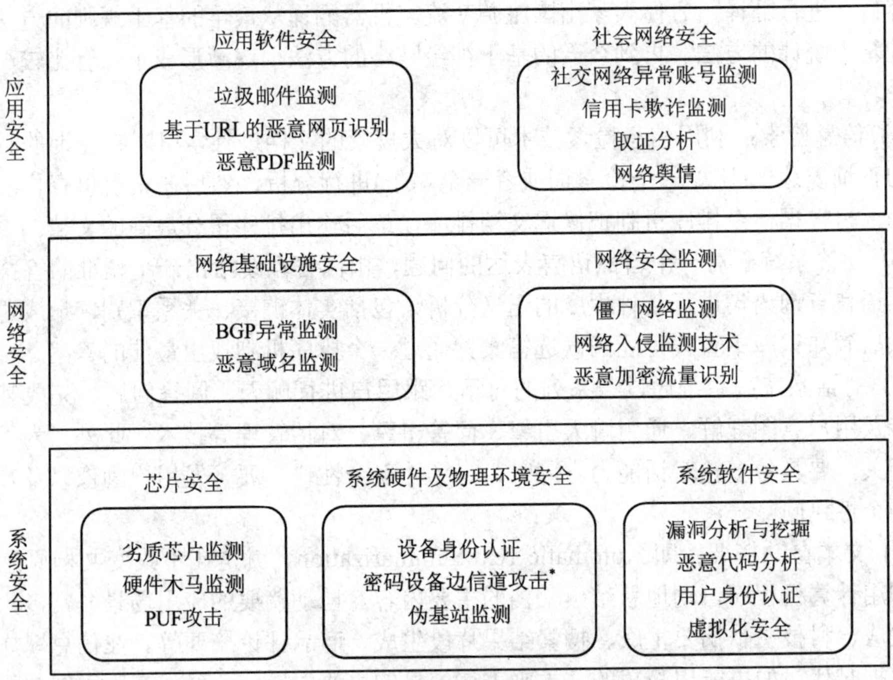

图 1-7 机器学习在网络空间安全中的典型应用示例

除了网络安全中的应用之外，机器学习还被广泛应用于各个领域的异常检测(Anomaly Detection)。所谓异常检测，是指从海量的数据中寻找出那些“长得和别人不一样”的数据。但检测异常过程一般都比较复杂，而且实际情况下数据一般都没有标签，并不知道哪些数据是异常点，所以一般很难直接用简单的监督学习来实现。异常值检测还有很多困难，如极端的类别不平衡、多样的异常表达形式、复杂的异常原因分析等。异常检测的主要作用是风险控制，有非常多的应用场景，比如在金融行业，异常检测可用于从海量数据中找到“欺诈案例”，如信用卡反欺骗、识别虚假信贷等；在网络安全方面，从流量数据中找到“入侵者”，识别新的网络入侵模式；在在线零售行业，从交易数据中发现“恶意买家”，防止被恶意刷评论等；在生物基因行业，从生物数据中检测“病变”或“突变”等。

1.2.7　工业和商业领域

机器学习在普通的工业和商业领域也有一些应用。在工业领域，主要应用在质量管理、灾害预测、缺陷预测、工业分拣、故障感知等方面。可以通过机器学习的方法，实现制造和检测的智能化和无人化。将深度学习的方法应用到工业机器人上，可以大幅提升作业性能和工作效率。如图 1-8 所示，快递分拣机器人可以大幅提高物流效率，尤其是在“双十一”期间物流爆仓的情况下，其优势更加明显。

图 1-8　快递分拣机器人

一个更加典型的案例是通过机器学习和数据分析的方法，对电力窃漏电用户进行自动识别。传统的防窃漏电方法主要通过定期巡检、定期校验电表、用户举报窃电等方法来发现窃电或计量装置故障。但这种方法对人的依赖性太强，抓窃查漏的目标不明确。现有的电力计量自动化系统能够采集到各相电流、电压、功率因数等用电负荷数据以及用电异常等终端报警信息。异常报警信息和用电负荷数据能够反映用户的用电情况，同时稽查工作人员也会通过在线稽查系统和现场稽查来找出窃漏电用户，并录入系统。通过这些数据信息提取出窃漏电用户的关键特征，利用机器学习的算法构建窃漏电用户的识别模型，就能自动检查、判断出某用户是否存在窃漏电行为。

机器学习的方法也被广泛用于购物篮分析(Market Basket Analysis)中。购物篮是指人们在超市购物时商场提供的装商品的篮子，也叫购物车。当顾客完成购物进行结算时，这些购物篮内的商品被营业人员通过收款机一一登记结算并记录。所谓的购物篮分析，就是通过这些购物篮所包含的信息来研究顾客的购买行为，其主要目的在于找出不同商品之间的关系。借由顾客的购买行为来了解顾客的用户特征以及这些顾客为什么买这些产品等，找出相关的关联规则，企业可以根据这些规则的挖掘获得利益与建立竞争优势。比如，零售店可根据此分析改变置物架上的商品排列，或是设计吸引客户的商业套餐，或者策划优惠活动等。通过购物篮分析挖掘出的信息可以指导交叉销售和追加销售、商品促销、顾客忠诚度管理、库存管理和折扣计划等企业行为。

1.2.8 娱乐领域

在娱乐消费领域，机器学习以及人工智能技术也得到了广泛的应用。

最近几年出现了诸如天猫精灵、百度的小度、京东的叮咚、小米的小爱同学等智能音箱，有的音箱还被制作成非常可爱的卡通形象，这些智能音箱可以进行简单的人机语音交互；也可以帮助我们进行一些简单的日常活动，比如查询快递、订餐、阅读新闻、播放音乐等；可以辅助父母给孩子朗读睡前故事。微软出品的小冰机器人可以通过社交网络和人们交流聊天，解答人们的很多问题。

机器学习和人工智能技术在视频网站的运营管理方面也起到了非常重要的作用。人工智能应用在视频的创作、生产、标注、分发、播放、变现到售后服务的各个环节，并辅佐内容专家实现了最精准的创作和采购判断。例如，在线视频网站可以通过大数据分析和机器学习技术，从播放趋势、视频看点、舆情分析、用户画像等方面全面洞察了解用户，识别用户情感和习惯，以个性化推荐来满足不同用户对内容的不同需求，实现了更好地服务用户。而在视频内容层面，在线视频网站可以通过人工智能技术和大数据优化内容更加了解用户喜好，把握和引导娱乐方向，生产优质内容，可以在立项、选角、剧本、流量预测、剪辑等方面提供更科学合理的指导。在智能创作方面，影视剧传统模式下的选角主要依赖副导演的经验和面筛，而现在人工智能技术可以通过分析剧本，记录人物特色，再通过演员库选择与角色特点匹配程度最好的演员，完成更加精准的选角。

动画行业也吸引了人工智能技术的加盟，Midas Touch 公司已经开发了一款自动设计二维动画角色的工具。幕后制作者是 Pixar 动画的元老，他曾通过 WALL-E 机器人把人工智能技术搬到现实生活中。Pixar 公司本身也踏着 AI 浪潮乘势而上，将深度学习技术应用于检测和剔除质量差的图像帧，显著提升动画制作效率。

玩游戏已经成为很多人的日常行为之一，在游戏领域，机器学习和人工智能技术自然也不会缺席。《星际争霸》的开发商暴雪与 DeepMind 展开合作，希望研究员从以往数百万次对战中进行学习，开发出同样可以在游戏中击败人类的人工智能系统。除此以外，在暴雪出品的首款团队射击游戏《守望先锋》中，该团队正在想办法为玩家提供一个更友好的游戏环境。根据官方公布的消息，守望团队正在开发一个机器学习系统来检测游戏时出现的不文明用语或行为。如果在不文明的聊天中重复使用不文明用语，不仅会导致禁言时间变长，还可能导致账号被封停。由腾讯 AI Lab 与王者荣耀共同探索的前沿研究项目——策略协作型 AI“绝悟”，接受前职业 KPL 选手辰鬼、零度和职业解说白乐、九天及立人组成的人类战队(平均水平超过 99%的玩家)的水平测试，在有高达 10^{20000} 种操作可能的复杂环境中展现了优异的策略规划与团队协作能力，最终 AI 战队获得胜利。

除此之外，在广告营销领域，机器学习和人工智能技术对广告主、代理公司、媒介及消费者等角色都有深远的影响，也带来了很多积极的变革。在技术发展的同时，广告主对于数字营销需求更高了，特别是对于高营销的用户体验和营销效果的度量；代理公司和媒介层面，也在积极利用数据和算法的力量提高运营效率，更加智能地连接消费者和广告；消费者对于广告的体验也会有更高的要求，传统简单粗暴的广告形式将会越来越少，润物细无声的广告体验将不断出现。

人工智能在娱乐领域的应用场景千姿百态。人们每一次使用 AI 辅助的娱乐设备休息、聊天或是玩游戏，都在为算法提供训练数据，让算法更深刻地理解用户习惯，更好地为用户提供娱乐服务。

本小节通过大量的实际应用案例，介绍了机器学习和相关的人工智能技术在各个行业和各个领域的应用情况，其目的是希望读者在进入更深入的学习之前，意识到机器学习和人工智能技术已经时时刻刻存在于我们身边了。需要指出的是，在人工智能的应用领域，几乎所有的应用都需要综合多个专业的背景知识，学科交叉是非常重要的特点之一。前文介绍的各种应用案例的分类，其实也存在许多的交叉，这也正好体现出人工智能已经无处不在了。

想一想：

你还可以列举出别的机器学习的应用吗？

1.3　机器学习的主要研究内容

前文中已经提到，机器学习研究的是从已有数据中通过选取合适的算法进行学习，自动归纳逻辑或规则，并根据这个归纳的结果对新数据进行预测。机器学习包含了三个基本的要素，即数据、算法和模型。机器学习可分为监督学习、非监督学习和强化学习几种类别。

1. 监督学习

监督学习(Supervised Learning)又称为有监督学习，是指从有标记的数据中进行模型学习，然后根据这个模型对未知样本进行预测。监督学习的重要特征是我们需要事先已知要划分的样本类别，并且能够获得一定数量的类别已知的训练样本。形象地说，监督学习就像有求知欲的学生从老师那里获取知识、信息，老师对学生提供对错指示，并告知最终答案，最终目的是使得学生能够根据在学习过程中获得的经验技能，对于没有学习过的问题也可以做出正确的解答。监督学习的过程就像是有老师专门在指导学习一样，有时候也会把监督学习叫做“有导师学习”。在监督学习任务中，算法模型的输入是从数据中提取出的样本特征，而输出则是这一样本对应的标签。常见的监督学习任务包括统计分类和回归分析，前者的输出结果是离散的类别，后者的输出结果是连续的函数。分类的主要算法包括逻辑回归、朴素贝叶斯、决策树、随机森林、支持向量机、人工神经网络等。回归的主要算法包括线性回归、多项式回归、岭回归和拉索回归等。

2. 非监督学习

非监督学习(Unsupervised Learning)又称为无监督学习，它和有监督学习的最大区别在于输入样本没有经过标记，需要自动从样本中进行学习。非监督学习相当于在没有老师的情况下学生自学的过程，有时候也会把非监督学习称为“无导师学习”。非监督学习不局限于解决有正确答案的问题，所以目标可以不必十分明确。它常常被用于视频或者音频内容分析、社交网络分析等场合。非监督学习的典型任务包括聚类、关联分析、异常检测等。需要特别说明的是，在很多非监督学习问题当中，答案并不是唯一的，根据不同的标准和规则往往可以得到不同的结论。在没有特别明确的目的的情况下，很难说哪种方案更合理。

还有一种介于监督学习和非监督学习之间的机器学习方法，叫做半监督学习(Semi-Supervised Learning)。监督学习需要大量的标记数据，但是在实际任务当中，产生大量标记数据往往需要非常大的代价。因此，当仅仅具有部分标记数据和部分未标记数据的时候，可以采用半监督学习的方法。半监督学习使用大量的未标记数据，同时使用一部分标记数据来进行学习，通过已有的标记数据，采用监督学习的方法对未标记数据进行处理，将其处理结果又加入到标记数据中来完善模型，对后续的未标记数据进行处理。当使用半监督学习时，不需要消耗太多人力物力等资源，同时又能够带来比较高的准确性，因此，半监督学习目前正越来越受到人们的重视。

3. 强化学习

强化学习(Reinforcement Learning)又称再励学习、评价学习，是一种重要的机器学习方法，在智能控制机器人及分析预测等领域有许多应用。强化学习也是使用未标记的数据，但是可以通过某种方法(通常是奖惩函数)知道结果离正确答案越来越近还是越来越远。强化学习类似于在没有老师提示的情况下，自己对预测的结果进行评估，通过这样的自我评估，学生将为了获得老师的最高评价而不断进行学习。强化学习也类似于我们经常玩的猜数字游戏，每当玩家猜了一个数字的时候，能够得到的答案只是自己猜的数字相比正确答案来说是大了还是小了，若干次迭代之后才能获得正确答案。

1.4　机器学习问题的常规处理方法

1.4.1　开发机器学习应用的一般步骤

在开发机器学习应用的时候，首先需要明确任务的目标，从业务的角度进行分析，提取相关的数据进行探查，再根据需求选择合适的算法模型进行实验验证，最后评估各个模型的结果，选择最合适的模型进行应用部署。不同业务需求的开发过程略有不同，但基本上都包括任务分析、数据收集、数据预处理、数据建模、模型训练、模型评价、模型应用等步骤，如图 1-9 所示。

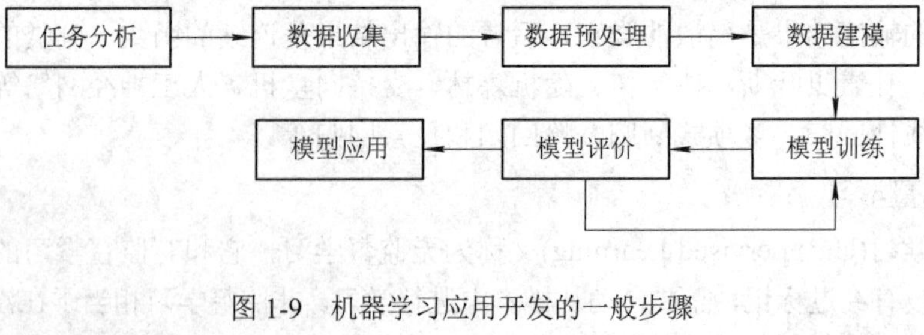

图 1-9　机器学习应用开发的一般步骤

1. 任务分析

进行机器学习应用开发的首要任务就是需要明确任务的目标，这是机器学习算法选择的关键。只有明确了需要解决的问题和业务需求，才能明确后续工作的详细安排和子任务的处理方式。

2. 数据收集

任何机器学习应用的基础都是数据，因此，拥有足够的数据是开发机器学习应用的关键。数据要有代表性，并且希望所选数据能够尽量覆盖研究领域，否则容易出现过拟合或欠拟合。有很多方法收集数据，比如可以从现有的系统数据库中得到较为规范的结构化数据，可以直接调用各个系统提供的 API 获得较为规范的数据，可以自己制作网络爬虫获取需要的数据，可以从各个物联网或嵌入式设备中获得数据等。另外，如果只是为了某个算法的研究，而不是需要解决某具体的实际问题，还可以直接利用很多公开的数据源。

3. 数据预处理

获得数据仅仅是第一步，通常情况下不能将从各个渠道获得的数据直接作为用户模型的输入，还需要对数据进行预处理。数据预处理是非常容易被忽略但实际上却有可能对结论造成重要影响的一步工作。

一般来说，得到数据之后，需要将原始的、不规范的数据整理成方便处理的格式。还有可能需要为机器学习算法准备特定的数据格式，比如有些算法要求将连续的数据格式化为离散的等级等。

数据预处理除了需要将数据的格式进行规范化之外，还需要对数据进行探索，预先了解数据集的一些特征，同时确保数据集当中没有垃圾数据。通过数据探索可以了解数据的大致结构、统计信息、数据噪声和数据分布情况等，还可能会发现数据集当中的一些异常情况，比如数据缺失、数据不规范、数据分布不均匀等，这些都可以在进一步数据处理之前通过预处理的方法进行数据修复，避免影响后续处理的效果。

4. 数据建模

数据建模一般包括特征选择和提取、数据集划分等工作。特征选择和提取是一种数据降维的方法，其基本思想是从原始数据中提取或者选择出合适的特征，将其作为模型的输入，从而得到比直接使用原始数据更好的效果。特征选择是否合适，往往会直接影响到模型的结果，对于好的特征，使用简单的模型也能够取得良好的结果。

特征选择和特征提取实际上是两种不同的获取特征的方法，两者达到的效果是一样的，都是试图去减少原始数据集中的属性(或者称为特征)的数目，但是两者所采用的方式方法却不同。特征提取的方法主要是通过属性间的关系，如组合不同的属性得到新的属性，这样就改变了原来的特征空间，即特征提取后的新特征是原来特征的一个映射；而特征选择的方法是从原始特征数据集中选择出子集，是一种包含的关系，没有更改原始的特征空间，即特征选择后的特征是原来特征的一个子集。

除此之外，还需要对数据集进行划分，一般会将数据集分为训练集和测试集，一部分数据用于模型训练，另一部分数据用于模型效果评价。

5. 模型训练

模型训练和模型评价是机器学习算法的核心。模型训练过程需要根据要解决的问题选择适当的模型，然后利用之前的数据进行训练。如果是解决实际问题的研究项目，通常需要选择多个模型进行训练和评估，以比较选择出相对效果更好的模型。在模型训练的时候，主要是利用训练集对模型的参数进行调优。在这个阶段需要对算法本身有较好的理解，否则不太容易发现问题，影响训练效率。

6. 模型评价

使用训练集通过模型训练过程创建好模型之后，需要利用测试集的数据对模型的效果进行测试和评价，测试模型对于新数据的泛化能力。如果不满意测试结果，则可以回到模型训练步骤，重新改正，重新测试。如果发现问题可能和数据的收集与准备有关，则需要跳回到第 3 步甚至第 2 步重新开始进行数据收集或数据预处理。

7. 模型应用

在这一步骤中，需要将先前训练好的机器学习算法转换为应用程序，执行实际任务，以检验上述步骤是否可以在实际的生产生活环境中正常工作。此时如果碰到新的问题，则有可能需要重复执行上述步骤。

1.4.2 选择合适的算法

机器学习领域包含的模型和算法众多，如何从中选择适合当前任务的算法来使用，一直是困扰初学者的一个问题。算法的选择通常需要综合考虑一些因素，比如，拥有的数据量大小、数据的质量和性质，拥有的计算资源和可以接受的计算时间，任务的紧迫程度，期望从数据中挖掘的内容，等等。

机器学习是一门研究性质的学科，即使是经验丰富的数据科学家也无法在尝试不同的算法之前，告诉你哪个算法性能最好，只有靠自己不断地尝试和比较，才能够最终得到最适合自身应用需求的方法。尽管如此，为了让初学者少走弯路，Scikit-learn 提供了一幅清晰的路线图供大家选择(https://scikit-learn.org/stable/tutorial/machine_learning_map/)，如图 1-10 所示，当明确了之前提到的一些前提条件和因素之后能够快速地找到比较适合当前应用的算法。

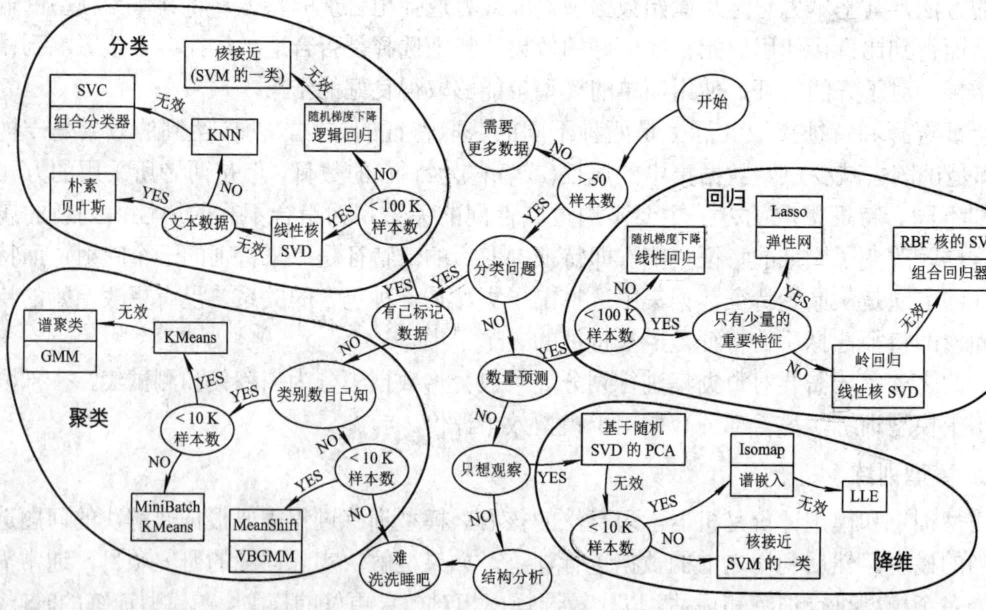

图 1-10　机器学习算法选择路径图

速查表是面向数据挖掘或分析的初学者的工具，在讨论这些机器学习算法时做了一些简单的假设。速查表中推荐的算法是根据一些数据科学家、机器学习专家和开发者的反馈和提示编制的，尽管其中还有一些有争议的问题，但对于初学者来说可以有一个大致的参考。

图中的椭圆形部分称为路径标签，长方形部分称为算法标签，可以将图表上的路径和算法标签读为“如果<路径标签>则使用<算法>”。比如：如果不满足样本数大于 50，则需要更多数据；如果样本数大于 50，且是一个分类问题，而且有已经标记的数据，则可以进入分类任务大框架里面选择方法，此时如果满足样本数小于 100K，则使用线性核 SVD，否则使用随机梯度下降逻辑回归算法，以此类推。

需要说明的是，有时候可能会采用多个分支，而有时也可能没有非常匹配的算法选择。总体上来说，这些算法路径只是为了提供一种经验上的建议，所以可能有些建议不一定准确，还需要读者根据自身情况进一步思考再做出决定。

1.4.3　使用 Python 开发机器学习应用

在完成了机器学习的模型训练和评估之后，需要将模型应用到实际的系统中。目前最常用的机器学习应用开发语言是 Python。之所以选择 Python，主要是因为它的语法非常清晰，简单易学；易于操作纯文本文件(很多数据都是用纯文本文件存储的)；使用非常广泛，存在大量的第三方库和开发文档，可以直接使用，避免了大量的重复工作。

Matlab 可以用于处理很多科学计算问题，也可以运行很多机器学习算法，但是 Matlab 是一个商业软件，授权费用太高，能够直接使用的插件也很少。对于 Java 和 C 语言来说，尽管也能够处理一些数学问题，构建机器学习算法，但是即便完成简单的操作也需要编写大量的代码，这为很多初学者带来了困扰。Python 也是一种高级语言，它清晰简练，易于理解，使得用户可以将更多的时间花费在数据本身的处理方面，而无需花费太多精力去解决计算机编程的问题。

Python 语言的唯一不足就是性能问题。因为它是解释型语言，需要一边解释一边执行，因此其执行效率不如 Java 或者 C 语言高。但是 Python 是一种“胶水”语言，可以非常方便地调用其他语言编写的代码。因此，我们可以用 Python 调用 C 编译的代码，这样就可以同时利用 C 和 Python 的优点，逐步开发机器学习的应用程序了。

Python 中用于机器学习的库有很多，其具体的用法将在后续章节中逐渐介绍，这里只简单列举一些常用库的名称和功能。

- Numpy：Numpy 是公认的最受欢迎的 Python 机器学习库之一，提供了真正的数组功能以及对数据进行快速处理的函数。它还是很多更高级的扩展库的依赖库，后面将要介绍的 Scipy、Matplotlib、Pandas 等库都依赖于它。值得强调的是，Numpy 内置函数处理数据的速度是 C 语言级别的，因此在编写程序的时候，应当尽量使用它们内置的函数，避免效率瓶颈的现象(尤其是涉及到循环的问题)。

- Scipy：Numpy 提供了多维数组功能，但它只是一般的数组，并不是矩阵，比如当两个数组相乘时，只是对应元素相乘，而不是矩阵乘法。Scipy 提供了真正的矩阵，以及大量基于矩阵运算的对象与函数。Scipy 包含的功能有最优化、线性代数、积分、插值、拟合、特殊函数、快速傅里叶变换、信号处理和图像处理、常微分方程求解和其他科学与工程中常用的计算，这些都是机器学习算法当中经常用到的。

- Pandas：Pandas 是 Python 下最强大的数据分析和探索工具。它包含高级的数据结构和精巧的工具，使得在 Python 中处理数据非常快速和简单。Pandas 建造在 Numpy 之上，它使得以 Numpy 为中心的应用很容易使用。Pandas 支持类似 SQL 的数据增、删、查、改，并且带有丰富的数据处理函数；支持时间序列分析功能；支持灵活处理缺失数据等。

- Matplotlib：Matplotlib 是最著名的绘图库，主要用于二维绘图，也可以进行简单的三维绘图。它不仅提供了一整套和 Matlab 相似但更为丰富的命令，让我们可以非常快捷地用 Python 可视化数据，而且允许输出达到出版质量的多种图像格式。

- Scikit-Learn：Scikit-Learn 是 Python 下强大的机器学习工具包，通常被简称为 sklearn，它提供了完善的机器学习工具箱，包括数据预处理、分类、回归、聚类、预测、模型分析等。需要指出的是，Scikit-Learn 没有包含人工神经网络。

- Keras：Keras 是一个高层神经网络库，由纯 Python 编写而成并基于 Tensorflow 或 Theano 框架。利用它不仅可以搭建普通的神经网络，还可以搭建各种深度学习模型，如自编码器、循环神经网络、递归神经网络、卷积神经网络等。

- Tensorflow：Tensorflow 框架主要由 Google 大脑团队开发，主要用于深度学习计算。几乎所有的 Google 机器学习应用都使用了它。Tensorflow 把神经网络运算抽象成运算图(Graph)，一个运算图中包含了大量的张量(Tensor)运算。而张量实际上就是 N 维数据的集合。神经网络运算的本质是通过张量运算来拟合输入张量与输出张量之间的映射关系。并行运算是 Tensorflow 的主要优势之一，用户可以通过代码设置来分配 CPU、GPU 计算资源以实现并行化的图运算。Tensorflow 框架中所有的工具库都是用 C 或 C++来编写的，但它提供了用 Python 编写的接口封装。

- PyTorch：和 Tensorflow 一样，PyTorch 也是一个深度学习框架，在 2017 年 1 月由 Facebook 人工智能研究院发布，其前身是 Torch。PyTorch 使用 Python 重写了很多内容，不仅更加灵活，支持动态图，而且提供了 Python 接口，不仅能够实现强大的 GPU 加速，同时还支持动态神经网络。目前有很多神经网络模型由 PyTorch 实现并开源共享，这吸引了广大研发人员踊跃使用该框架，这也进一步促进了 PyTorch 的流行。

- PaddlePaddle：和 Tensorflow、PyTorch 一样，PaddlePaddle(飞桨开源框架)是一个易用、高效、灵活、可扩展的深度学习框架。飞桨以百度多年的深度学习技术研究和业务应用为基础，集深度学习核心框架、基础模型库、端到端开发套件、工具组件和服务平台于一体，于 2016 年正式开源，是全面开源开放、技术领先、功能完备的产业级深度学习平台。飞桨源于产业实践，始终致力于与产业深入融合。目前飞桨已广泛应用于工业、农业、服务业等，服务 150 多万开发者，与合作伙伴一起帮助越来越多的行业完成 AI 赋能。作为著名的国产深度学习框架提供商，百度为广大科研人员和应用开发者提供了完善的技术支持和在线计算资源，科研人员可以很方便地免费使用其提供的在线 GPU 计算资源，应用开发者也可以很方便地基于飞桨平台进行快速的应用开发与部署。

温馨提示：

Python 有 2.X 和 3.X 两个大的版本，其代码不完全兼容，因此在选择开发环境和版本的时候，会对初学者造成一定的困扰。本书中的案例代码都是在 Python 3.X 下实现并调试通过的，本书将在附录中详细介绍 Python 环境的搭建。

1.4.4 机器学习模型的评价

在机器学习模型开发完成之后，还需要对建立的模型进行评估，以此来判断其是否满足使用的需要。根据任务不同，机器学习模型的类别也不同，因此针对不同类型的任务和模型，评价指标也不一样。

1. 分类任务

分类是最常见的机器学习任务，针对分类任务的常见评价指标包括准确率(Accuracy)、精确率(Precision)、召回率(Recall)、F1 分数(F1-score)、ROC 曲线和 AUC 曲线等。

下面首先介绍混淆矩阵的概念。如果用的是二分类的模型，那么把预测情况与实际情况的所有结果两两混合，结果就会出现如表 1-1 所示的四种情况，这就组成了混淆矩阵。

表 1-1 混淆矩阵示意

预测结果	实 际 结 果	
	阳性(1)	阴性(0)
阳性(1)	TP(真阳性)	FP(假阳性)
阴性(0)	FN(假阴性)	TN(真阴性)

表格中的 T(True)代表预测正确，F(False)代表预测错误，P(Positive)代表 1，N(Negative)代表 0。结论中的 T 和 F 表示预测是否正确，P 和 N 表示预测结果为 1 还是 0。因此，TP 表示预测正确且预测为 1(即实际值也为 1)，FP 表示预测错误且预测为 1(即实际值为 0)，FN 表示预测错误且预测为 0(即实际值为 1)，TN 表示预测正确且预测为 0(即实际值也为 0)。

有了上述概念之后，就可以详细说明具体的几个评价指标了。为了表述方便，记 N 为总体，即 $N = TP + FP + FN + TN$ 。

1) 准确率

对于分类任务，很自然会想到准确率。准确率的定义为预测正确的结果占总样本数的百分比，用上述概念来表示则有：

$$\text{accuary} = \frac{TP + TN}{N} \tag{1-1}$$

虽然用准确率可以判断总的正确率，但是在样本不平衡的情况下并不能将它作为很好的指标来衡量结果。一个很典型的例子是，假如现在有一个癌症预测系统，输入检测信息，可以判断是否有癌症。如果仅仅使用分类准确率来评价模型的好坏是有很明显的问题的，即使此时模型的预测准确率达到了 99%，也不能认为该模型是好的。因为本身结果是有癌症的样本就很少，那么对于新输入的样本，不管特征是什么，输出结果都是没有癌症，那么这个输出判断的准确率都能达到 99%。很显然这没办法很好地衡量系统的性能。这个例子说明，由于存在样本不平衡的问题，导致了得到的高准确率结果可能含有很大的水分，即如果样本不平衡，准确率就会失效。正因为如此，也就衍生出了其他两种指标：精确率和召回率。

2) 精确率

精确率又叫精准率或查准率，它是针对预测结果而言的，其含义是在所有被预测为正的样本中实际为正的样本的概率，意思就是在预测为正样本的结果中，我们有多少把握可以预测正确，其计算公式为

$$\text{precision} = \frac{\text{TP}}{\text{TP} + \text{FP}} \tag{1-2}$$

温馨提示：

精准率和准确率看上去有些类似，但却是完全不同的两个概念。精准率代表对正样本结果中的预测准确程度，而准确率则代表整体的预测准确程度，既包括正样本，也包括负样本。

3) 召回率

召回率又叫查全率，它是针对原样本而言的，它的含义是在实际为正的样本中被预测为正样本的概率，其计算公式为

$$\text{recall} = \frac{\text{TP}}{\text{TP} + \text{FN}} \tag{1-3}$$

召回率适用于对于某一类样本的正确率非常敏感的应用场景， 比如网贷违约率预测。相对好用户，我们更关心坏用户。因为如果我们过多地将坏用户当成好用户，这样后续可能发生的违约金额会远超过好用户偿还的借贷利息金额，造成严重的经济损失，因此要求不能错放过任何一个坏用户。召回率越高，则表示实际坏用户被预测出来的概率越高，其含义类似宁可错杀一千，绝不放过一个。

4) F1 分数

通常希望模型的精确率和召回率同时都非常高，但实际上这两个指标是一对矛盾体，无法做到双高，如果其中一个非常高，另一个肯定会非常低。选取合适的阈值点要根据实际需求，比如我们想要高的召回率，那么我们就会牺牲一些精确率，在保证召回率最高的情况下，精确率也不那么低。如果想要找到二者之间的一个平衡点，需要一个新的指标——F1 分数。F1 分数同时考虑了查准率和查全率，让二者之间能达到一个平衡。F1 分数是精确率和召回率之间的调和平均值，其范围是[0, 1]，具体的计算公式如下：

$$\text{F1} = \frac{2 \times \text{precision} \times \text{recall}}{\text{precision} + \text{recall}} = \frac{2\text{TP}}{2\text{TP} + \text{FN} + \text{FP}} \tag{1-4}$$

除了上面介绍的几个分类任务评价指标之外，还有两个常用的图形评价指标——ROC 和 AUC。ROC(Receiver Operating Characteristic)曲线又称接受者操作特征曲线，AUC(Area Under Curve)为曲线下面积。这两个指标都能够不受样本不均衡的影响，因此在实际应用中也用得较多。

2. 回归任务

在回归问题中，预测值通常为连续值，其性能不能用分类问题的评价指标来评价，通常用均方误差(MSE)、均方根误差(RMSE)和平均绝对误差(MAE)等来评价回归模型的性能。其中均方误差表示所有样本的样本误差的平方的均值，均方根误差即对于均方误差开

平方，平均绝对误差表示所有样本的样本误差的绝对值的均值。MSE、RMSE 和 MAE 越接近 0，模型越准确。假定有 m 个样本，$h(x_i)$ 表示第 i 个样本的预测值，y_i 表示第 i 个样本的实际值，那么上述三个指标的计算公式如下所示。

(1) 均方误差(MSE)：

$$MSE = \frac{1}{m}\sum_{i=1}^{m}(h(x_i) - y_i)^2 \tag{1-5}$$

(2) 均方根误差(RMSE)：

$$RMSE(X,h) = \sqrt{\frac{1}{m}\sum_{i=1}^{m}(h(x_i) - y_i)^2} \tag{1-6}$$

(3) 平均绝对误差(MAE)：

$$MAE(X,h) = \frac{1}{m}\sum_{i=1}^{m}\left|h(x_i) - y_i\right| \tag{1-7}$$

3. 聚类任务

聚类模型的评价方式大体上可分为外部指标和内部指标。

1) 外部指标

外部指标也就是有参考标准的指标，通常也可以称为有监督情况下的一种度量聚类算法和各参数的指标。具体就是聚类算法的聚类结果和已知的(有标签的、人工标准或基于一种理想的聚类的结果)相比较，从而衡量设计的聚类算法的性能优劣。

(1) 杰卡德相似系数(Jaccard Similarity Coefficient，简称 Jaccard 系数)。Jaccard 系数为集合之间的交集与它们的并集的比值，取值在[0, 1]之间，值越大相似度越高。Jaccard 距离用于描述集合之间的不相似度，距离越大相似度越低。两者的计算公式分别如式(1-8)和式(1-9)所示。

$$J(A,B) = \frac{|A \cap B|}{|A \cup B|} \tag{1-8}$$

$$dist_j(A,B) = 1 - J(A,B) \tag{1-9}$$

(2) 皮尔逊相关系数(Pearson Correlation Coefficient，简称 Pearson 系数)。Pearson 系数用来衡量两个正态连续变量之间线性关联性的程度，取值在[−1, 1]之间，此值越接近 1 或 −1，相关度越强。Pearson 系数计算公式如下，其中 Cov(X, Y)表示 X 和 Y 的协方差，D(X)表示 X 的方差。

$$\rho_{XY} = \frac{Cov(X,Y)}{\sqrt{D(X)}\sqrt{D(Y)}} \tag{1-10}$$

2) 内部指标

内部指标是无监督的，不需要基准数据集，也不需要借助于外部参考模型，仅利用样本数据集中样本点与聚类中心之间的距离来衡量聚类结果的优劣。内部指标主要有：

- 紧密度(Compactness)：每个聚类簇中的样本点到聚类中心的平均距离。对模型进行评价的时候，需要使用所有簇的紧密度的平均值进行衡量。紧密度越小，表示簇内的样本点越集中，样本点之间距离越短，簇内相似度越高。

- 分割度(Seperation)：是各簇的簇心之间的平均距离。分割度值越大说明簇间间隔越远，分类效果越好，簇间相似度越低。
- 戴维森堡丁指数(Davies-bouldin Index，DBI)：该指标用来衡量任意两个簇的簇内距离之和与簇间距离之比。该指标越小表示簇内距离越小，簇内相似度越高，簇间距离越大，簇间相似度越低。
- 邓恩指数(Dunn Validity Index，DVI)：任意两个簇的样本点的最短距离与任意簇中样本点的最大距离之商。该值越大，聚类效果越好。
- 轮廓系数(Silhouette Coefficient)：轮廓系数是描述聚类后各个类别的轮廓清晰度的指标。轮廓系数的取值范围是[-1, 1]，同类别样本距离越相近，不同类别样本距离越远，轮廓系数越高。

1.5 机器学习、模式识别、数据挖掘和人工智能的关系

在相关领域我们经常可以看到以下一些名词：人工智能、数据挖掘、机器学习、模式识别，还有深度学习和大数据。这些名词和概念到底是什么意思？它们之间有什么区别和联系？本节我们将回答这个问题。

这些概念之间的关系可以用图 1-11 来表示。其中优化理论和统计分析是整个体系的理论基础，而机器学习是方法，深度学习是属于机器学习的一种方法；模式识别、人工智能和数据挖掘都是属于应用层面的，它们之间相互交叠，产生的背景和发展历史有所不同，但使用的工具和理论基础是相通的。

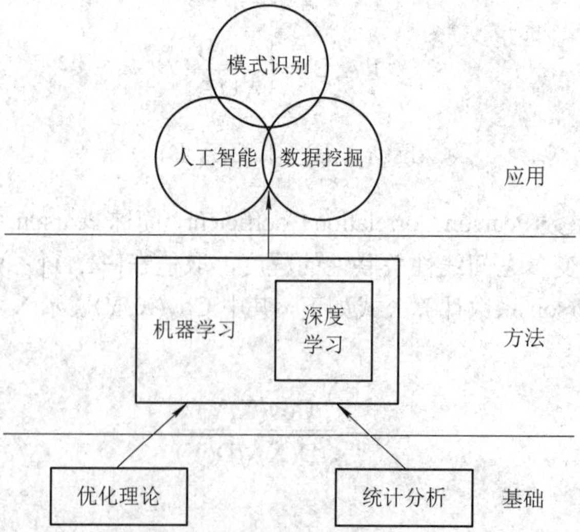

图 1-11　常见概念之间的关系

人工智能(Artificial Intelligence)是最近几年随着 AlphaGo 的一战成名而逐渐进入大家的视野的。但其实人工智能并不是一个新鲜的事物，早在 20 世纪 50 年代，人们就开始了

针对人工智能的研究。其实就是希望计算机具有像人类一样的智能和智慧。目前我们接触到的人工智能，绝大部分都还是弱人工智能，即只能在某一方面或处理某一些问题的时候，具有一定程度的智能化的行为。

模式识别产生于 20 世纪 70 年代。人们在观察事物或现象的时候，常常要寻找它与其他事物或现象的不同之处，并根据一定的目的把各个相似的但又不完全相同的事物或现象组成一类，它强调的是如何让一个计算机程序去做一些看起来很“智能”的事情。这项工作也是在人类认知过程中相对来说比较容易让计算机实现的工作。模式识别更侧重于研究不同事物的特征，以及如何用这些特征进行匹配或分类。在传统算法中，当数据量不够大的时候，往往需要尽可能地将所有特征提取出来以提高准确率，因此往往使得特征数量特别大，特征空间的维度也特别大。

机器学习的概念早在 1952 年就被 Arthur Samuel 提出了，它是一种从样本中学习的智能程序，所以其研究重点在于算法(模型)。直到 20 世纪 80 年代，机器学习才成为一个独立学科领域并快速发展，各种机器学习技术百花齐放。

从模式识别到机器学习，对人的认知过程的研究也就从模式识别发展到了学习阶段。随着信息化技术的发展，计算机的处理能力不断提高，信息量越来越大，拥有的数据也越来越多，相当于拥有的样本也就越来越多了。基于大量的样本，除了提取重要特征之外，机器学习的重点还包括训练样本和研究算法模型。

简单来说，模式识别和机器学习都是为了实现某方面的弱人工智能的方法(算法)，过去人们基本上没有区别二者的关系，实际上二者关系非常紧密，算法上也有非常多相似的地方，如果非要区别的话，可以简单理解为模式识别是目的，机器学习是方法。

机器学习包括了贝叶斯、决策树、人工神经网络、支持向量机等方法，其中人工神经网络当中的一个重要分支——深度学习在近年来取得了非常重要的突破，因此也得到了人们的广泛关注。深度学习的本质就是人工神经网络，是一种深层次的人工神经网络。在过去，这种庞大的模型无法实现，因为算法和计算能力都受到了限制。但自从反向传播的思想和梯度下降法的流行，以及计算机的计算能力得到了突破性的发展，原来不可实现的模型变得实用起来了。

数据挖掘(Data mining)是数据库知识发现(Knowledge-Discovery in Databases，KDD)中的一个步骤。数据挖掘一般是指从大量的数据中通过算法搜索隐藏于其中的信息的过程。所以，数据挖掘的重点在于挖掘数据和数据处理。数据挖掘包括了数据的基本管理以及数据的分析处理两个大的方面。其中数据的分析处理就可以借助机器学习的方法，使得很多处理可以自动化地完成。数据挖掘和机器学习的关系可以用图 1-12 来表示。

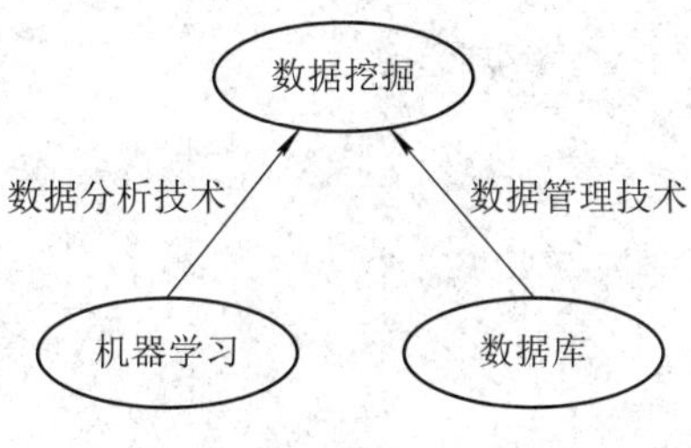

图 1-12　数据挖掘和机器学习的关系

随着近年来信息化网络化的水平不断提高，人们日常生活产生的数据量呈几何形式的暴涨，在此背景下产生了大数据这门学科。大数据其实是指利用常规的方法和解决手段不能在人们能够接受的时间范围内解决问题的一种数据问题。因此针对大数据问题，必须采用分布式技术、并行计算、并行存储等方式进行处理。但是其针对数据本身的分析手段其实并不像大家想象中的那么深奥。可能在数据量很大的情况下，一些简单的模型和算法就能够取得较为理想的效果。

不管是模式识别还是机器学习，都是为了逐步实现人工智能。不管是数据挖掘、大数据还是人工智能，都是为了让我们的生活更方便，它们都是目前非常值得研究的内容。

本章小结

本章是全书的首章，承担着将读者引入机器学习世界的重任。为了便于读者理解，同时激起读者进一步学习的兴趣，本章列举了非常多的例子来说明什么是机器学习，以及机器学习在各个领域中的应用情况；然后介绍了机器学习领域的主要研究内容以及开发一个机器学习应用的基本过程和需要注意的事项；最后比较了目前比较热门的机器学习、模式识别、数据挖掘、人工智能等概念的区别和联系。

思考题

1. 什么是机器学习？机器学习可以完成哪些事情？
2. 机器学习的应用开发基本过程是怎样的？
3. 机器学习和数据挖掘以及人工智能之间有什么关系？

第 2 章

Python 机器学习基础库

知识引入

前文中已经提到，目前最常用的机器学习应用开发的语言是 Python。选择 Python 作为主要开发语言的原因，除了其语法简单易懂，对于初学者非常友好之外，更重要的是 Python 语言的使用者众多，形成了非常丰富的第三方库和开发文档，读者可以在自己的研究和学习中直接使用，避免了大量的重复工作。本章将简要介绍 Python 中常见的可用于机器学习应用开发的第三方库及其使用方法，主要包括 Numpy、Pandas、Matplotlib、Scipy、Scikit-Learn、TensorFlow、PyTorch 和 PaddlePaddle。

知识图谱

本章知识图谱如图 2-1 所示。

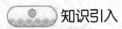

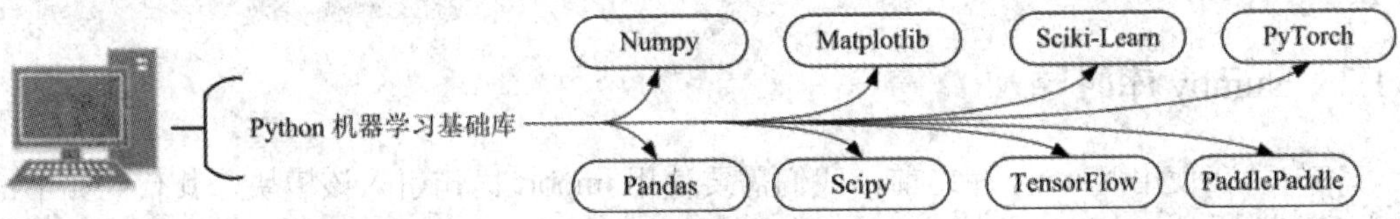

图 2-1　本章知识图谱

2.1 Numpy

Numpy(Numeric Python)库是 Python 中一个开源的数值计算扩展库，它可用来存储和处理大型矩阵，比 Python 自身的嵌套列表(nested list structure)结构要高效得多(该结构也可以用来表示矩阵(matrix))。Numpy 和稀疏矩阵运算包 Scipy 配合使用更加方便。

Numpy 提供了许多高级的数值编程工具，如矩阵数据类型、矢量处理以及精密的运算库。Numpy 多用于严格的数字处理，在很多大型金融公司业务中广泛使用，一些核心的科学计算组织(如 Lawrence Livermore、NASA 等)用其处理一些本来使用 C++、Fortran 或 Matlab 等完成的任务。下面将对 Numpy 的基本使用进行详细介绍。

温馨提示：

在进行代码练习之前，需要先对 Python 的运行环境进行安装和配置。读者可以参考附录 A 和附录 B 的教程对环境进行搭建。强烈建议直接安装 Anaconda 运行包，可以免去非常多的配置问题。在安装过程中记得一定选择将 Anaconda 添加到系统环境变量中，尽管会出现红字警告，但请忽略，如果不自动添加 Anaconda 的话，后续也需要手动配置，会非常繁琐。

2.1.1 Numpy 库的安装

Numpy 库在 Windows 下可以通过下面的步骤进行安装：

启动 Anaconda 下面的“Anaconda Prompt”或系统的“Cmd”命令窗口，输入如下命令即可完成安装：

```
pip install numpy
```

2.1.2 Numpy 库的导入

首先，在使用 Numpy 库之前，我们需要使用 import 语句引入该模块，其代码如下：

```
import numpy as np       # 导入 numpy 模块并且将其命名为 np，方便后面调用
```

或者：

```
from numpy import *
```

上述两个语句是两种导入模块的模式，读者一定要注意区分。

温馨提示：

import 语句和 from…import 语句的区别如下：

- import …语句：直接导入一个模块，…表示具体的模块名称，可以通过 import 关键词导入某个模块。同一模块不管执行多少次，import 都只会被导入一次。
- from … import …语句：导入一个模块中的一个函数。例如，from A import B，就是从 A 模块导入 B 函数。

import 引入模块之后，如果需要使用模块里的函数方法，则需要加上模块的限定名字，而 from…import 语句则不用加模块的限定名字，直接使用其函数方法即可。

2.1.3　创建数组

Numpy 中的很多操作都是基于数组或者向量来进行的，可以通过 array()函数传递 Python 序列对象的方法创建数组。如果传递的是多层嵌套的序列，则会创建多维数组。下面是分别创建一维数组和二维数组的代码：

```
a = np.array([1, 2, 3, 4])                                  # 创建一维数组
b = np.array([5, 6, 7, 8])
c = np.array([[1, 2, 3, 4], [4, 5, 6, 7], [7, 8, 9, 10]])   # 创建二维数组
```

数组的大小可以通过其 shape 属性获得。例如，要获得上面数组 a、b、c 的大小，可以使用如下代码：

```
a.shape
b.shape
c.shape
```

下面的代码可以将数组 c 的 shape 改为(4, 3)。注意将(3, 4)改为(4, 3)并不是对数组进行转置，而只是改变每个轴的大小，数组元素在内存中的位置并没有改变。

```
c.shape = (4, 3)
```

此外，使用数组的 reshape()方法可以创建一个改变尺寸的新数组，原数组保持不变，代码如下：

```
d = a.reshape((2, 2))
```

下面的代码可以实现修改数组中指定位置的元素：

```
a[1] = 10
```

2.1.4　查询数组类型

数组的元素类型可以通过 dtype 属性获得，实现代码如下：

```
a.dtype
```

还可以通过 dtype 参数在创建数组的时候指定元素类型，实现代码如下：

```
e = np.array([[1, 2, 3, 4], [4, 5, 6, 7], [7, 8, 9, 10]], dtype = np.float)
```

2.1.5　数组的其他创建方式

Numpy 除了可以使用 array()函数来创建数组外，还提供了很多专门用来创建数组的函数。

(1) arange()函数类似于 Python 的 range()函数，通过指定开始值、终值和步长来创建一维数组(注意数组不包括终值)，实现代码如下：

```
f = np.arange(0, 1, 0.1)
```

(2) linspace()函数通过指定开始值、终值和元素个数来创建一维数组(等差数列)，可以通过 endpoint 关键字指定是否包括终值(默认设置包括终值)，实现代码如下：

```
g = np.linspace(0, 1, 12)
```

(3) logspace()函数和 linspace()函数类似，但是它创建的是等比数列，实现代码如下：

```
h = np.logspace(0, 2, 10)
```

2.1.6 数组元素的存取

数组元素的存取方法和 Python 的标准方法相同，实现代码如下：

```
a = np.arange(10)
```

以下代码可以实现对数组中部分连续元素的存取：

```
a[3:5]
```

2.1.7 ufunc 运算

ufunc 是 universal function 的缩写，是一种能对 ndarray 的每个元素进行操作的函数。它支持数组广播、类型转换和其他一些标准功能。也就是说，ufunc 是函数的“矢量化”包装器，它接受固定数量的特定输入并生成固定数量的特定输出。

Numpy 内置的许多 ufunc 函数是在 C 语言级别实现的，因此它们的计算速度非常快。比如 numpy.sin()的速度就比 Python 自带的 math.sin()的速度要快很多。

温馨提示：

关于 ufunc 的更多信息可以参考官方帮助文档：https://docs.scipy.org/doc/numpy/ reference/ufuncs.html。

2.1.8 矩阵的运算

和 Matlab 不同，对于多维数组的运算，Numpy 默认情况下并不使用矩阵运算。如果希望对数组进行矩阵运算，可以调用相应的函数来实现。

Numpy 库提供了 matrix 类，使用 matrix 类创建的是矩阵对象，它们的加、减、乘、除运算默认采用矩阵方式，因此其用法和 Matlab 十分相似。matrix 的具体使用方法如下：

```
a = np.matrix('1 2; 3 4')
b =  a.T            # 返回矩阵 a 的转置矩阵并且存储于 b 中
c =  a.I            # 返回矩阵 a 的逆矩阵并且存储于 c 中
```

由于 Numpy 中同时存在 ndarray 和 matrix 对象，读者很容易混淆，一般情况下不推荐在较复杂的程序中使用 matrix，通常可以通过 ndarray 对数组进行各种操作来实现矩阵运算。下面是一些创建特殊矩阵的代码示例：

```
a = np.zeros((5, ), dtype = np.int)   # 使用 zeros 方法创建 0 矩阵
b = np.empty([2, 4])                   # 使用 empty 方法创建一个 2 行 4 列任意数据的矩阵
c = np.array([1, 2, 3], [4, 5, 6])     # 使用 array 方法创建一个 2 行 3 列指定数据的矩阵
d = np.dot(b, c)                       # 使用 dot 函数实现叉乘运算
```

2.2 Pandas

Pandas 是 Python 的一个数据分析包，最初是由 AQR Capital Management 于 2008 年 4

月开发的，目前由专注于 Python 数据包开发的 PyData 开发团队继续开发和维护，属于 PyData 项目的一个部分。Pandas 的名称来自面板数据和 Python 数据分析。

Pandas 引入了大量库和一些标准的数据模型，提供了高效率操作大型数据集所需要的工具。Pandas 也提供了大量可以快速便捷处理数据的函数和方法，是 Python 成为强大而高效的数据分析工具的重要因素之一。Pandas 的基本数据结构是 Series 和 DataFrame。其中 Series 称为序列，用于产生一个一维数组，DataFrame 用于产生二维数组，它的每一列都是一个 Series。

温馨提示：

关于 Pandas 的更多信息可以参考以下官方帮助文档：
中文文档：https://www.pypandas.cn/；
英文文档：https://pandas.pydata.org/pandas-docs/stable/。

2.2.1 Pandas 的安装

在 Windows 下，Pandas 库可以通过启动 Anaconda 下的“Anaconda Prompt”或系统的“cmd”命令窗口，输入如下命令完成安装：

```
pip install pandas
```

2.2.2 Pandas 的导入

使用 Pandas 库，首先需要使用 import 语句引入该模块，代码如下：

```
import pandas as pd
```

或者

```
from pandas import *
```

2.2.3 Series

Series 是一维标记数组，可以存储任意数据类型，如整型、字符串、浮点型和 Python 对象等，轴的标签称为索引(index)。Series、Numpy 中的一维 Array 与 Python 基本数据结构 List 的区别是：List 中的元素可以是不同的数据类型，而 Array 和 Series 中则只允许存储相同的数据类型，这样可以更有效地使用内存，提高运算效率。创建 Series 的代码如下：

```
from pandas import Series, DataFrame

# 通过传递一个 list 对象来创建 Series，默认创建整型索引
a = Series([1, 2, 3, 4])
print("创建 Series：\n", a)

# 创建一个用索引来决定每一个数据点的 Series
b = Series([1, 2, 3, 4], index=['a', 'b', 'c', 'd'])
print("创建带有索引的 Series：\n", b)
```

```
# 如果有一些数据在一个 Python 字典中，可以通过传递字典来创建一个 Series
sdata = {'Tom':123456, "John":12654, "Cindy":123445}
c = Series(sdata)
print("通过字典创建 Series：\n", c)
```

2.2.4 DataFrame

DataFrame 是二维标记数据结构，其列可以是不同的数据类型。DataFrame 是最常用的 Pandas 对象，像 Series 一样可以接收多种输入(lists、dicts、series 和 DataFrame 等)。初始化对象时，除了数据外，还可以传递 index 和 columns 两个参数。DataFrame 的结构和 Excel 表的结构非常相似。

DataFrame 的简单实例代码如下：

```
from pandas import Series, DataFrame

df = DataFrame(columns={"a": "", "b": "", "c": ""}, index=[0])   # 创建一个空的 DataFrame
a = [['2', '1.2', '4.2'], ['0', '10', '0.3'], ['1', '5', '0']]
print(df)
df = DataFrame(a, columns=['one', 'two', 'three'])              # 使用 list 的数据创建 DataFrame
print(df)
```

2.3 Matplotlib

Matplotlib 是 Python 的一个绘图库，是 Python 中最常用的可视化工具之一，可以非常方便地创建 2D 图表和 3D 图表。通过 Matplotlib，开发者可能仅需要几行代码，便可以生成各种图表，如直方图、条形图、散点图等。它提供了一整套和 Matlab 相似的命令 API，十分适合交互式制图。也可以方便地将 Matplotlib 作为绘图控件，嵌入 GUI 应用程序中。

温馨提示：

关于 Matplotlib 的更多信息可以参考官方帮助文档：https://matplotlib.org。

2.3.1 Matplotlib 的安装

在 Windows 下，Matplotlib 库可以通过启动 Anaconda 下的“Anaconda Prompt”或系统的“cmd”命令窗口，输入如下命令完成安装：

```
pip install matplotlib
```

2.3.2 Matplotlib 的导入

使用 Matplotlib 库之前需要先使用 import 语句引入该模块，代码如下：

```
import matplotlib
```

或者

```
from matplotlib import *
```

2.3.3　基本绘图命令 plot

Matplotlib 库中，最常使用的命令就是 plot，常用的绘图方法的实现代码如下：

```
import matplotlib.pyplot as plt
import numpy as np                        # 导入 numpy 模块方便后续使用 numpy 模块中的函数

x = np.linspace(0, -2*np.pi, 100)         # 使用 linspace 函数创建等差数列
y = np.sin(x)

plt.figure(1)
plt.plot(x, y, label="$sin(x)$", color = "red", linewidth = 2)    # 指定绘制函数的图像
plt.xlabel("Time(s)")                     # 设置 x 坐标名称
plt.ylabel("Volt")                        # 设置 y 坐标名称
plt.title("First Example")                # 设置图像标题
plt.ylim(-1.2, 1.2)                       # y 坐标表示范围
plt.legend()                              # 设置图例
plt.show()                                # 图像展示
```

实现效果如图 2-2 所示。

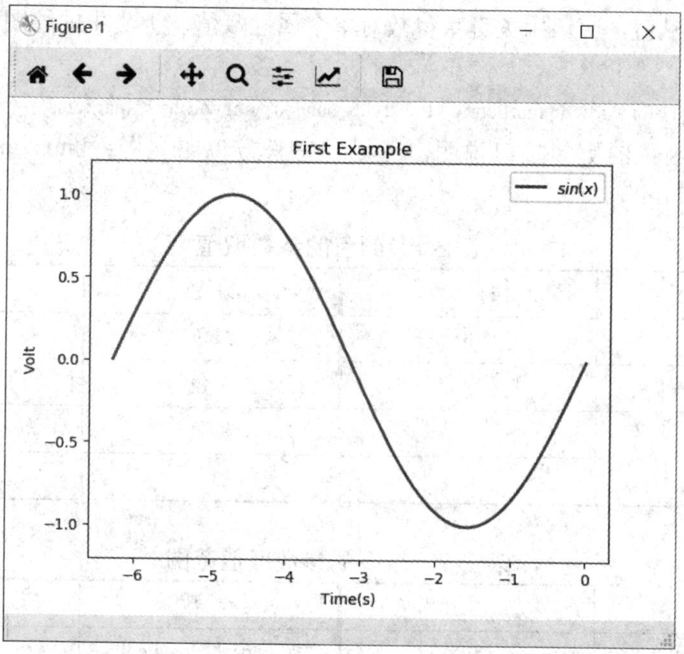

图 2-2　plot 的绘图效果

上面代码使用 plot 方法显示，以 x 为横坐标，y 为纵坐标，颜色是红色，图形中线的宽度为 2。此外，还使用了 label 等参数。部分参数说明如下：

(1) label：给所绘制的曲线标定一个名称，此名称在图示(lengend)中显示，只要在字符串前添加“$”，Matplotlib 就会使用其内嵌的 latex 引擎绘制数学公式。

(2) color：指定曲线的颜色。

(3) linewidth：指定曲线的宽度。

(4) xlabel：设置 X 轴的文字。

(5) ylabel：设置 Y 轴的文字。

(6) title：设置图表标题。

(7) ylim：设置 Y 轴的范围，格式为[y 的起点，y 的终点]。

(8) xlim：设置 X 轴的范围，格式为[x 的起点，x 的终点]。

(9) axis：同时设置 X 轴和 Y 轴的范围，格式为[x 的起点，x 的终点，y 的起点，y 的终点]。

(10) legend：显示 label 中标记的图示。

plot 函数的一般调用形式为

```
plot([x], y, [fmt], data=None, **kwargs)
```

其中 x 和 y 为需要绘制的图形的横坐标和纵坐标；可选参数[fmt] 是一个字符串，用来定义图的基本属性，如颜色(color)、点型(marker)、线型(linestyle)，具体形式为

```
fmt = '[color][marker][line]'
```

fmt 接收的是每个属性的单个字母缩写，比如，plot(x, y, 'bo-')表示绘制蓝色圆点实线。具体的颜色参数取值和线型参数取值如表 2-1 和表 2-2 所示。如果属性用的是全名，则不能用 fmt 参数来组合赋值，应该用关键字参数对单个属性赋值，上文中的绘图语句就是用的全名。再比如：

```
plot(x, y2, color='green', marker='o', linestyle='dashed', linewidth=1, markersize=6)
```

关于 plot 函数的更多接口说明，可以参考官方说明文档：https://matplotlib.org/api/pyplot_summary.html。

表 2-1 颜色的参数取值

颜 色	标 记	颜 色	标 记
蓝色	b	绿色	G
红色	r	黄色	Y
青色	c	黑色	K
洋红色	m	白色	W

表 2-2 线型的参数取值范围

参 数	描 述	参 数	描 述
'-' 或者 'solid'	实线	'- -' 或者 'dashed'	虚线
'-.' 或者 'dashdot'	点画线	'none' 或者 ''	不画

2.3.4　绘制多窗口图形

一个绘制对象(figure)可以包含多个轴(axis)，在 Matplotlib 中用轴表示一个绘图区域，可以将其理解为子图。可以使用 subplot 函数快速绘制有多轴的图表。实现代码如下：

```
import matplotlib.pyplot as plt         # 导入 matplotlib 模块绘制多窗口图形

plt.subplot(1, 2, 1)                    # 绘制多轴图例第一幅图
plt.plot(x, y, color = "red", linewidth = 2)        # 传入参数，设置颜色和线条宽度
plt.xlabel("Time(s)")                   # 设置 x 轴名称
plt.ylabel("Volt")                      # 设置 y 轴名称
plt.title("First Example")              # 设置标题
plt.ylim(-1.2, 1.2)                     # 设置表示范围
plt.axis([-8, 0, -1.2, 1.2])
plt.legend()

plt.subplot(1, 2, 2)                    # 绘制多轴图例的第二幅图
plt.plot(x, y, "b--")
plt.xlabel("Time(s)")
plt.ylabel("Volt")
plt.title("Second Example")
plt.ylim(-1.2, 1.2)
plt.legend()
plt.show()
```

实现效果如图 2-3 所示。

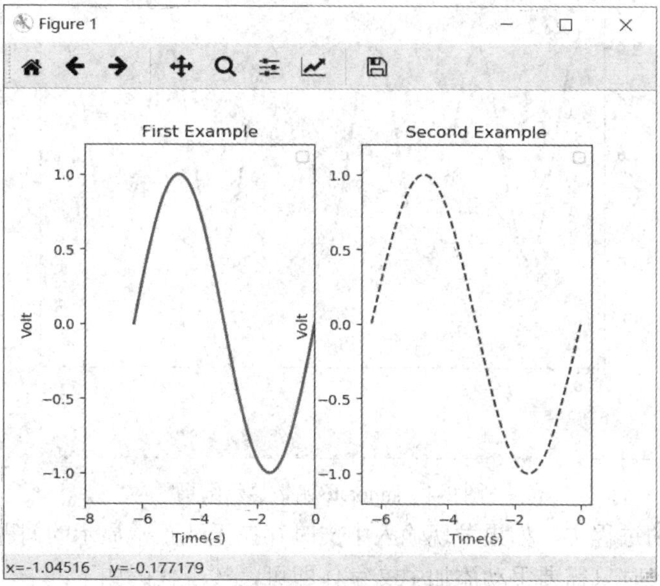

图 2-3　subplot 实现效果图

subplot()函数的参数格式为

```
subplot(行数，列数，子图数)
```

2.3.5 文本注释

在数据可视化的过程中，可以通过 annotate()方法在图片中使用文字注释图中的一些特征。在使用 annotate 时，要考虑两个点的坐标：被注释的地方，使用坐标 xy=(x, y)给出；插入文本的地方，使用坐标 xytext=(x, y)给出。实现代码如下：

```
import numpy as np                    # 导入 numpy 模块
import matplotlib.pyplot as plt       # 导入 matplotlib 模块

x = np.arange(0.0, 5.0, 0.01)         # 使用 numpy 模块中的 arange 函数生成数字序列
y = np.cos(2*np.pi*x)
plt.plot(x, y)                        # 绘制图形
plt.annotate('local max', xy=(2, 1), xytext = (3, 1.5))   # 使用 annotate 函数对图形进行注释
arrowprops = dict(facecolor = "black", shrink = 0.05)
plt.ylim(-2, 2)
plt.show()
```

显示结果如图 2-4 所示。

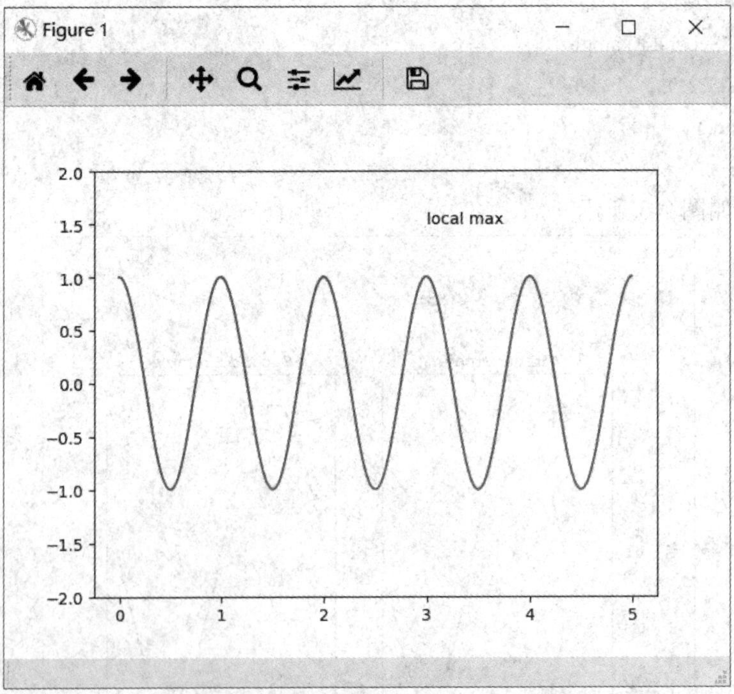

图 2-4 annotate 函数显示结果

在编写代码的过程中，如果发现输入中文时存在无法正常显示的问题，通常是因为缺少中文字体库，此时只需要手动添加中文字体即可，实现代码如下：

```
import matplotlib.pyplot as plt          # 导入 matplotlib 模块

plt.rcParams['font.sans-serif'] = ['SimHei']   # 系统字体，显示中文
plt.rcParams['axes.unicode_minus'] = False
plt.figure(1)                            # 绘制图像
plt.plot(x, y, label="$sin(x)$", color = "red", linewidth = 2)
plt.xlabel("时间(秒)")
plt.ylabel("电压")
plt.title("正弦波")
plt.ylim(-1.2, 1.2)
plt.legend()
plt.show()
```

实现效果如图 2-5 所示。

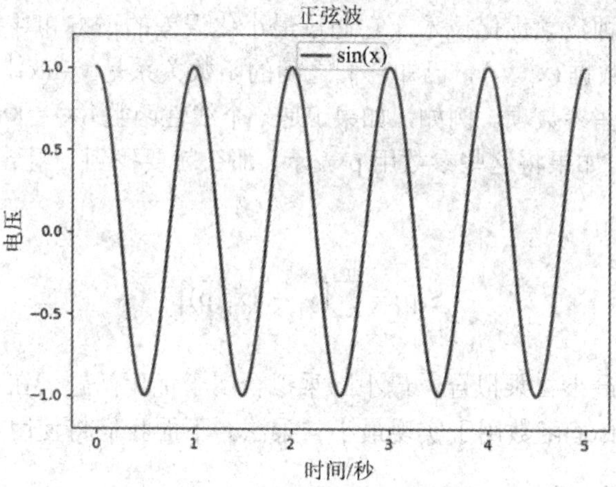

图 2-5　中文正常显示结果

2.4　Scipy

Scipy 是一个用于数学、科学及工程方面的常用软件包，它包含科学计算中常见问题的各个工具箱。Scipy 函数库在 Numpy 库的基础上增加了众多的数学、科学及工程计算中常用的库函数，如线性代数、常微分方程数值求解、信号处理、图像处理、稀疏矩阵等。它通过有效计算 Numpy 矩阵来让 Numpy 和 Scipy 协同工作。

温馨提示：

关于 Scipy 的更多信息可以参考官方帮助文档：https://www.scipy.org/。

2.4.1　Scipy 的安装

在 Windows 下，Scipy 库可以通过启动 Anaconda 下的“Anaconda Prompt”或系统的

“cmd”命令窗口，输入如下命令完成安装：

```
pip install scipy
```

2.4.2 Scipy 的导入

使用 Scipy 库之前，首先需要使用 import 语句引入该模块，代码如下：

```
import scipy
```

或者

```
from scipy import *
```

Scipy 通常用于科学计算，下面将通过最小二乘法和非线性方程求解的实现来简要说明 Scipy 库的使用方法。

2.4.3 最小二乘法

最小二乘法是一种数学优化技术，它通过最小化误差的平方和寻找数据的最佳函数匹配。假设有一组实验数据 (x_i, y_i)，已知它们之间的函数关系是 y=f(x)，通过这些已知信息，需要确定函数中的一些参数项。例如，如果 f 是一个线性函数 $f(x)=kx+b$，那么参数 k 和 b 就是需要确定的值，如果将这些参数用 p 表示，那么就要找到一组 p 值使以下公式中的 s 函数最小。

$$S(p)=\sum_{i=1}^{m}\left[y_i-f(x_i,p)\right]^2 \tag{2-1}$$

这种算法被称为最小二乘拟合。最小二乘拟合属于优化问题，在 Scipy 的 optimize 子函数库中提供的 leastsq()函数用于实现最小二乘法。下面我们将使用一个拟合直线的案例来进行详细说明。

假设有一组数据符合直线的函数方程 $y=kx+b$。这种情况下，待确定的参数只有 k 和 b 两个，使用 Scipy 的 leastsq 函数估计这两个参数，并进行曲线拟合。实现代码如下：

```
import numpy as np                          # 导入 numpy 模块
from scipy.optimize import leastsq          # 导入 scipy 模块
import matplotlib.pyplot as plt             # 导入 matplotlib 模块


Yi = np.array([7.01, 2.78, 6.47, 6.71, 4.1, 4.23, 4.05])     # 传入 Yi 参数数据
xi = np.array([8.19, 2.72, 6.39, 8.71, 4.7, 2.66, 3.78])     # 传入 xi 参数数据


# 计算
def func(p, x):
    k, b = p
    return k * x + b
# 计算误差
```

```
def error(p, x, y, s):
    print(s)
    return func(p, x) – y

# TEST
p0 = [100, 2]
s = "Test the number of iteration"            # 试验最小二乘法函数 leastsq 得调用几次 error 函数才能
                                               找到使得均方误差之和最小的 k、b
Para = leastsq(error, p0, args=(xi, Yi, s))   # 把 error 函数中除了 p 以外的参数打包到 args 中
k, b = Para[0]
print("k=", k, '\n', "b=", b)

# 绘图，看拟合效果
plt.figure(figsize=(8, 6))
plt.scatter(xi, Yi, color="red", label="Sample Point", linewidth=3)        # 画样本点
x = np.linspace(0, 10, 1000)
y = k * x + b
plt.plot(x, y, color="orange", label="Fitting Line", linewidth=2)         # 画拟合直线
plt.legend()
plt.show()
```

实现结果如图 2-6 所示。

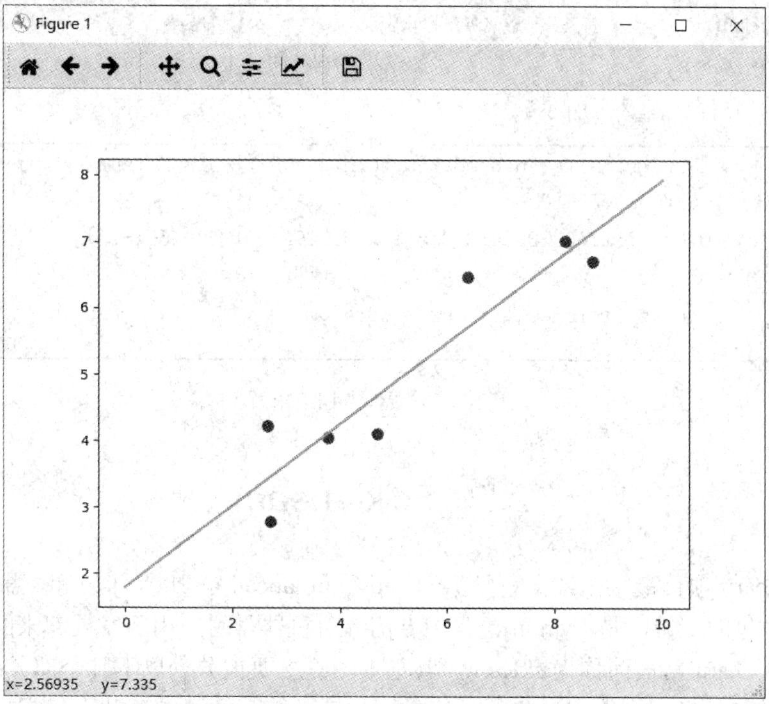

图 2-6　Scipy 最小二乘法进行函数拟合

2.4.4 非线性方程求解

Scipy 的 optimize 库中的 fsolve 函数可以用来对非线性方程组进行求解，它的基本调用形式为 fsolve(func, x_0)，其中 func(x)是计算方程组的函数，它的参数 x 是一个矢量，表示方程组的各个未知数的一组可能解，func(x)返回将 x 代入方程组之后得到的结果，x_0 为未知数矢量的初始值。实现非线性方程组的求解代码如下：

```
from scipy.optimize import fsolve          # 导入 scipy.optimize 模块的 fsolve 函数
from math import sin, cos                  # 导入 math 模块的 sin 和 cos 函数

# 定义 f(x)函数存储待求解的非线性方程组
def f(x):
    x0 = float(x[0])
    x1 = float(x[1])
    x2 = float(x[2])
    return [
        5 * x1 + 3,
        4 * x0 * x0 - 2 * sin(x1 * x2),
        x1 * x2 - 1.5
    ]

result = fsolve(f, [1, 1, 1])         # 求解结果
print(result)                         # 打印结果
print(f(result))                      # 求解结果并且打印结果
```

最终求解方程如图 2-7 所示。

```
C:\ProgramData\Anaconda3\python.exe D:/learn/DataBase/Scipy_2.py
[-0.70622057 -0.6         -2.5       ]
[0.0, -9.126033262418787e-14, 5.329070518200751e-15]

Process finished with exit code 0
```

图 2-7 非线性方程组求解

2.5 Scikit-Learn

Scikit-Learn 项目最早由数据科学家 David Cournapeau 在 2007 年发起，需要 Numpy 和 Scipy 等其他包的支持，是 Python 语言中专门针对机器学习应用而发展起来的一款开源的框架。Scikit-Learn 常被简称为 sklearn，其基本功能主要被分为以下几个部分：

(1) 分类：是指识别给定对象的所述类别，属于监督学习的范畴，最常见的应用场景

包括垃圾邮件检测和图像识别等，目前 Scikit-Learn 已经实现的算法包括支持向量机(SVM)、K-近邻、随机森林、决策树及多层感知器(MLP)神经网络等。

(2) 回归：是指预测与给定对象相关联的连续值属性，最常用的应用场景包括药物反应和预测股票价格等，目前 Scikit-Learn 已经实现的算法包括支持向量回归(SVR)、岭回归、Lasso 回归、贝叶斯回归等。

(3) 聚类：是指自动识别具有相似属性的给定对象，并将其分组为集合，属于无监督学习的范畴，最常见的应用场景包括顾客细分和实验结果分组。目前 Scikit-Learn 已经实现的算法包括 K 均值聚类、均值偏移、分层聚类等。

(4) 数据降维：是指使用主成分分析(PCA)、非负矩阵分解(NMF)或特征选择等降维技术来减少要考虑的特征的个数，其主要应用场景包括可视化处理和效率提升。

(5) 模型选择：是指对于给定参数和模型的比较、验证和选择，其主要目的是通过参数调整来提升精度，目前 Scikit-Learn 已经实现的算法包括格点搜索、交叉验证和各种针对预测误差评估的度量函数。

(6) 数据预处理：是指数据的特征提取和归一化，是机器学习过程中的第一个也是最重要的环节。这里归一化是指将输入数据转换为具有零均值和单位权方差(如方差为 1)的新变量，特征提取是指将文本或图像数据转换为可用机器学习的数字变量。

综上所述，作为专门面向机器学习的 Python 开源框架，Scikit-Learn 可以在一定范围内为开发者提供非常好的帮助，它的内部实现了各种各样成熟的算法，容易安装和使用。

温馨提示：

关于 Scikit-Learn 的更多信息可以参考官方帮助文档：https://scikit-learn.org/。

2.5.1　Scikit-Learn 的安装

在 Windows 下，Scikit-Learn 库可以通过启动 Anaconda 下的“Anaconda Prompt”或系统的“cmd”命令窗口，输入如下命令完成安装：

```
pip install scikit-learn
```

2.5.2　Scikit-Learn 的数据集

在 Scikit-Learn 库中自带有一些常见的数据集，使用这些数据集可以完成分类、回归、聚类等操作。这些数据集的详细信息如表 2-3 所示。

表 2-3　Scikit-Learn 库自带的数据集

序号	数据集名称	主要调用方式	数 据 描 述
1	鸢尾花数据集	Load_iris()	用于多分类任务的数据集
2	波士顿房价数据集	Load_boston()	经典的用于回归任务的数据集
3	糖尿病数据集	Load_diabetes()	经典的用于回归任务的数据集
4	手写数字数据集	Load_digits()	用于多分类任务的数据集
5	乳腺癌数据集	Load_breast_cancer()	简单经典的用于二分类任务的数据集
6	体能训练数据集	Load_linnerud()	经典的用于多变量回归任务的数据集

Scikit-Learn 的使用方法将在后续 4.4 节的案例中详细说明，此处不再赘述。

2.6 TensorFlow

TensorFlow 是一个深度学习库，由 Google 开源，可以对定义在 Tensor(张量)上的函数自动求导。Tensor 意味着 N 维数组，Flow(流)意味着基于数据流图的计算，TensorFlow 即为张量，从图的一端流动到另一端。它的一大亮点是支持异构设备分布式计算，它能够在各个平台上自动运行模型，支持从单个 CPU/GPU 到成百上千 GPU 卡组成的分布式系统。支持 CNN、RNN 和 LSTM 算法，是目前在计算机视觉(CV)和自然语言处理(NLP)中最流行的深度神经网络框架之一。

要正常使用 TensorFlow，必须了解两个基本概念：Tensor 和 Flow，即张量和数据流图。

1. 张量(Tensor)

张量是一种表示物理量的方式，具体来讲就是用基向量与分量组合表示物理量(Combination of basis vector and component)。

标量，0 个基向量：0-mode tensor

向量，1 个基向量：1-mode tensor

矩阵，2 个基向量：2-mode tensor

…

张量可以表示为多维数组(a tensor can be represented as a multidimensional array of numbers)。

2. 数据流图(Data Flow Graphs)

用 TensorFlow 进行机器学习模型计算的时候，通常包含两个阶段：

第一阶段："组装"一个计算图(Graph)。这个图就描述了用于机器学习的模型的结构。如果读者熟悉以前微软的 DirectShow 开发，就能够很容易地理解这个图的概念，此处的 Graph 和 DirectShow 里的 Filter Graphs 有异曲同工之处。

第二阶段：使用一个 Session 在图中进行操作。

温馨提示：

关于 TensorFlow 的更多信息可以参考官方帮助文档：https://www.tensorflow.org/。

2.6.1 TensorFlow 的安装

在 Windows 下，TensorFlow 库可以通过启动 Anaconda 下的"Anaconda Prompt"或系统的"cmd"命令窗口，输入如下命令完成安装：

```
pip install tensorflow
```

此时，系统会自动下载相应的库，整个过程 TensorFlow 需要安装很多库函数，如 Numpy、six、wheel、appdirs 等，需要花费一定的时间。

2.6.2　TensorFlow 的使用

本小节将使用一个最简单的平面拟合来介绍 TensorFlow 的使用。

首先导入 TensorFlow 以及需要使用的 Numpy 库，实现代码如下：

```
import tensorflow as tf
import numpy as np
```

准备数据，随机生成 100 待拟合的点，实现代码如下：

```
x_data = np.float32(np.random.rand(2, 100))              # 随机生成 x 数据
y_data = np.dot([0.100, 0.200], x_data) + 0.300          # 随机生成 y 数据
```

利用 TensorFlow 构建一个线性模型，实现代码如下：

```
b = tf.Variable(tf.zeros([1]))
W = tf.Variable(tf.random_uniform([1, 2], -1.0, 1.0))
y = tf.matmul(W, x_data) + b
```

对构建的线性模型进行求解，设置损失函数、选择梯度下降的方法以及迭代的目标，实现代码如下：

```
# 设置损失函数：误差的均方差
loss = tf.reduce_mean(tf.square(y - y_data))
# 选择梯度下降的方法
optimizer = tf.train.GradientDescentOptimizer(0.5)
# 迭代的目标：最小化损失函数
train = optimizer.minimize(loss)
```

利用 TensorFlow 来训练模型，得到待拟合的平面，实现代码如下所示：

```
# 1.初始化变量：tf 的必备步骤，主要声明了变量，必须初始化后才能使用
init = tf.global_variables_initializer()
# 设置 TensorFlow 对 GPU 的使用按需分配
config   = tf.ConfigProto()
config.gpu_options.allow_growth = True
# 2.启动图 (graph)
sess = tf.Session(config=config)
sess.run(init)


# 3.迭代，反复执行上面的最小化损失函数这一操作(train op)，拟合平面
for step in range(0, 201):
    sess.run(train)
    if step % 20 == 0:
        print(step, sess.run(W), sess.run(b))
```

运行结果如图 2-8 所示。

```
0 [[ 0.27467242  0.81889796]] [-0.13746099]
20 [[ 0.1619305   0.39317462]] [ 0.18206716]
40 [[ 0.11901411  0.25831661]] [ 0.2642329]
60 [[ 0.10580806  0.21761954]] [ 0.28916073]
80 [[ 0.10176832  0.20532639]] [ 0.29671678]
100 [[ 0.10053726  0.20161074]] [ 0.29900584]
120 [[ 0.100163    0.20048723]] [ 0.29969904]
140 [[ 0.10004941  0.20014738]] [ 0.29990891]
160 [[ 0.10001497  0.20004457]] [ 0.29997244]
180 [[ 0.10000452  0.20001349]] [ 0.29999167]
200 [[ 0.10000138  0.2000041 ]] [ 0.29999748]
```

图 2-8　平面拟合运行结果

2.7　PyTorch

和 TensorFlow 一样，PyTorch 也是一个开源的 Python 深度学习框架，可以很方便地利用它来构建计算机视觉和自然语言处理等应用程序。2017 年 1 月，由 Facebook 人工智能研究院(FAIR)基于 Torch 推出了 PyTorch。它是一个基于 Python 的科学计算包，提供两个高级功能：一是支持 GPU 加速的张量计算；二是包含自动求导系统的深度神经网络。

首先进入 PyTorch 的官网 https://pytorch.org/，在其首页下方选择自己需要的 PyTorch 版本，如图 2-9 所示，之后会在最后一行“Run this Command”中生成对应的安装指令。然后复制这一段指令，通过启动 Anaconda 下的“Anaconda Prompt”或系统的“cmd”命令窗口，输入刚刚复制的指令即可完成安装。关于 PyTorch 的使用方法将在后续章节结合具体的案例进行介绍。

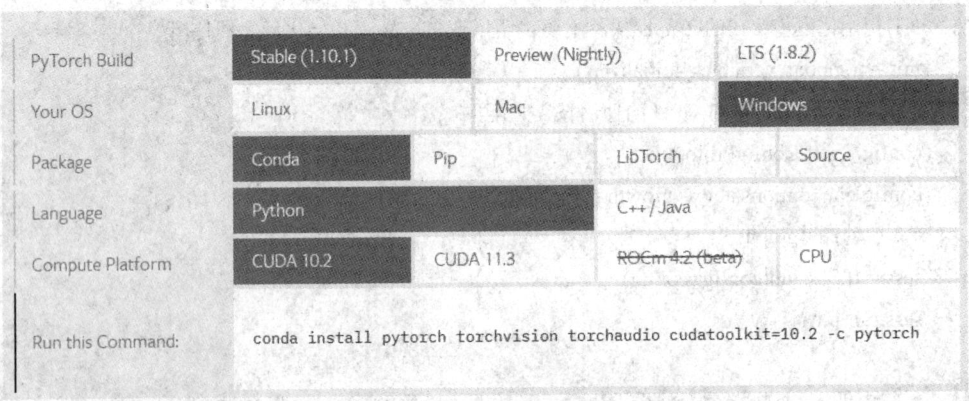

图 2-9　PyTorch 安装版本的选择

2.8　PaddlePaddle

飞桨(PaddlePaddle)以百度多年的深度学习技术研究和业务应用为基础，集深度学习核心训练和推理框架、基础模型库、端到端开发套件、丰富的工具组件于一体，是我国首个自主研发、功能丰富、开源开放的产业级深度学习平台。飞桨于 2016 年正式开源，是主流深度学习框架中一款完全国产化的产品。相比国内其他产品，飞桨是一个功能完整的深度学习平台，也是唯一成熟稳定、具备大规模推广条件的深度学习开源开放平台。

安装飞桨框架的时候，需首先进入官网：https://www.paddlepaddle.org.cn/install/quick?docurl=/documentation/docs/zh/install/pip/windows-pip.html，在其首页选择自己需要的飞桨版本，如图 2-10 所示，之后会在最后一行“安装信息”中生成对应的安装指令。然后复制这一段指令，通过启动 Anaconda 下的“Anaconda Prompt”或系统的“cmd”命令窗口，输入刚刚复制的指令即可完成安装。关于飞桨框架的使用比较复杂，详细的方法将在后续章节结合具体的案例进行介绍。

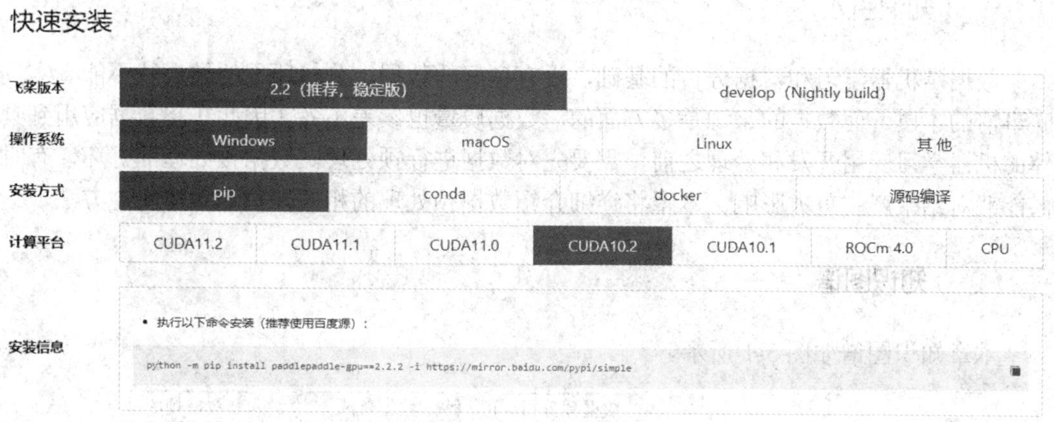

图 2-10　飞桨安装信息的生成

本章小结

本章介绍了 Python 中常用的可用于机器学习的第三方库及其基本的使用方法，这些库包括 Numpy、Pandas、Matplotlib、Scipy、Scikit-Learn、TensorFlow、Pytorch、飞桨等机器学习库，利用这些库能够很方便地完成机器学习应用的开发，而不需要自己从头开始实现很多算法。

思考题

1. 建议读者针对本章介绍的各种库进行动手安装和实际练习，以便更快熟悉其使用方法。

2. 建议读者收集整理本书尚未整理的库进行动手安装和实际练习，以便更快熟悉其使用方法。

第 3 章

数据预处理

知识引入

数据是机器学习和数据分析的基础，没有良好的数据，分析所得的结果就不能真实反映事情的本质。而数据的来源是多方面的，数据质量也参差不齐，因此在将数据应用到具体的机器学习应用开发和处理之前，需要先对数据进行预处理。数据预处理的好坏，有时候能够对结果产生重大影响。本章将详细介绍数据预处理的相关知识和具体实现方法。

知识图谱

本章知识图谱如图 3-1 所示。

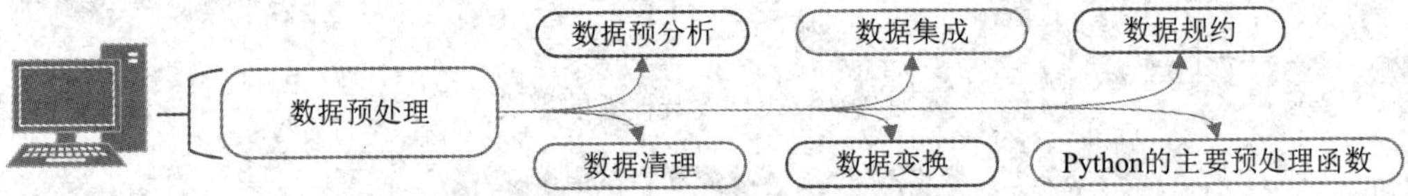

图 3-1　本章知识图谱

3.1 数据预处理概述

真实世界中，我们获取到的数据通常是不完整的(缺少某些感兴趣的属性值)、不一致的(包含代码或者名称的差异)，并且极易受到噪声(错误或异常值)的侵扰。除此之外，数据往往还存在冗余或者不完整等缺点。这种原始的、低质量的数据将导致低质量的学习结果。就像一个大厨要做美味的蒸鱼，如果不先将鱼进行去鳞等处理，一定做不成我们口中美味的鱼。因此，在正式进入数据分析之前，通常需要进行数据的预处理，以解决原始数据中存在的各种各样的问题。

在进行具体的数据预处理时，通常需要完成数据预分析、数据清理、数据集成、数据转换和数据规约等任务，每一项任务的作用如下：

(1) 数据预分析。数据预分析也称为数据探索，通常是在进行数据预处理的时候首先要完成的任务，数据预分析的主要目的是在不改变数据内容的情况下，对数据的特性有一个大致的了解，具体包括对数据的统计特性的了解(如数据的平均值、标准差、最小值、最大值，以及 1/4、1/2、3/4 分位数等)和对数据质量的简单分析(如数据中是否有缺失值、异常值、不一致的值、重复数据等情况)。

(2) 数据清理。数据清理主要是指将数据中缺失的值补充完整，消除噪声数据，识别或删除离群点并解决不一致性。其主要目标是数据格式标准化、清除异常数据、纠正错误、清除重复数据等。

(3) 数据集成。数据集成主要是将多个数据源中的数据进行整合并统一存储。来自不同数据源的数据可能包括对同一属性的不同方式的描述，这类问题需要在数据集成的时候重点处理。

(4) 数据转换。数据转换主要是指通过平滑聚集、数据概化、规范化等方式将数据转换成适于后续处理的形式。

(5) 数据规约。进行机器学习时往往需要处理的数据量非常大，因此，在大量数据上进行学习处理需要很长的时间。数据规约技术主要是指在保持原数据的完整性的情况下对数据集进行规约或简化。

进行具体的机器学习之前通常都要进行数据预处理，这样可以大大提高学习任务的完成质量，降低实际处理所需要的时间。需要指出的是，上述数据预处理任务除了数据预分析需要首先完成之外，其余任务可根据数据预分析的结果来决定是否进行，执行的先后顺序也根据具体的情况来决定。比如通过数据预分析发现数据来源比较单一，则不需要进行数据集成处理了。下面将详细介绍每一项数据预处理任务的具体要求。

3.2 数据预分析

根据不同途径收集到初步样本数据之后，首先需要对数据进行预分析，该任务也叫数据探索，具体包括数据统计特性分析和数据质量分析。数据统计特性分析的目的是查看数据的一些统计特性，包括均值、方差、最大值、最小值等。数据质量分析的目的是检查原始数据中是否存在脏数据，脏数据一般是指不符合要求以及不能直接进行相应分析的数据。数据质量分析需要包括针对缺失值、异常值以及不一致的值、重复数据和含有特殊符号的数据的分析。

3.2.1 统计特性分析

数据统计特性分析可以通过 Pandas 包中的 describe()函数很方便地实现。describe 函数的原型为

```
DataFrame.describe(percentiles=None,
include=None, exclude=None, datetime_is_numeric=False)
```

其中：

percentiles：该参数可以设定数值型特征的统计量，默认是[.25, .5, .75]，也就是返回 25%、50%、75%数据量时的数字，但是这个值可以修改，如可以根据实际情况改为[.25, .5, .8]，即表示返回 25%、50%、80%数据量时的数字。

include：该参数默认只计算数值型特征的统计量，当输入 include=['O']时，会计算离散型变量的统计特征，当参数是“all”时会把数值型和离散型特征的统计量都进行显示。

exclude：该参数可以指定在统计的时候不统计哪些列，默认不丢弃任何列。

datetime_is_numeric：一个布尔类型的值，表明是否将 datetime 类型视为数字。这会影响该列计算的统计信息。

看如下示例代码：

```
import pandas as pd
df = pd.DataFrame({'categorical': pd.Categorical(['d', 'e', 'f']),
                   'numeric': [1, 2, 3],
                   'object': ['a', 'b', 'c']
                  })
df.describe() # 描述一个 DataFrame。默认情况下，仅返回数字字段
```

其执行结果如图 3-2 所示。

	numeric
count	3.0
mean	2.0
std	1.0
min	1.0
25%	1.5
50%	2.0
75%	2.5
max	3.0

图 3-2　描述一个 DataFrame

再看下一行代码：

```
df.describe(include='all')                    # 描述 DataFrame 数据类型的所有列
```

此行代码执行结果如图 3-3 所示。

	categorical	numeric	object
count	3	3.0	3
unique	3	NaN	3
top	f	NaN	c
freq	1	NaN	1
mean	NaN	2.0	NaN
std	NaN	1.0	NaN
min	NaN	1.0	NaN
25%	NaN	1.5	NaN
50%	NaN	2.0	NaN
75%	NaN	2.5	NaN
max	NaN	3.0	NaN

图 3-3　描述 DataFrame 数据类型的所有列

3.2.2　数据质量分析

数据质量分析是机器学习中数据准备过程中重要的一环，也是机器学习分析结论有效性和准确性的基础，没有可信的数据，机器学习构建的模型将是空中楼阁。数据质量分析包括缺失值分析、异常值分析和一致性分析，下面分别进行介绍。

1. 缺失值分析

数据的缺失主要包括记录的缺失和记录中某个字段信息的缺失，两者都会造成分析结果的不准确性。缺失值分析可从以下几个方面展开：

1) 缺失值产生的原因

缺失值产生的原因主要包括：部分信息暂时无法获取，或者获取信息的代价太大；部分信息由于数据采集设备故障、存储介质故障或者传输故障等原因被遗漏或者丢失；某些对象的该属性值并不存在，从而造成缺失值的产生。

2) 缺失值的影响

缺失值产生的影响主要有：机器学习建模将丢失大量的有用信息，模型中蕴含的规律更难把握，机器学习中所表现出的不确定性更加显著。除此之外，包含空值的数据会使建模过程陷入混乱，导致不可靠的输出。

3) 缺失值的分析

虽然缺失值的影响很深远，但是使用简单的统计分析就可以得到缺失值的相关属性，即缺失属性数、缺失数以及缺失率等。

2. 异常值分析

异常值分析是为了检验是否有录入错误以及是否含有不合常理的数据。忽视异常值的存在是一个十分危险的行为，不加剔除地将异常值包括到数据的计算分析过程中，对结果会产生不良影响。重视异常值的出现，分析其产生的原因，常常成为发现问题进而改变决策的契机。

异常值分析常用的方法有如下三种：

1) 简单统计量分析

通过前面对数据统计特性的分析能发现一些简单的数据异常值。比如，可以通过某个变量的最大值和最小值来判断这个变量的取值是否超出合理的范围。例如，如用户年龄为2020 岁，则该变量的取值就存在异常。

2) 3σ 原则

如果数据服从正态分布，在 3σ 原则下，异常值被定义为一组测定值中与平均值偏差超过 3 倍标准差的值。在正态分布的假设下，距离平均值 3σ 之外的值出现的概率为 $P(|x-\mu|)\leqslant 0.003$，属于极个别的小概率事件。如果数据不服从正态分布，也可以用远离平均值的多少倍标准差来描述数据的异常情况。

3) 箱型图分布

箱型图提供了识别异常值的一个标准，异常值通常被定义为小于 $Q_L - 1.5IQR$ 或大于 $Q_U + 1.5IQR$ 的值。Q_L 称为下四分位数，表示全部观察值中有四分之一的数据取值都比它小；Q_U 称为上四分位数，表示全部观察值中有四分之一的数据取值都比它大；IQR 称为四分位数间距，是上四分位数 Q_U 与下四分位数 Q_L 之差，其间包含了全部观察值的一半。箱型图如图 3-4 所示。

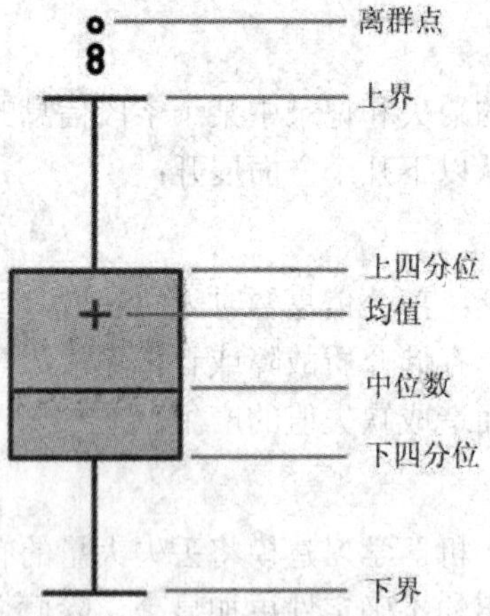

图 3-4　箱型图示意

箱型图依据实际数据进行绘制：一方面，箱型图对数据没有任何限制要求，它只是真实直观地表现数据分布的本来面貌；另一方面，箱型图判断异常值的标准以四分位数和四分位距为基础，四分位数据具有一定的鲁棒性：多达 25%的数据对这个标准施加影响。由此可见，箱型图识别异常值的结果比较客观，在识别异常值方面有一定的优越性。

箱型图可以通过 Pandas 中的 boxplot()函数绘制。

3. 一致性分析

数据不一致性是指数据的矛盾性、不相容性。直接对不一致性的数据进行学习，可能会产生与实际相违背的学习结果。

数据分析过程中，不一致数据的产生主要发生在数据集成的过程中，这可能是由于被用于分析的数据来自不同的数据源、对于重复存放的数据未能进行一致性更新造成的。例如：两张表中都存储了用户的电话号码，但是在用户的电话号码发生改变之时只更新了一张表中的数据，那么两张表中就有了不一致的数据，这样在数据建模过程中会导致学习出现误差。

3.3 数 据 清 理

数据清理的主要任务是删除原始数据集中的无关数据和平滑噪声数据，同时处理缺失值、异常值等。

3.3.1 异常值处理

数据预处理时，异常值是否剔除，需视具体情况而定，因为有些异常值可能蕴含着某种有用的信息。异常值处理常用的方法如表 3-1 所示。

表 3-1 异常值处理方法

异常值处理方法	方 法 描 述
删除	直接将含有异常值的记录删除
视为缺失值	将异常值视为缺失值，利用处理缺失值的方法进行处理
平均值修正	可用前后两个观测值的平均值修正该异常值
不处理	直接在具有异常值的数据集上进行建模

温馨提示：

将含有异常值的记录直接删除是最简单粗暴的方法，此方法很有可能将关键性的信息删除，导致我们的求解无法达到预期的目标。这种删除有可能会造成样本量不足，也可能会改变变量的原有分布，从而造成分析结果的误差。如果将其视为缺失值，我们可以根据缺失值处理方法来对异常值进行处理，尽量减少误差。

3.3.2 缺失值处理

缺失值处理的方法主要可以分为三类：删除记录、数据插补和不处理。其中，最常用的是数据插补方法。常用的插补方法如表 3-2 所示。

表 3-2 常用的插补方法

插补方法	方 法 描 述
均值/中位数/众数插补	用该属性取值的平均数/中位数/众数进行插补
使用固定值	将缺失的属性值用一个常量替换
最近临插补	在记录中找到与缺失样本最接近的样本的属性值进行插补
回归方法	对带有缺失值的变量，根据已有的数据和与其相关的其他变量(因变量)的数据建立拟合模型来预测缺失的属性值
插值法	插值法是利用已知点建立合适的插值函数 f(x)，未知值由对应点 x_i 求出的函数值 $f(x_i)$近似代替

以上方法中，最常用的便是拉格朗日插值法。根据数学知识可知，对于平面上已知的 n 个点，可以找到一个 n-1 次多项式 $y=a_0+a_1x+a_2x^2+\cdots+a_{n-1}x^{n-1}$，使得此多项式曲线过 n 个点。

求已知的过 n 个点的 n-1 次多项式的公式如下：

$$y=a_0+a_1x+a_2x^2+\cdots a_{n-1}x^{n-1} \tag{3-1}$$

将 n 个点的坐标 $(x_1,y_1),(x_2,y_2),\cdots,(x_n,y_n)$ 代入多项式函数，得

$$\begin{aligned}
y_1&=a_0+a_1x_1+a_2x_1^2+\cdots a_{n-1}x_1^{n-1}\\
y_2&=a_0+a_1x_2+a_2x_2^2+\cdots a_{n-1}x_2^{n-1}\\
&\cdots\\
y_n&=a_0+a_1x_n+a_2x_n^2+\cdots a_{n-1}x_n^{n-1}
\end{aligned} \tag{3-2}$$

解出拉格朗日插值多项式为

$$\begin{aligned}
L(x)&=y_1\frac{(x-x_2)(x-x_3)\cdots(x-x_n)}{(x_1-x_2)(x_1-x_3)\cdots(x_1-x_n)}\\
&+y_2\frac{(x-x_2)(x-x_3)\cdots(x-x_n)}{(x_2-x_1)(x_2-x_3)\cdots(x_2-x_n)}\\
&+\cdots\\
&+y_n\frac{(x-x_2)(x-x_3)\cdots(x-x_n)}{(x_n-x_1)(x_n-x_2)\cdots(x_n-x_{n-1})}
\end{aligned} \tag{3-3}$$

接下来将使用拉格朗日插值法对餐厅销售数据进行缺失值的处理。

首先，构造数据，设置异常值，把销量大于 5000 和销量小于 400 的异常值替换为 None，最后，定义拉格朗日插值函数，对数据进行插值。其实现代码如下：

```
import pandas as pd                          # 导入数据分析库 Pandas
from scipy.interpolate import lagrange       # 导入拉格朗日插值函数


inputfile = '../data/catering_sale.xls'      # 销量数据路径
```

```
outputfile = '.../tmp/sales.xls'                # 输出数据路径

data = pd.read_excel(inputfile)                 # 读入数据
# 过滤异常值，将其变为空值
data[u'销量'][(data[u'销量'] < 400) | (data[u'销量'] > 5000)] = None

# 自定义列向量插值函数
# s 为列向量，n 为被插值的位置，k 为取前后的数据个数，默认为 5
def ployinterp_column(s, n, k=5):
    if n<k:
        y = s[list(range(n+1, n+1+k))]      # 取数
    else:
    y = y[y.notnull()]   # 剔除空值
   return lagrange(y.index, list(y))(n)      # 插值并返回插值结果

# 逐个元素判断是否需要插值
for i in data.columns:
    for j in range(len(data)):
        if (data[i].isnull())[j]:              # 如果为空即插值
            data[i][j] = ployinterp_column(data[i], j)

data.to_excel(outputfile)                      # 输出结果，写入文件
```

进行插值之前对数据进行异常值检测，发现 2015/2/21 日的数据是异常值，所以也把该日期数据定义为 None 值，进行补数。利用拉格朗日插值对 2015/2/21 日和 2015/2/14 日的数据进行插补，结果是 4275.255 和 4156.86。观察所有数据，可以看出插入的数据符合实际要求。

3.4 数据集成

人们日常使用的数据来源于各种渠道，数据集成就是将多个文件或者多个数据源中的异构数据进行合并，然后存放在一个统一的数据库中进行存储。在数据集成过程中，来自多个数据源的现实世界实体的表达形式有的是不一样的，有可能是不匹配的，要考虑实体识别问题的属性冗余问题，从而将原始数据在最底层上加以转换、提炼和集成。数据集成过程中，我们一般需要考虑以下问题。

3.4.1 实体识别

实体识别是指从不同数据源识别出现实世界的实体，其目的是统一不同数据源的矛盾

之处。实体识别中常常存在的问题有以下三种。

1) 同名异义

两个数据源中同名的属性描述的并不是同一个实体。例如，菜品数据源中的属性 ID 和订单数据源中的属性 ID 分别描述的是菜品编号和订单编号，即描述的是不同的实体。

2) 异名同义

两个数据源中同一个属性有两个不同的名字。例如，数据源 A 中的“学号”和数据源 B 中的 Student_ID 都是描述学生的学号。

3) 单位不统一

描述同一实体分别使用不同的单位。例如，数据源 A 中的距离的单位是米，而在数据源 B 中距离的单位却是公里。

实体识别过程中，我们需要对同名异义、异名同义以及单位不统一的情况进行准确识别。

3.4.2 冗余属性识别

冗余属性是指数据中存在属性冗余的情况，一般分为以下两种情况：

(1) 同一属性多次出现。不同的两个数据源中，同一个属性在两个数据源中都有记录，当对数据源进行集成的时候，若不进行处理，新数据集中同一属性就会多次出现，导致我们需要处理大量的重复数据。

(2) 同一属性命名不一致。在实体识别中所提到的异名同义的情况下，若不对数据进行处理，新数据集中同一属性多次出现，不仅会导致我们处理的数据量增大，还会影响模型的建立，从而导致输出结果不准确。

3.5 数据变换

数据变换是指将数据转换成统一的适合机器学习的形式。比如将连续的气温数值变为高、中、低这样的离散形式，或将字符描述变为离散数字等。

3.5.1 简单函数变换

简单函数变换是指对采集到的原始数据使用各种简单数学函数进行变换，常见的函数包括平方、开方、取对数、差分运算等。简单的函数变换常用来将不具有正态分布的数据变换为具有正态分布的数据。在时间序列分析中，有时简单的差分运算就能将序列转换成平稳序列。如果数据较大，可以取对数或者开方将数据进行压缩，从而减小数据的处理量。

3.5.2 归一化

归一化又称为数据的规范化，是机器学习的一项基础工作。不同评价指标具有不同量纲，数值的差别可能很大，不进行处理可能会影响到数据分析的结果。为了消除指标之间的量纲和取值范围差异的影响，需要进行标准化处理，将数据按照比例进行缩放，使之落入一个特定的区域，便于进行综合分析。

1) 最小值-最大值归一化

最小值-最大值归一化也称为离差标准化，是对原始数据进行线性变换，使其映射到[0, 1]，转换函数如下：

$$x' = \frac{x - \min}{\max - \min} \tag{3-4}$$

其中，x 是需要进行归一化的数据，min 是全体数据的最小值，max 是全体数据的最大值。

这种方法的缺陷就是当有新数据加入时，可能导致和的变化，需要重新定义一种方法来避免这种影响，这种方法就是零-均值规范化。

2) 零-均值规范化

零-均值规范化也称为标准差标准化，经过处理的数据的均值为 0，标准差为 1。转换公式如下：

$$x^* = \frac{x - \overline{x}}{\delta} \tag{3-5}$$

其中，$\overline{x}$ 为原始数据的均值，δ 为原始数据的标准差。零-均值规范化是当前用得最多的一种数据标准化的方法。

3) 小数定标规范化

小数定标规范化是通过移动数据的小数点位置来进行规范化的，其转换公式如下：

$$x^* = \frac{x}{10^k} \tag{3-6}$$

使用上述方法对数据进行规范化的代码如下：

```
# -*- coding: utf-8 -*-
# 数据规范化
import pandas as pd
import numpy as np

datafile = '../data/normalization_data.xls'  # 参数初始化
data = pd.read_excel(datafile, header = None)  # 读取数据

(data - data.min())/(data.max() - data.min())  # 最小值-最大值规范化
(data - data.mean())/data.std()  # 零-均值规范化
data/10**np.ceil(np.log10(data.abs().max()))  # 小数定标规范化
```

3.5.3 连续属性离散化

数据离散化本质上是将数据离散空间划分为若干个区间，最后用不同的符号或者整数值代表每个子区间中的数据。离散化涉及两个子任务：确定分类和将连续属性值映射到这

个分类之中。在机器学习中，经常使用的离散化方法如下：

(1) 等宽法。这种方法根据需要，首先将数据划分为具有相同宽度的区间，区间数据事先制定，然后将数据按照其值分配到不同区间中，每个区间用一个数据值表示。

(2) 等频法。这种方法也是需要先把数据分为若干个区间，然后将数据按照其值分配到不同区间中，但是和等宽法不同的是，每个区间的数据个数是相等的。

(3) 基于聚类分析的方法。这种方法是指将物理或者抽象对象集合进行分组，再来分析由类似的对象组成的多个类，保证类内相似性大，类间相似性小。聚类分析方法的典型算法包括 K-Means(也叫 K 均值)算法、K 中心点算法，其中最常用的算法是 K-Means 算法。

温馨提示：

对于 K-Means 算法，首先，从数据集中随机找出 K 个数据作为 K 个聚类中心；其次，根据其他数据相对于这些中心的欧式距离、马氏距离等，对所有的对象归类，如数据 x 距某个中心最近，则将 x 规划到该中心所代表的类中；最后，重新计算各个区间的中心，并利用新的中心重新聚类所有的样本。逐步循环，直到所有区间的中心不再随算法循环而变化。

对数据进行离散化的实现代码如下：

```
# -*- coding: utf-8 -*-
# 数据规范化
import pandas as pd
from sklearn.cluster import KMeans                # 引入 KMeans

datafile = '/data/discretization_data.xls'        # 文件路径
data = pd.read_excel(datafile)                    # 读取数据
data = data[u'肝气郁结征型系数'].copy()
k = 4

d1 = pd.cut(data, k, labels = range(k))           # 等宽离散化，各个类别依次命名为 0, 1, 2, 3

# 等频率离散化
w = [1.0*i/k for i in range(k+1)]
w = data.describe(percentiles = w)[4:4+k+1]       # 使用 describe 函数自动计算分位数
w[0] = w[0]*(1-1e-10)
d2 = pd.cut(data, w, labels = range(k))

# 建立模型，n_jobs 是并行数，一般等于 CPU 数较好
kmodel = KMeans(n_clusters = k, n_jobs = 4)
kmodel.fit(data.values.reshape((len(data), 1)))       # 训练模型
# 输出聚类中心，并且排序(默认是随机序的)
c = pd.DataFrame(kmodel.cluster_centers_).sort_values(0)
w = c.rolling(2).mean().iloc[1:]                         # 相邻两项求中点，作为边界点
```

```
w = [0] + list(w[0]) + [data.max()]                # 把首末边界点加上
d3 = pd.cut(data, w, labels = range(k))

def cluster_plot(d, k):                            # 自定义作图函数来显示聚类结果
    import matplotlib.pyplot as plt
    plt.rcParams['font.sans-serif'] = ['SimHei']   # 用来正常显示中文标签
    plt.rcParams['axes.unicode_minus'] = False     # 用来正常显示负号

    plt.figure(figsize = (8, 3))
    for j in range(0, k):
        plt.plot(data[d==j], [j for i in d[d==j]], 'o')

    plt.ylim(-0.5, k-0.5)
    return plt

cluster_plot(d1, k).show()                         # 图像显示
cluster_plot(d2, k).show()
cluster_plot(d3, k).show()
```

运行程序后得到的结果如图 3-5 至图 3-7 所示。

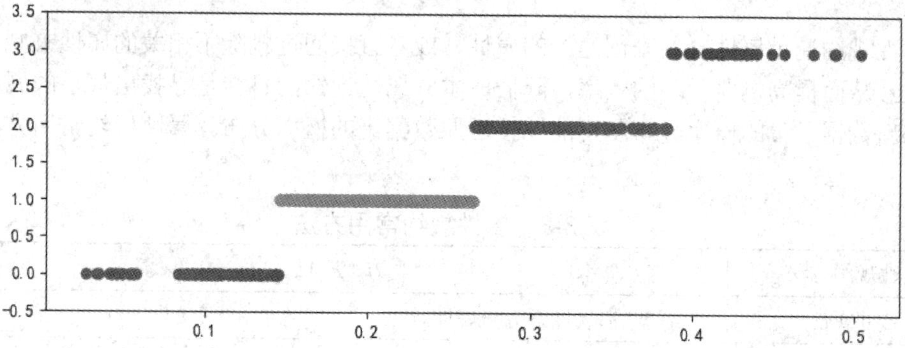

图 3-5　等宽离散化处理结果

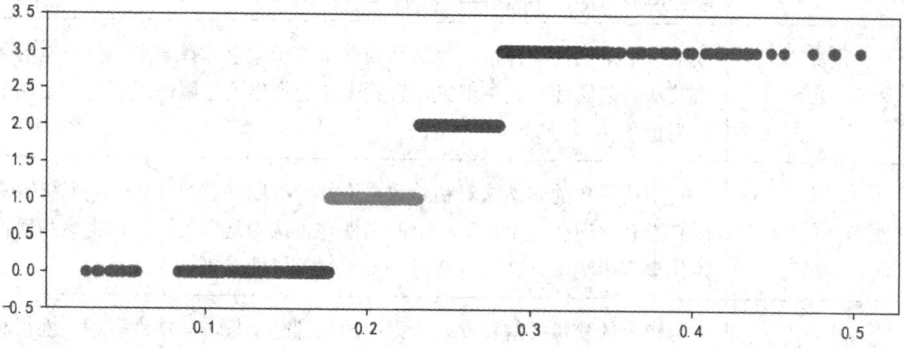

图 3-6　等频率离散化处理结果

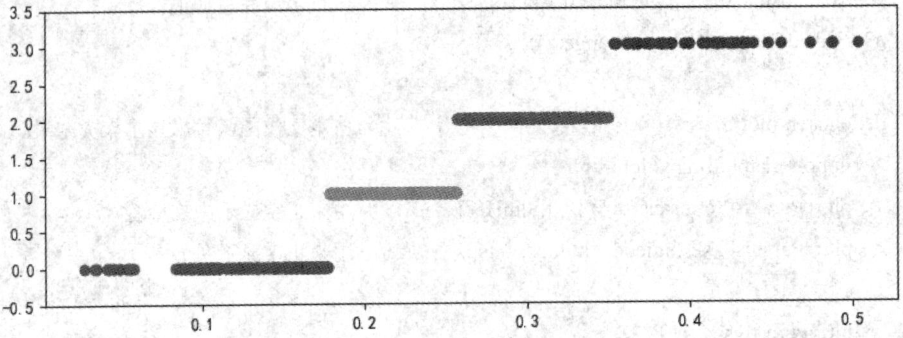

图 3-7 聚类离散化处理结果

3.6 数据规约

在大数据集上进行复杂的机器学习需要很长的时间，数据规约是为了生成更小但保持数据完整性的新数据集，在规约后的数据集上进行机器学习将更有效率。数据规约可以降低无效、错误数据对建模的影响，提高建模的准确性；只需处理少量且具有代表性的数据，可大幅缩减机器学习所需要的时间。另外，数据规约还可以降低储存数据的成本。

3.6.1 属性规约

属性规约通过属性合并来创建新的属性，或者直接通过删除不相关的属性来减少数据的维数，从而提高机器学习的效率，降低成本。属性规约的目标是寻找出最小的属性子集并确保新数据子集的概率分布尽可能地接近原数据集的概率分布。属性规约常用方法如表 3-3 所示。

表 3-3 属性规约常用方法

属性规约方法	方法描述
合并属性	将一些旧属性合为新属性
逐步向前选择	从一个空属性集开始，每次从原来属性集合中选择一个当前最优的属性添加到当前属性子集中，直到无法选择出最优属性或满足一定阈值约束为止
逐步向后选择	从一个全属性集开始，每次从当前属性子集中选择一个当前最差的属性并将其从当前属性子集中消去，直到无法选择出最差属性或满足一定阈值的约束为止
决策树归纳	利用决策树的归纳法对初始数据进行分类归纳学习，获得一个初始决策树，所有没有出现在这个决策树上的属性均可认为是无关属性，将这些属性从初始化集合中删除，就可以获得一个较优的属性子集
主成分分析	用较少的变量去解释原始数据中的大部分变量，即将许多相关性很高的变量转换成彼此相互独立或不相关的变量

利用主成分分析进行降维的代码如下：

```
# -*- coding: utf-8 -*-
# 主成分分析降维
import pandas as pd

# 参数初始化
inputfile = '../data/principal_component.xls'          # 降维前的数据路径
outputfile = '../tmp/dimention_reducted.xls'           # 降维后的数据路径

data = pd.read_excel(inputfile, header = None)         # 读入数据

from sklearn.decomposition import PCA

pca = PCA()
pca.fit(data)
pca.components_                                        # 返回模型的各个特征向量
pca.explained_variance_ratio_                          # 返回各个成分各自的方差百分比
```

实现结果如图 3-8 所示。

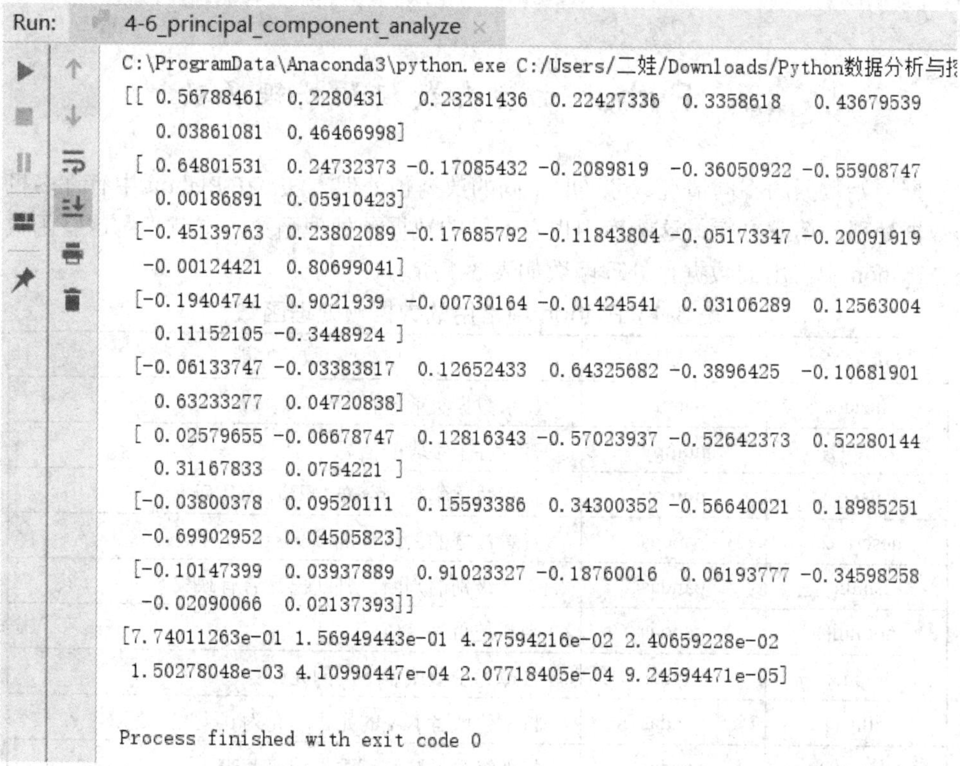

图 3-8　主成分分析降维结果展示

3.6.2 数值规约

数值规约也称为样本规约，是指通过选择替代的、较小的数据来减少数据子集。在确定样本规约子集时需要考虑计算成本、存储要求、估计量的精度及其他一些与算法和数据特性有关的因素。

数值规约包括有参数方法和无参数方法两大类。有参数方法是使用一个参数模型来评估数据，最后只需要存储该模型的参数即可，而不需要存放实际的数据。常用的模型包括回归模型和对数线性模型。对于无参数方法，通常使用直方图、聚类、抽样等方法。

1. 直方图

直方图使用分箱来近似数据表示，即将原始数据通过等频法或等宽法划分为若干不相交的子集，并给予每个子集相同的值，以此来减小数据量。

2. 聚类

聚类技术将数据元组(即记录，数据表中的一行)视为对象，这些对象相互“相似”，而与其他簇中的对象“相异”。在数据规约中，用数据的簇替换实际数据。该技术的有效性依赖于簇的定义是否符合数据的分布性质。

3. 抽样

抽样也是一种数据规约化技术，它用比原始数据小得多的随机样本(子集)表示原始数据集。

3.7 Python 的主要数据预处理函数

根据原始数据的不同情况，可采取不同的数据预处理方法。在 Python 中有许多机器学习和数据处理的第三方库，这些库中也有不同的数据预处理函数，本节将对这些函数进行介绍。Python 中常用的数据预处理函数如表 3-4 所示。

表 3-4 Python 中常用的数据预处理函数

函数名	所属库	函 数 功 能
head()	pandas	显示数据集前 5 行
info()	numpy	查看各个字段的信息
shape()	numpy	查看数据集行列分布，即几行几列
describe()	pandas	查看数据的大体情况
isnull()	pandas	元素级别的判断，判断出是否有缺失数据
notnull()	pandas	判断是否为空值
dropna()	pandas	去掉为空值或者 NA 的元素
fillna()	pandas	将空值或者 NA 的元素填充为 0
concat()	pandas	将训练数据与测试数据连接起来
PCA()	scikit-learn	对指标变量矩阵进行主成分分析

从表 3-4 中可以看出，常用的数据预处理库包括了 pandas、numpy 以及 scikit-learn 等等。当对数据集进行数据预处理的时候需要重点关注上述库中的函数。上述库函数的主要使用方法已经在第 2 章有所介绍，另外还可以参考库的官方帮助文档，此处不再赘述。

本章小结

本章主要介绍了数据预处理的五个任务：数据预分析、数据清理、数据集成、数据转换以及数据规约。数据预分析的主要目的是观察和分析整个数据集的质量以及特征，使得在进行数据清理之前能够对处理的数据集有一个整体的认识。数据清洗的主要目的是对数据集中的异常值以及缺失值进行处理。常用的异常值处理方法有删除、视为缺失值、平均值修正以及不处理等；常用的缺失值处理方法有删除记录、数据插补以及不处理。来自多个数据集的数据可以通过数据集成的方法进行处理，通过数据集成将所有数据存放到统一的数据集中。数据转换可以将数据转换成适合数据分析的统一形式，主要方法包括简单函数变换、归一化以及连续属性离散化，使得数据转换之后更加符合后续数据分析的需求。最后，本章介绍了数据规约，主要包括对数据属性的规约以及数值的规约，数据规约可以改善后续数据分析方法的性能和效率。

思考题

1. 2019 年新型冠状病毒引发的疫情时时刻刻牵动着国人的心，请读者利用附件 Novel Coronavirus (2019-nCoV) Cases.xlsx 结合本章所学的知识对获取的数据完成数据预处理。

2. 2020 年科比坠机，偶像逝世，使得多少球迷心碎，现提供科比篮球生涯中的精彩瞬间数据集 Kobe_data.csv，请读者结合本章所学知识对数据完成数据预处理。

温馨提示：

数据来源

1. Novel Coronavirus (2019-nCoV) Cases.xlsx 数据集：
https://github.com/BlankerL/DXY-2019-nCoV-Data
2. Kobe_data.csv 数据集：
https://github.com/tatsumiw/Kobe_analysis

第 4 章

K 近邻算法

知识引入

前面章节介绍了机器学习和数据处理的一些基本方法和常用 Python 库，从本章开始，将对机器学习的常用模型和算法进行详细介绍。本章首先介绍 K 近邻算法。

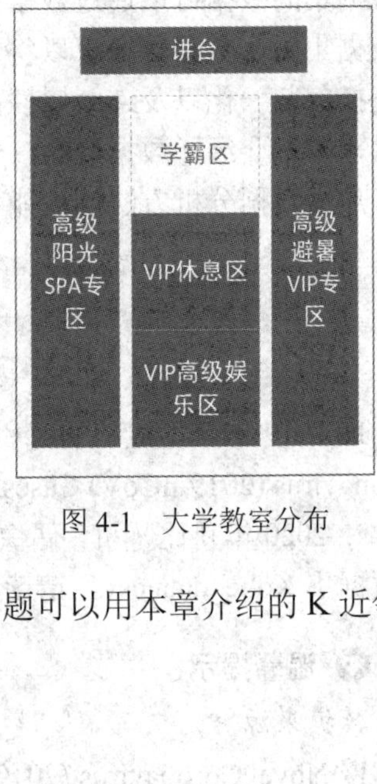

图 4-1　大学教室分布

有这样一个问题：在大学课堂里，同学们的座位分布情况通常可以用图 4-1 来描述，也就是说，坐在教室前面几排的都是学霸，越往后坐的，成绩越不好。现在又进来一个同学，如果他坐在靠前的位置，我们通常会认为他是个学霸，否则就不是。我们把这个问题具体化：假设教室前四排中间位置现在坐的人数分别为 2、1、0、2，前两排的 3 个同学是学霸，第四排其他两个同学不是。现在有一个同学进教室之后坐在了第三排中间的位置，那么这个同学是不是学霸呢？这个问题可以用本章介绍的 K 近邻算法来解决。

知识图谱

本章知识图谱如图 4-2 所示。

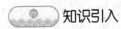

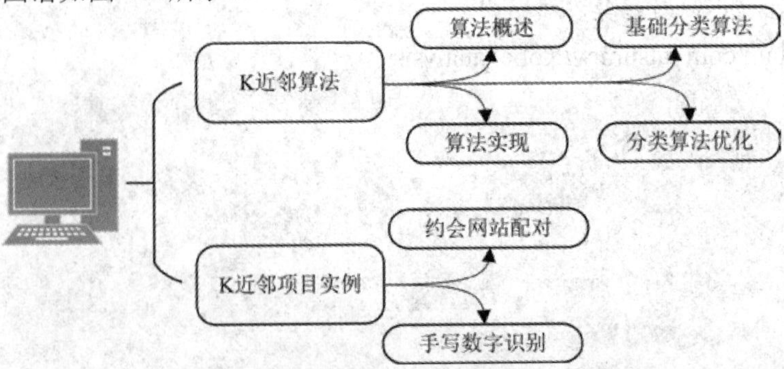

图 4-2　本章知识图谱

4.1 模型介绍

下面将从算法概述、算法基本原理和常用实现方法三个方面对K近邻算法进行介绍。

4.1.1 算法概述

K近邻算法(K-Nearest Neighbor，简称KNN)，是一种根据不同样本的特征值之间的距离进行分类的算法。KNN中可以根据具体的情况选择不同的“距离”衡量方式。它的基本思想是：如果一个样本在特征空间中的K个最邻近样本中的大多数属于某一个类别，那么该样本也属于这个类别。其中K通常是不大于20的整数。在KNN算法中，所选择的邻近样本都是已经正确分类的对象。该方法在定类决策上只依据最邻近的一个或者几个样本的类别来决定待分样本所属的类别。用一句话来总结KNN算法就是：近朱者赤，近墨者黑。

1. KNN的优点

(1) 算法简单，易于理解，易于实现，无需参数估计，无需训练。

(2) 精度高，对异常值不敏感(个别噪音数据对结果的影响不是很大)。

(3) 适合对稀有事件进行分类。

2. KNN的缺点

(1) 对测试样本分类时的计算量大，空间开销大。

(2) 可解释性差，无法给出像后续章节将要介绍的决策树模型那样的规则。

(3) 当样本不平衡时，不能准确地判别分类，这是KNN最大的缺点。例如一个类的样本容量很大，而其他类样本容量很小。这有可能导致当输入一个新样本时，新样本的K个邻居中始终都是大容量类的样本占多数，从而导致错误分类。可以采用加权值的方法(和该样本距离小的邻居权值大)来改进这个问题。

4.1.2 算法基本原理

KNN算法的输入为实例的特征向量，对应于特征空间的点，输出为实例的类别。KNN算法假设给定一个训练数据集，其中的实例类别已定，分类时，对新的实例，根据其K个最近邻的训练实例的类别，通过多数表决的方式进行预测。因此，KNN算法不具有显式的学习过程。

KNN算法实际上利用训练数据集对特征向量空间进行划分，并将其作为分类的“模型”。K值的选择、距离度量以及分类决策规则是KNN算法的三个基本要素。

KNN算法的具体实现过程如下：

(1) 假设有一个带有标签的样本数据集(训练样本集)，其中包含每条数据与所属分类的对应关系。

(2) 输入没有标签的新数据后，将新数据的每个特征与样本集中的数据对应特征进行比较。计算新数据与样本数据集中每条数据的距离；对求得的所有距离进行排序(从小到大，距离越小表示越相似)；取前 K 个样本数据对应的分类标签。

(3) 选取 K 个数据中出现次数最多的分类标签作为新数据的分类。

算法中的 K 值一般小于等于 20，“距离”一般使用欧氏距离或曼哈顿距离。其中，欧式距离的定义为

$$d=\sqrt{(x_1-x_2)^2+(y_1-y_2)^2} \tag{4-1}$$

曼哈顿距离的定义为

$$d=|x_1-x_2|+|y_1-y_2| \tag{4-2}$$

回到本章引言中提到的那个关于学生分类的问题，用图 4-3 来表示样本分类。其中正方形表示前两排的学霸，三角形表示第四排的非学霸，圆形表示最后进来的待分类的同学。

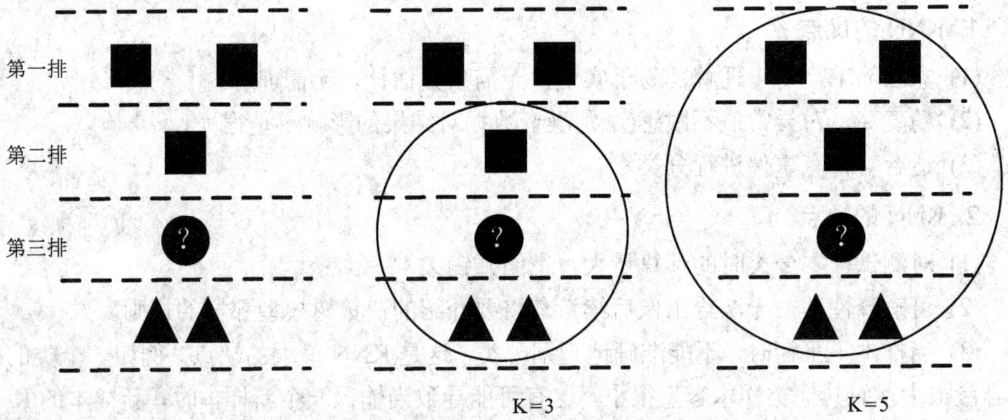

图 4-3　教室位置问题的 KNN 分类示意

我们假设样本距离定义为所在排的差，当 K = 3 的时候，需要计算离圆形样本最近的 3 个样本，从图中可以看到，这 3 个样本中有 1 个学霸，2 个非学霸，按照少数服从多数的原则，圆形样本的类别应该为非学霸。但是如果 K 取 5，那么离圆形样本最近的 5 个样本中，有 3 个学霸，2 个非学霸，因此待分类样本应该为学霸。

从上面的分析中可以看出，K 的取值可能会对结果产生重要的影响。K 值小的时候近似误差小，估计误差大。K 值大的时候近似误差大，估计误差小。如果选择较小的 K 值，就相当于用较小的邻域中的训练实例进行预测，“学习”的近似误差(approximation error)会减小，只有与输入实例较近的(相似的)训练实例才会对预测结果起作用。但这样的缺点是“学习”的估计误差(estimation error)会增大，预测结果会对近邻的实例点非常敏感。如果邻近的实例点恰巧是噪声，预测就会出错。换句话说，K 值的减小就意味着整体模型变得复杂，容易发生过拟合。如果选择较大的 K 值，就相当于用较大的邻域中的训练实例进行预测。其优点是可以减少学习的估计误差，但其缺点是学习的近似误差会增大。这时与

输入实例较远的(不相似的)训练实例也会对预测起作用，使预测发生错误。K 值的增大就意味着整体模型变得简单。所以，K 值太大或者太小都不太好，可以用交叉验证(cross validation)来选取适合的 K 值。

在解决一些实际问题时，当某些特征值的绝对数值比较大，而该特征所占的权重并不是很大的时候，如果直接将其特征的数值作为特征带入模型进行计算，将对结果造成巨大影响。此时，需要对样本数据进行归一化处理。

归一化处理，即将数据的取值范围放缩到 0～1 或 -1～1。通常采用最大值 - 最小值法进行归一化处理，其公式如下：

$$newValue = (oldValue-min)/(max-min) \tag{4-3}$$

其中，max、min 分别为数据集中的最大特征值和最小特征值。

另外，针对某些已知分类结果的样本点分布极不均衡的情况，需要对距离加上权重来进行判断，这需要针对具体情况来进行分析，本书不再进行赘述。

4.1.3　算法实现代码

在利用机器学习算法解决实际问题的时候，通常需要按照以下步骤进行：收集数据→分析数据→数据预处理→构建模型→测试模型→应用模型。每个步骤的主要工作和任务包括：

(1) 收集数据：从数据源获取原始数据。数据可能是自动生成的数据，也可能是来源于数据库或者文本文件的数据。

(2) 分析数据：按照第 3 章介绍的方法对数据进行初步分析，目的是建立对数据的基本认识，以便后续选择处理方法。

(3) 数据预处理：按照第 3 章介绍的方法对数据进行预处理，使其可以直接用于模型的输入。数据预处理主要包括数据归一化、数据清理、数据集成等。

(4) 构建模型：对于其他机器学习算法来说，构建模型是一个训练过程，而对于 KNN 算法来说，只需要根据 KNN 算法的三要素实现模型即可。

(5) 测试模型：利用测试样本计算模型的错误率，不断调整 K 值或距离算法来使得模型的准确率满足要求。

(6) 应用模型：确定好 K 的取值和距离算法之后，就可以应用模型了。输入待分类的数据，然后运行 KNN 算法判断输入的数据属于哪个分类，最后对计算出的分类执行后续处理。

下面主要介绍 KNN 算法的实现方法，其余如数据读取和预处理等方法将结合案例再介绍。Python 的集成开发环境安装可以使用 Anaconda，编辑器可以使用 Jupyter 或者 PyCharm，具体的使用方法可以参考本书附录中的介绍，正文中主要说明代码的实现方法。

KNN 算法本身的实现思路比较简单，读者可以参考如下伪代码自行用 Python 根据具体的案例情况来实现：

```
对于每一个在数据集中的数据点：
```

```
计算目标的数据点(需要分类的数据点)与该数据点的距离
将距离排序：从小到大
选取前 K 个最短距离
选取这 K 个中最多的分类类别
返回该类别作为目标数据点的预测值
```

也可以直接利用第三方库的方法来实现 KNN 算法。比如，可以直接调用 KNeighborsClassifier 类来实现 KNN 算法，KNeighborsClassifier 类属于 Scikit-Learn 的 Neighbors 包。

KNeighborsClassifier 的使用很简单，其核心操作包括如下三步：

(1) 创建 KNeighborsClassifier 对象，并进行初始化。

该类的构造函数定义如下：

sklearn.neighbors.KNeighborsClassifier(n_neighbors = 5, weights = 'uniform', algorithm = 'auto', leaf_size = 30, p = 2, metric = 'minkowski', metric_params = None, n_jobs = None, **kwargs)

其主要参数介绍如下：

- n_neighbors：int 型，为可选参数，缺省值是 5，就是 KNN 中的近邻数量 k 的值。
- weights：计算距离时使用的权重，缺省值是“uniform”，表示平等权重。也可以取值“distance”，则表示按照距离的远近设置不同权重。还可以自主设计加权方式，并以函数形式调用。
- metric：距离的计算，缺省值是“minkowski”。当 p=2, metric = 'minkowski' 时使用的是欧式距离；当 p = 1, metric = 'minkowski' 时为曼哈顿距离。

(2) 调用 fit 方法，对数据集进行训练。

函数格式：fit(X, y)。

说明：以 X 为特征向量，以 y 为标签值对模型进行训练。

(3) 调用 predict 函数，对测试集进行预测。

函数格式：predict(X)。

说明：根据给定的数据，预测其所属的类别标签。

至此，关于 KNN 算法的原理就介绍完了，下面我们将通过几个案例来对 KNN 算法的应用做进一步的介绍。

4.2 案例一 约会网站配对

4.2.1 问题介绍

某约会网站的会员 A 希望通过该网站找到自己喜欢的人，他将自己心目中的会员分成三类：不喜欢的人(样本分类 1)、魅力一般的人(样本分类 2)、极具魅力的人(样本分类 3)。会员 A 希望在工作日的时候与魅力一般的人约会，在周末与极具魅力的人约会，而对于不喜欢的人则直接排除掉。他希望能通过他收集到的信息对会员进行自动分类，分类依据有：玩视频游戏所耗时间百分比、每年获得的飞行常客里程数、每周消费的冰淇淋公升数。

4.2.2 数据准备

该案例的数据存储在一个名为 datingSet.txt 的文本文件中，数据格式如图 4-4 所示。

```
datingSet.txt - 记事本
文件(F) 编辑(E) 格式(O) 查看(V) 帮助(H)
40920	8.326976 0.953952 3
14488	7.153469 1.673904 2
26052	1.441871 0.805124 1
```

图 4-4 原始数据集

该文件中共有 1000 条数据，具体数据含义如表 4-1 所示。

表 4-1 某约会网站会员的样本特征数值

	每年获得的飞行常客里程数	玩视频游戏所耗时间百分比	每周消费的冰淇淋公升数	样本分类
No.1	40 920	0.953 952	0.953 952	3
No.2	14 488	7.153 469	1.673 904	2
No.3	26 052	1.441 871	0.805 124	1
No.4	75 136	13.147 394	0.428 964	1
No.5	38 344	1.669 788	0.134 296	1
No.6	72 993	10.141 740	1.032 955	1
No.7	35 948	6.830 792	1.213 192	3
No.8	42 666	13.276 369	0.543 880	3
…	…	…	…	…

首先需要将数据从文本文件中读出，定义解析函数 file2matrix，其输入的参数为文件地址的字符串，输出为样本矩阵和分类标签向量。代码如下：

```
def file2matrix(filename):
    """
    函数目的:导入训练数据
    参数:
        filename: 数据文件路径
    返回值:
```

```
    数据矩阵 returnMat 和对应的类别 classLabelVector
    """
    fr = open(filename)
    numberOfLines = len(fr.readlines())                # 获得文件中的数据行的行数
    # 生成对应的空矩阵
    # 例如：zeros(2, 3)就是生成一个 2×3 的矩阵，各个位置上全是 0
    returnMat = zeros((numberOfLines, 3))              # 生成准备返回的空矩阵
    classLabelVector = []                              # 生成返回的标签向量
    fr = open(filename)
    index = 0
    for line in fr.readlines():
        # str.strip([chars]) --返回已移除字符串头尾指定字符所生成的新字符串
        line = line.strip()
        listFromLine = line.split('\t')                # 以 '\t' 切割字符串
        returnMat[index, :] = listFromLine[0:3]        # 每列的属性数据
        # 每列的类别数据，就是 label 标签数据
        classLabelVector.append(int(listFromLine[-1]))
        index += 1
    # 返回数据矩阵 returnMat 和对应的类别 classLabelVector
    return returnMat, classLabelVector
```

然后利用此函数进行数据解析，代码如下：

```
from numpy import *
import operator
import matplotlib
import matplotlib.pyplot as plt
# 调用方法读取数据
datingDataMat, datingLabels = file2matrix('datingSet.txt')
# 绘制散点图以观察数据分布情况
fig = plt.figure()
ax = fig.add_subplot(111)
ax.scatter(datingDataMat[:, 0], datingDataMat[:, 1], 15.0*array(datingLabels), 15.0*array(datingLabels))
plt.show()
```

运行上述代码可以生成图 4-5 所示的散点图，图中采用特征矩阵的第一和第二列属性得到很好的展示效果，清晰地标识了三个不同的样本分类区域，说明具有不同爱好的人其类别区域也不相同。

温馨提示：

散点图是指数据点在直角坐标系平面上的分布图，散点图表示因变量随自变量而变化的大致趋势。多组散点图通常用于聚类，能直观地看出每组特征组合的分布情况，从而选

择最适合的特征组合进行聚类。

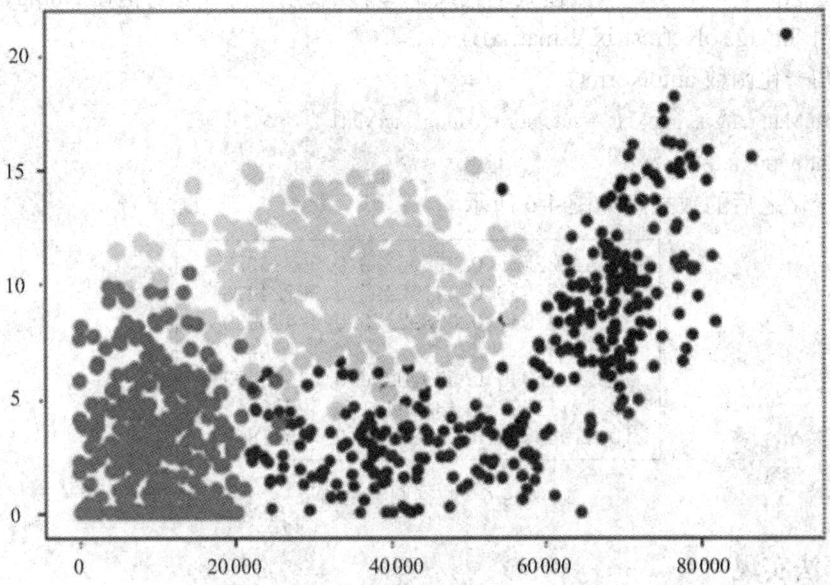

图 4-5　散点图示意

从表 4-1 的数据中可以看出，每年获得的飞机常客里程数数值较大，对结果的影响程度远大于其他两个特征。但我们认为三个特征值权重相同。为了降低极大数值对结果的影响，这里使用归一化进行数据处理。

首先定义归一化方法 autoNorm：

```
def autoNorm(dataSet):
    """
    函数目的：归一化特征值，消除特征之间量级不同导致的影响
    参数:
    dataSet: 数据集
    返回值：归一化后的数据集 normDataSet. ranges 和 minVals 即最小值与范围
    归一化公式：Y = (X-Xmin)/(Xmax-Xmin)
    其中的 min 和 max 分别是数据集中的最小特征值和最大特征值
    该函数可以自动将数字特征值转化为 0 到 1 的区间
    """
    minVals = dataSet.min(0)                              # 获取最小特征值
    maxVals = dataSet.max(0)                              # 获取最大特征值
    ranges = maxVals – minVals                            # 极差
    normDataSet = zeros(shape(dataSet))                   # 建立与 dataSet 结构一样的矩阵
    m = dataSet.shape[0]
    normDataSet = dataSet - tile(minVals, (m, 1))         # 生成与最小值之差组成的矩阵
    normDataSet = normDataSet / tile(ranges, (m, 1))      # 将最小值之差除以范围组成矩阵
```

```
return normDataSet, ranges, minVals
```

需要注意的是，对于一些数值处理包，“/”可以表示矩阵相除。但在 Numpy 中，矩阵相除需使用 linalg.solve(mstrixA, matrixB)。

调用归一化函数 autoNorm()：

```
normMat, ranges, minVals = autoNorm(datingDataMat)
print(normMat)
```

可得到归一化之后的数据，如图 4-6 所示。

```
[[0.44832535 0.39805139 0.56233353]
 [0.15873259 0.34195467 0.98724416]
 [0.28542943 0.06892523 0.47449629]
 ...
 [0.29115949 0.50910294 0.51079493]
 [0.52711097 0.43665451 0.4290048 ]
 [0.47940793 0.3768091  0.78571804]]
```

图 4-6　数据归一化结果

4.2.3　算法实现

根据前文介绍的 KNN 算法的实现原理，我们用 Python 实现 KNNclassify 函数，以完成 KNN 分类算法。其输入参数包括被预测的对象、原始数据集、原始标签和临近点个数，输出参数为被预测对象所属的分类标签值，其中距离采用的是欧氏距离。详细实现代码如下：

```
def KNNclassify(input, dataSet, label, k):
    """
    分类算法函数
    : 参数 input: 被预测对象
    : 参数 dataSet: 原始数据集
    : 参数 label: 原始标签
    : 参数 k: 邻近点个数
    """
    dataSize = dataSet.shape[0]
    # 计算欧式距离
    diff = tile(input, (dataSize, 1)) - dataSet
    sqdiff = diff ** 2
    # 行向量分别相加，从而得到一个新的行向量
    squareDist = sum(sqdiff, axis = 1)
    dist = squareDist ** 0.5
    # 对距离进行排序
    sortedDistIndex = argsort(dist)    # argsort()
    classCount={}
    for i in range(k):
```

```
            voteLabel = label[sortedDistIndex[i]]
            # 对选取的 K 个样本所属的类别个数进行统计
            classCount[voteLabel] = classCount.get(voteLabel, 0) + 1
        # 选取出现的类别次数最多的类别
        sortedClassCount = sorted(classCount.items(), key=operator.itemgetter(1), reverse=True)
        return sortedClassCount[0][0]
```

通过上述代码即可实现对输入的未知类别的样本进行预测。

想一想：

上述代码是直接利用 Python 语言手动实现的算法，还是直接调用的第三方库来实现的？请尝试用另一种方法改写上述函数。

4.2.4 算法测试

机器学习算法的一个重要工作是测评算法的正确率。通常我们会将 90%的数据作为训练样本来使用，剩余的 10%的数据作为测试集，用来测试算法的性能。

本节我们使用错误率来检测算法性能。为了检测分类效果，创建 datingClassTest()函数。在执行分类算法(classify)的同时，进行错误率计算。代码如下：

```
def datingClassTest():
    filename = " datingSet.txt"
    datingDataMat, datingLabels = file2matrix(filename)
    # 取所有数据的 10%
    hoRatio = 0.1
    # 数据归一化，返回归一化后的矩阵、数据范围、数据最小值
    normMat, ranges, minVals = autoNorm(datingDataMat)
    # 获得 nornMat 的行数
    m = normMat.shape[0]
    # 10%的测试数据的个数
    numTestVecs = int(m*hoRatio)
    # 分类错误计数
    errorCount = 0.0
    for i in range(numTestVecs):
        # 前 numTestVecs 个数据作为测试集，后 m-numTestVecs 个数据作为训练集
        classifierResult = KNNclassify (normMat[i, :], normMat[numTestVecs:m, :],
            datingLabels[numTestVecs:m], 10)
        print ("分类结果：%d \t 真实类别：%d"%(classifierResult, datingLabels[i]))
        if classifierResult != datingLabels[i]:
            errorCount += 1.0
    print ("错误率：%f"%(errorCount/float(numTestVecs)*100))
```

运行 datingClassTest 函数后可以得到如图 4-7 所示结果。

```
分类结果：1      真实类别：1
分类结果：2      真实类别：2
分类结果：1      真实类别：1
分类结果：3      真实类别：3
分类结果：3      真实类别：3
分类结果：2      真实类别：2
分类结果：2      真实类别：1
错误率：4.040404
[Finished in 0.6s]
```

图 4-7　KNN 算法的分类结果

测试结果表明我们可以正确地预测分类大多数，错误率仅为 4%。读者可以改变测试函数 datingClassTest()中变量 hoRatio 和变量 k 的值，验证错误率是否随变量的改变而改变。

4.2.5　算法应用

通过上述函数，我们已经实现了与 KNN 算法相关的功能，接下来就可以通过输入新的会员信息，利用上述模型来判断该会员是否是自己喜欢的类型了。

封装函数 classifyPerson()的代码如下：

```
def classifyPerson():
    """函数封装"""
    resultList = ['not at all', 'in small doses', 'in large doses']              # 分类结果
    percentTats = float(input("percenttage of time spent playing vedio game?\n"))
    ffMiles = float(input("frequent filer miles earned per year? \n "))
    icecream = float(input("liters of icecream consumed per week\n "))
    datingDataMat, datingLabels = file2matrix(' datingSet.txt')            # 导入训练数据集
    normMat, ranges, minVals = autoNorm(datingDataMat)                     # 归一化训练数据集
    inArr = array([ffMiles, percentTats, icecream])
    classifierResult = KNNclassify(((inArr-minVals)/ranges), normMat, datingLabels, 3)    # 分类
    print("you will probaly like this persion: ", resultList[classifierResult -1])
```

运行函数 classifyPerson()可得到如图 4-8 所示结果。

```
classifyPerson()

percenttage of time spent playing vedio game?20
frequent filer miles earned per year?15000
liters of icecream consumed per week0.6
you will probaly like this persion: in large doses
```

图 4-8　分类结果

练一练：

参考本案例中算法的过程描述，自己动手实现案例中的算法，得出运行结果。

4.3　案例二　手写数字识别

4.3.1　问题介绍

本案例的数据集是人工手写的 0～9 的数字图像，每个图像为 32 × 32 像素，希望实现自动识别给定的手写数字图像对应的数字是几。此处使用 KNN 算法来实现。

数据如图 4-9 所示，该矩阵是一个手写体数字图像的数字矩阵，是一张 32 × 32 像素的图片所对应的像素值矩阵，其中数字 0 表示该像素位置没有笔迹，1 表示该像素位置有笔迹。

```
00000000000010000000000000000000
00000000001111000000000000000000
00000000001111111000000000000000
00000000011111111110000000000000
00000000011111111111000000000000
00000000111111111111100000000000
00000000111111111111110000000000
00000000111111110111111000000000
00000000111111000011110000000000
00000001111110000001111000000000
00000001111110000000011110000000
00000001111110000000001110000000
00000001111110000000001110000000
00000001111110000000001111000000
00000001111100000000001111000000
00000001111100000000000111000000
00000011111000000000000111000000
00000011111000000000000111000000
00000011110000000000001111000000
00000011110000000000001111000000
00000011110000000000001111000000
00000011110000000000001110000000
00000001110000000000011110000000
00000000111000000000011111000000
00000000111000000001111111000000
00000000111100000011111100000000
00000000111100000111111000000000
00000000111111111111111000000000
00000000011111111111110000000000
00000000001111111110000000000000
00000000000111111111000000000000
00000000000011110000000000000000
```

图 4-9　原始数据示意图

4.3.2　数据准备

本案例的数据可以在西安电子科技大学出版社网站上下载。数据包含若干个 .txt 文件，每个文件对应一个手写体数字，记录的是这个数字图片对应的像素值。其中 .txt 文件名的第一个数字对应了 0～9 的相应手写体数字，目录 trainingDigits 中包含大约 2000 个样本，每个数字大约有 200 个样本，testDigits 中包含 900 个测试数据，我们使用 trainingDigits 中的数据训练分类器，testDigits 中的数据作为测试数据，两组数据没有重合。

首先我们要将图像数据处理为一个向量，将 32 × 32 的二进制图像信息转化为 1 × 1024 的向量，再使用前面的分类算法进行分类，代码如下：

```
def img2vector(filename):
    returnVect = np.zeros((1, 1024))   # 创建 1 × 1024 的 0 向量
    fr = open(filename)
    for i in range(32):
        # 读一行数据
        lineStr = fr.readline()
        # 将每一行的前 32 个数据依次添加到 returnVect
        for j in range(32):
            returnVect[0, 32*i+j] = int(lineStr[j])
    return returnVect
```

4.3.3 算法实现

使用数据导入模块、分类模块以及检测模块，构成测试函数 handWritingClassTest()。代码如下：

```
def handwritingClassTest():
    hwLabels = []
    # 获得训练样本数据集
    trainingFileList = listdir('digits/trainingDigits')
    # 样本数的个数
    m = len(trainingFileList)
    # 返回 m 行 1024 列的矩阵数据
    trainingMat = zeros((m, 1024))
    # 文件名下划线_左边的数字是标签
    for i in range(m):
        fileNameStr = trainingFileList[i]
        fileStr = fileNameStr.split(".")[0]
        # 分类标签
        classNumStr = int(fileStr.split('_')[0])
        hwLabels.append(classNumStr)
        trainingMat[i, :] = img2vector('digits/trainingDigits/%s' % fileNameStr)
    testFileList = listdir('digits/testDigits')
    errorCount = 0.0
    mTest = len(testFileList)
    for i in range(mTest):
        fileNameStr = testFileList[i]
        fileStr = fileNameStr.split('.')[0]    # take off .txt
        classNumStr = int(fileStr.split('_')[0])
        vectorUnderTest = img2vector('digits/testDigits/%s' % fileNameStr)
        classifierResult = classify(vectorUnderTest, trainingMat, hwLabels, 3)
        print("the classifier came back with: %d, the real answer is: %d" % (classifierResult, classNumStr))
        if (classifierResult != classNumStr): errorCount += 1.0
    hwLabels = []
    # 获得训练样本数据集
    trainingFileList = listdir('digits/trainingDigits')
    # 样本数的个数
    m = len(trainingFileList)
    # 返回 m 行 1024 列的矩阵数据
    trainingMat = zeros((m, 1024))
```

```
    # 文件名下划线_左边的数字是标签
    for i in range(m):
        fileNameStr = trainingFileList[i]
        fileStr = fileNameStr.split(".")[0]
        # 分类标签
        classNumStr = int(fileStr.split('_')[0])
        hwLabels.append(classNumStr)
        trainingMat[i, :] = img2vector('digits/trainingDigits/%s' % fileNameStr)
    testFileList = listdir('digits/testDigits')
    errorCount = 0.0
    mTest = len(testFileList)
    for i in range(mTest):
        fileNameStr = testFileList[i]
        fileStr = fileNameStr.split('.')[0]    # take off .txt
        classNumStr = int(fileStr.split('_')[0])
        vectorUnderTest = img2vector('digits/testDigits/%s' % fileNameStr)
        classifierResult = classify(vectorUnderTest, trainingMat, hwLabels, 3)
        print("the classifier came back with: %d, the real answer is: %d" % (classifierResult, classNumStr))
        if (classifierResult != classNumStr): errorCount += 1.0
    print("\nthe total number of errors is: %d" % errorCount)
    print("\nthe total error rate is: %f" % (errorCount / float(mTest)))
    print("\nthe total number of errors is: %d" % errorCount)
    print("\nthe total error rate is: %f" % (errorCount / float(mTest)))
```

结果如图 4-10 所示。其中计算值是程序计算出的分类值，实际值是手写的真实值，在数据中有 946 条数据，算法预测的值出现了 11 次错误，错误率为 1.1628%。

```
计算值：9，实际值：9
计算值：9，实际值：9
计算值：9，实际值：9
计算值：9，实际值：9
计算值：9，实际值：9
计算值：9，实际值：9
计算值：9，实际值：9
计算值：9，实际值：9

一共有946条数据

错误出现次数：11

错误率：0.011628
```

图 4-10　分类测试结果

4.4 案例三 鸢尾花品种识别

4.4.1 问题介绍

鸢尾花卉数据集由 Fisher 在 1936 年收集整理，别称为 Iris。该数据集是一类多重变量分析的数据集。数据集中包含 150 个数据，分为 3 类，每类 50 个数据，每个数据包含 4 个属性。可通过花萼长度、花萼宽度、花瓣长度、花瓣宽度 4 个属性预测鸢尾花卉属于 Setosa—山鸢尾、Versicolour—杂色鸢尾、Virginica—维吉尼亚鸢尾三个种类中的哪一类。

该案例的数据存放在 iris.csv 文件中，如图 4-11 所示。其中前四列为特征，最后一列为分类结果。此处我们采用 KNN 算法来对鸢尾花进行分类。

A	B	C	D	E
sepal length	sepal width	petal length	petal width	target
5.1	3.5	1.4	0.2	setosa
4.9	3	1.4	0.2	setosa
4.7	3.2	1.3	0.2	setosa
4.6	3.1	1.5	0.2	setosa
5	3.6	1.4	0.2	setosa
5.4	3.9	1.7	0.4	setosa

图 4-11 原始数据示意

4.4.2 数据准备

可以直接从 iris.csv 文件中读取数据，也可以直接从 sklearn.datasets 数据集中加载，因为这个经典的数据集已经被集成到 sklearn 库里面了。

读取了数据集之后还需要将数据拆分为训练集和测试集。对鸢尾花数据集进行训练集和测试集的拆分操作，可以直接使用 train_test_split()函数。train_test_split()函数属于 sklearn.model_selection 类，能随机地将样本数据集合拆分成训练集和测试集。其格式如下：

```
X_train, X_test, y_train, y_test =
cross_validation.train_test_split(train_data, train_target, test_size=0.4, random_state=0)
```

直接从文件中读取数据并拆分数据集的代码如下：

```
import pandas as pd
from sklearn.model_selection import train_test_split


iris_dataset = pd.read_csv('iris.csv')
X_train, X_test, y_train, y_test = train_test_split(iris_dataset[['sepal length', 'sepal width', 'petal length',
'petal width']], iris_dataset['target'], random_state=2)
```

也可从数据集中直接加载并拆分数据集，代码如下：

```
from sklearn.datasets import load_iris
```

```
from sklearn.model_selection import train_test_split

iris_dataset = load_iris()
X_train, X_test, y_train, y_test = train_test_split( iris_dataset['data'], iris_dataset['target'],
random_state=2)
```

可以通过绘制散点图观察一下该数据集，代码如下：

```
import pandas as pd
iris_dataframe = pd.DataFrame(X_train, columns=iris_dataset.feature_names)
# create a scatter matrix from the dataframe, color by y_train
pd.plotting.scatter_matrix(iris_dataframe, c=y_train, figsize=(15, 15), marker='o',
                           hist_kwds={'bins': 20}, s=60, alpha=.8)
```

运行完代码可得到如图 4-12 所示的直方图和散点图。从图中可以看出不同的特征组合对于不同类别的花的散点分布情况，从而能大概判断不同特征组合的区分能力。

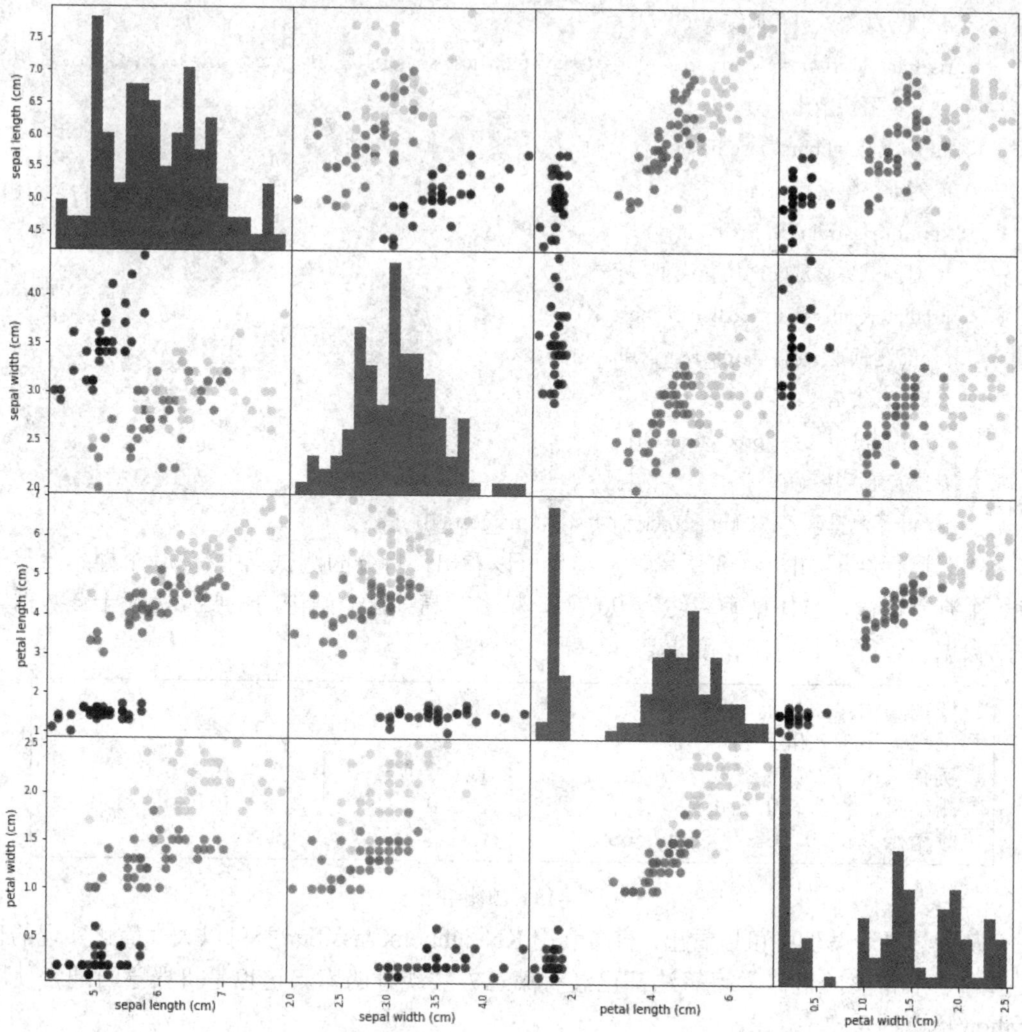

图 4-12　数据集散点图

4.4.3 算法实现

下面直接利用 KNeighborsClassifier 类来实现 KNN 算法，完整代码如下：

```
from sklearn import datasets
from sklearn.neighbors import KNeighborsClassifier
from sklearn.model_selection import train_test_split
# 导入鸢尾花数据并查看数据特征
iris = datasets.load_iris()
print('数据集结构：', iris.data.shape)
# 获取属性
iris_X = iris.data
# 获取类别
iris_y = iris.target
# 划分成测试集和训练集
iris_train_X, iris_test_X, iris_train_y, iris_test_y=train_test_split(iris_X, iris_y, test_size=0.2, random_state=0)
# 分类器初始化
knn = KNeighborsClassifier()
# 对训练集进行训练
knn.fit(iris_train_X, iris_train_y)
# 对测试集数据的鸢尾花类型进行预测
predict_result = knn.predict(iris_test_X)
print('测试集大小：', iris_test_X.shape)
print('真实结果：', iris_test_y)
print('预测结果：', predict_result)
# 显示预测精确率
print('预测精确率：', knn.score(iris_test_X, iris_test_y))
```

代码运行结果如图 4-13 所示，从结果可以看出，拆分的测试集中有 30 个样本，其中有一个判断错误，总体精确率约为 96.7%，精度较高。这一结论的主要原因在于该数据集中的数据比较好，数据辨识度较高。

```
数据集结构： (150, 4)
测试集大小： (30, 4)
真实结果： [2 1 0 2 0 2 0 1 1 1 2 1 1 1 1 0 1 1 0 0 2 1 0 0 2 0 0 1 1 0]
预测结果： [2 1 0 2 0 2 0 1 1 1 2 1 1 1 2 0 1 1 0 0 2 1 0 0 2 0 0 1 1 0]
预测精确率： 0.9666666666666667
```

图 4-13 预测结果

从上述几个案例中可以看出，直接利用 KNeighborsClassifier 类可以大大简化实现的代码量。有非常多的机器学习算法都已经有第三方实现好的库，这也是机器学习通常使用 Python 语言的重要原因之一。

本 章 小 结

K 近邻算法(KNN)是数据分类中最简单有效的一种方法，是一种简单的监督学习模型。在分类和回归中均有应用，本章只介绍了其在分类问题中的应用。

K 近邻算法主要算法思路为，首先通过距离度量来计算查询点(query point)与每个训练数据点的距离，然后选出与查询点(query point)相近的 K 个最邻点(K nearest neighbors)，使用分类决策选出对应的标签作为该查询点的标签。

KNN 算法有三个要素，分别是 K 的取值、距离的度量方式以及分类决策方法。其中，K 的取值对查询点标签影响显著。距离度量通常为欧式距离(Euclidean distance)、闵可夫斯基距离(Minkowski)或曼哈顿距离，也可以是地理空间中的一些距离公式。

本章通过约会网站配对、手写数字识别、鸢尾花类型识别三个案例，介绍了如何使用 K 近邻算法。K 近邻算法必须保存全部数据集，如果训练数据集很大，将占用大量存储空间。同时，由于该算法必须对每个数据进行距离计算，所以会耗费大量运行时间。

思 考 题

水果数据集由爱丁堡大学的 Iain Murray 博士创建。他买了几十个不同种类的橘子、橙子、柠檬和苹果，并把它们的尺寸记录在一张表格中。本例对水果数据进行了简单预处理，存为素材文件 fruit_data.txt。文件中包含 59 个水果的测量数据。每行表示一个待测定的水果，每列为一个特征。特征从左到右依次是：

fruit_label：标记值，表示水果的类别，1—苹果，2—橘子，3—橙子，4—柠檬。

mass：水果的重量。

width：测量出的宽度。

height：测量出的高度。

color_score：颜色值。

要求：使用 sklearn 的 neighbors 模块，对水果数据进行 KNN 分类，然后预测 A、B 两只水果的类别——A(192，8.4，7.3，0.55)、B(200，7.3，10.5，0.72)。

第 5 章

朴素贝叶斯

知识引入

有下面这样一个问题：

某个医院早上收了六个门诊病人，这六个病人的症状和最终诊断的疾病如表 5-1 所示。

表 5-1　病人症状表

序号	症状	职业	疾病
1	打喷嚏	护士	感冒
2	打喷嚏	农夫	过敏
3	头疼	建筑工人	脑震荡
4	头疼	建筑工人	感冒
5	打喷嚏	教师	感冒
6	头疼	教师	脑震荡

现在又来了一个打喷嚏的建筑工人，请问他有可能患上了什么疾病？

这样一个非常贴近生活的问题，可以尝试通过朴素贝叶斯方法来解决。

朴素贝叶斯方法是经典的机器学习算法之一，也是为数不多单纯基于概率论的分类算法。朴素贝叶斯原理简单，同时也容易实现，常用于文本分类任务，如垃圾邮件过滤。当手中的数据和特征不足以支持其他模型的时候，都可以尝试使用朴素贝叶斯方法。

知识图谱

本章知识图谱如图 5-1 所示。

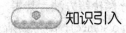

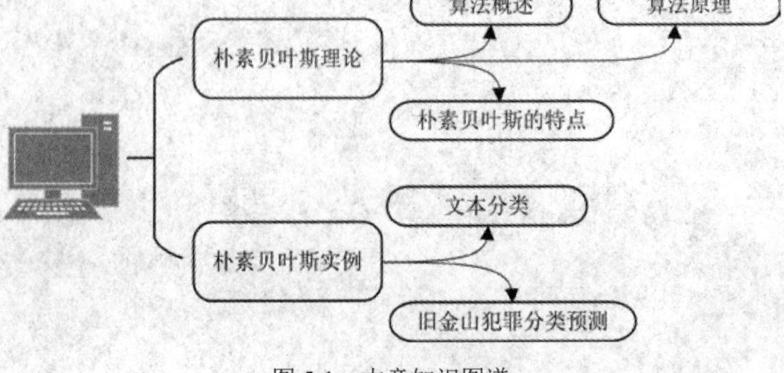

图 5-1　本章知识图谱

5.1 模型介绍

概率论是很多机器学习方法的基础理论，在很多机器学习算法中都有广泛的应用。本章介绍的朴素贝叶斯分类器就是基于概率论的一种分类器，它最终给出的结论不是该数据属于哪一类的直接结论，而是给出该数据属于某一类的概率。之所以称其为“朴素”的，是因为我们会假设各特征之间相互独立且每个特征同等重要，这一假设使得朴素贝叶斯算法的应用变得简单，但有时也会牺牲一定的分类准确率。尽管如此，很多时候这种假设也是符合实际情况的。下面通过理论基础和应用方法对朴素贝叶斯分类器进行介绍。

5.1.1 贝叶斯决策理论基础

朴素贝叶斯的理论基础是概率与条件概率，因此我们首先对概率以及条件概率的基本知识进行简要回顾。下面我们先给出几个概念及其定义。

1. 概率

概率有很多种定义，简言之就是表征随机事件发生可能性大小的量，是事件本身所固有的、不随人的主观意愿而改变的一种属性。事件 A 发生的概率通常记为 P(A)。

2. 条件概率

条件概率就是在另外一个事件 B 已经发生的条件下事件 A 发生的概率，表示为 $P(A|B)$，读作“在 B 条件下 A 的概率”。条件概率可由下式计算：

$$P(A|B)=\frac{P(AB)}{P(B)} \tag{5-1}$$

3. 先验概率和后验概率

先验概率是在缺乏某个事实的情况下描述一个事件发生的可能性，而后验概率是在考虑了一个事实之后的条件概率。事情还没有发生，要求这件事情发生的可能性的大小，这是先验概率。事情已经发生，要求这件事情发生的原因是由某个因素引起的可能性的大小，这是后验概率。

先验概率是指根据以往经验和分析得到的概率，如全概率公式，它往往作为“由因求果”问题中的“因”出现。后验概率是指在得到“结果”的信息后重新修正的概率，如贝叶斯公式，是“执果寻因”问题中的“因”。先验概率与后验概率有不可分割的联系，后验概率的计算要以先验概率为基础。

4. 全概率公式

概率论中经常要从已知的简单事件的概率去求未知的复杂事件的概率，即将复杂事件分解为若干个简单事件，通过这些简单事件的概率来求复杂事件的概率。所形成的结论就是经常用到的全概率公式。全概率公式的定义如下：

假设事件组 $B_1, B_2, \cdots, B_n$ 两两互不相容，即 $B_iB_j = \varnothing (1 \leqslant i \neq j \leqslant n)$ 且 $\bigcup_{i=1}^{n} B_i = \Omega$。$P(B_i) > 0$，$i = 1, 2, \cdots, n$，则对任意事件 A，有：

$$P(A) = \sum_{i=1}^{n} P(B_i)P(A \mid B_i) \tag{5-2}$$

5. 贝叶斯公式

通常，事件 A 在事件 B 发生的条件下发生的概率，与事件 B 在事件 A 发生的条件下发生的概率是不一样的，但这两者是有确定关系的，贝叶斯法则就是对这种关系的描述。

同样假设事件组 $B_1, B_2, \cdots, B_n$ 两两互不相容，即 $B_iB_j = \varnothing (1 \leqslant i \neq j \leqslant n)$ 且 $\bigcup_{i=1}^{n} B_i = \Omega$。$P(B_i) > 0$，$i = 1, 2, \cdots, n$，则对任意事件 A，有：

$$P(B_j \mid A) = \frac{P(B_j)P(A \mid B_j)}{\sum_{i=1}^{n} P(B_i)P(A \mid B_i)} \tag{5-3}$$

式(5-3)即为贝叶斯公式，它是在已知事件 A 已经发生的情况下，分析引起事件 A 发生的各个原因的概率。直观地将 B_j 看作是事件 A 发生的各种可能的原因，则 $P(B_j)$可以理解为随机事件 B_j 发生的先验概率。如果知道随机事件 A 已经发生，则它可用于对随机事件 B_j 发生的概率进行重新估计。$P(B_j \mid A)$ 就是知道了新信息“A 已经发生”后对于概率的重新认识，称为随机事件 B_j 的后验概率。贝叶斯公式通常用于求解后验概率。

我们来看一个具体的例子。假设有 A 和 B 两个容器，A 里有 2 个白球和 3 个黑球，B 里有 1 个白球和 4 个黑球。现在从这两个容器中任意抽取出一个球，结果发现是一个黑球，我们想知道这个球来自容器 A 的概率是多少。

现在假设“抽出黑球”为事件为 X，“选择容器 A”为事件为 Y，那么可以计算出：$P(X) = (3 + 4) / 10 = 0.7$，$P(Y) = 0.5$，$P(X \mid Y) = 3 / 5 = 0.6$，根据贝叶斯公式可以求出 $P(Y \mid X) = P(X \mid Y) \cdot P(Y) / P(X) = 0.43$，因此该球来自容器 A 的概率为 0.43。

5.1.2 使用朴素贝叶斯进行分类

使用贝叶斯分类准则，可以通过已知概率值来计算未知概率值，利用不同结果的概率值大小来判断数据所属类别。

将贝叶斯公式换成分类任务表达式为

$$P(\text{类别} \mid \text{特征}) = \frac{P(\text{特征} \mid \text{类别})\, P(\text{类别})}{P(\text{特征})} \tag{5-4}$$

可以根据公式(5-3)和(5-4)推导出贝叶斯分类准则：

假设特征为 X，类别为 C1 和 C2，如果特征 X 满足：

$$P(C1 \mid X) = \frac{P(X \mid C1)P(C1)}{P(X)} > P(C2 \mid X) = \frac{P(X \mid C2)P(C2)}{P(X)} \tag{5-5}$$

则属于类别 C1；如果满足：

$$P(C1|X)=\frac{P(X|C1)P(C1)}{P(X)}<P(C2|X)=\frac{P(X|C2)P(C2)}{P(X)} \tag{5-6}$$

则属于类别 C2。

我们可以尝试用朴素贝叶斯分类器来解决引言中提到的病人看病的问题。

从已知的六个病人数据中我们可以得到以下几个数据：

$P(打喷嚏|感冒)=\frac{2}{3}=0.66$，$P(建筑工人|感冒)=\frac{1}{3}=0.33$，$P(感冒)=\frac{3}{6}=0.5$，

$P(打喷嚏)=\frac{3}{6}=0.5$，$P(建筑工人)=\frac{2}{6}=0.33$

我们先来求打喷嚏的建筑工人患上感冒的概率，根据贝叶斯公式有：

$$P(感冒|打喷嚏\times建筑工人)=\frac{P(打喷嚏\times建筑工人|感冒)\times P(感冒)}{P(打喷嚏\times建筑工人)}$$

在这个实际案例中，病人的症状和职业显然是独立的，因此 $P(打喷嚏\times建筑工人)=P(打喷嚏)\times P(建筑工人)$，因此：

$$P(感冒|打喷嚏\times建筑工人)=\frac{P(打喷嚏|感冒)\times P(建筑工人|感冒)\times P(感冒)}{P(打喷嚏)\times P(建筑工人)}$$

上面这个等式的右边全是可以计算的数据，因此可以得到：

$$P(感冒|打喷嚏\times建筑工人)=\frac{0.66\times0.33\times0.5}{0.5\times0.33}=0.66$$

因此，第七个病人得感冒的概率为 0.66，同样的方法可以计算出这个病人得过敏病或者脑震荡的概率，比较三个概率的大小，即可得出该病人最有可能的病症了。

练一练：

请利用贝叶斯分类器完整地实现引言中的病人看病的案例。

5.1.3 朴素贝叶斯分类器的特点

朴素贝叶斯分类器理论基础明确且简单，容易用代码实现，适用性广，具体来说具有以下一些特点。

1. 主要优点

(1) 拥有稳定的分类效率。

(2) 对小规模的数据表现很好，能处理多分类任务，适合增量式训练，尤其是数据量超出内存时，可以分批进行增量训练。

(3) 对缺失数据不太敏感，算法也比较简单，常用于文本分类。

2. 主要缺点

(1) 理论上，朴素贝叶斯模型与其他分类方法相比具有最小的误差率。但实际上并非

总是如此。因为朴素贝叶斯模型在给定输出类别的情况下，会自动假设属性之间相互独立，但这个假设在实际应用中往往是不成立的，在属性个数比较多或者属性之间相关性较大时，这会造成分类效果不好。而在属性相关性较小时，朴素贝叶斯性能最为良好。对于这一点，有半朴素贝叶斯之类的算法可以通过考虑部分关联性进行算法改进。

(2) 需要知道先验概率，且先验概率很多时候取决于假设。假设的模型可以有很多种，因此在某些时候由于假设的先验模型不够准确，可能导致预测效果不佳。

(3) 因为是通过先验的概率和数据来决定后验的概率，再用后验的概率决定分类，所以分类决策将存在一定的错误率。

(4) 对输入数据的表达形式很敏感。

5.2 案例四 社区留言板文本分类

5.2.1 案例介绍

通常来说在线社区留言板上的留言在公开发布的时候都需要先进行内容审核，具有侮辱性的言论是不允许发表的。本案例需要构建一个在线社区留言板上的快速过滤器来屏蔽在线社区留言板上的侮辱性言论。如果某条留言使用了负面或者侮辱性的语言，那么就将该留言标识为内容不当，审核不通过，不允许发表，否则审核通过允许发表。

对此案例中的留言建立两个类别：侮辱类和非侮辱类，分别用 1 和 0 来表示。

这是一个非常典型的文本分类问题。在文本分类问题中，整个文档(如案例中的一条留言)是一个样本，而文档中的某些元素构成了该样本的特征，我们需要根据这些特征来判断该样本属于哪一个分类。

在针对文档进行特征提取的时候，通常有两种表示特征的方法，分别是词集模型(set-of-words model)和词袋模型(bag-of-words model)。在词集模型中，对于给定文档，只统计某个侮辱性或负面词汇(准确地说是词条)是否在本文档出现。而在词袋模型中，对于给定文档，需要统计某个侮辱性或负面词汇在本文档中出现的频率，除此之外，往往还需要剔除重要性极低的高频词和停用词。因此词袋模型更精炼，也更有效。

下面将分步骤给出每一部分的实现代码。

5.2.2 数据准备

本案例将主要使用词向量来对单词进行描述，下面代码主要实现实验样本数据的创建，并对其用词向量进行表示。

```
def loadDataSet():
    """创建实验样本数据
    :return: 单词列表 postingList，所属类别 classVec
"""
    postingList = [['my', 'dog', 'has', 'flea', 'problem', 'help', 'please'],
```

```
                 ['maybe', 'not', 'take', 'him', 'to', 'dog', 'park', 'stupid'],
                 ['my', 'dalmation', 'is', 'so', 'cute', 'I', 'love', 'him'],
                 ['stop', 'posting', 'ate', 'my', 'steak', 'how', 'to', 'stop', 'him'],
                 ['mr', 'licks', 'ate', 'my', 'steak', 'how', 'to', 'stop', 'him'],
                 ['quit', 'buying', 'worthless', 'dog', 'food', 'stupid']]
    classVec = [0, 1, 0, 1, 0, 1]          # 分类标签集合，0 表示非侮辱类，1 表示侮辱类
    return postingList, classVec

def createVocabList(dataSet):
    """
    创建词条集合
    :param dataSet: 数据集
    :return: 所有单词的集合(即不含重复元素的单词列表)
    """
    vocabSet = set([])
    for document in dataSet:
        vocabSet = vocabSet | set(document)    # 去重
    return list(vocabSet)

def setOfWords2Vec(vocabList, inputSet):
    """
    遍历查看该单词是否出现，出现该单词则将该单词置 1
    :param vocabList: 所有单词集合列表
    :param inputSet: 输入数据集
    :return: 匹配列表[0, 1, 0, 1...]，其中 1 与 0 表示词汇表中的单词是否出现在输入的数据集中
    """
    # 创建一个和词汇表等长的向量，并将其元素都设置为 0
    returnVec = [0] * len(vocabList)    # [0, 0......]
    # 遍历文档中的所有单词，如果出现了词汇表中的单词
    for word in inputSet:
        if word in vocabList:
        # 说明当前文档中有某个词条，则根据词典获取其位置并赋值 1
            returnVec[vocabList.index(word)] = 1
        else:print ("the word :%s is not in my vocabulary" %word)
    return returnVec

def bagOfWords2Vec(vocabList, inputSet):
    """创建词袋"""
    returnVec = [0] * len(vocabList)
```

```
    for word in inputSet:
        if word in vocabList:                # 与词集模型的唯一区别就表现在这里
            returnVec[vocabList.index(word)] += 1
        else:print("the word :%s is not in my vocabulary" %word)
    return returnVec
```

第一个函数 loadDataSet()创建了一些实验数据样本。函数返回的第一个变量 postingList 是样本数据集合(注：后续会介绍实验数据词条切割的具体方法)。第二个变量 classVec 是分类标签集合，1 为侮辱性，0 为非侮辱性。

第二个函数 createVocabList(dataSet)会创建一个包含文档中所有词条且不重复的列表。首先会创建一个空集合 vocabSet。然后将每篇文档中的词集合添加到 vocabSet 中，使用“|”运算符进行求并集操作。

第三个函数 setOfWords2Vec(vocabList, inputSet)求词集。在求词集函数中，参数分别为词汇表和某个文档。首先创建一个与词汇表长度相同的向量 returnVec。函数通过遍历文档中所有单词形成词汇表向量，如果单词出现，则在 returnVec 中相应位置 1，反之置 0。

第四个函数 bagOfWords2Vec(vocabList, inputSet)为求词袋函数，其参数通用(为词汇表和某个文档)。该函数与求词集函数一样，首先创建一个与词汇表长度相同的向量 returnVec，通过遍历文档中所有单词形成词汇表向量。该函数与求词集函数唯一的区别是在该函数的返回值中会记录文档中某单词出现的次数。

5.2.3 概率计算

朴素贝叶斯的核心就是计算条件概率，因此其训练过程实际上就是条件概率的计算过程，下面是实现条件概率计算的代码。

```
def trainNB(trainMatrix, trainCategory):
    """
    训练数据原版
    : param trainMatrix:  文件单词矩阵  [[1, 0, 1, 1, 1....], [], []...]
    : param trainCategory:  文件对应的类别[0, 1, 1, 0....]，列表长度等于单词矩阵数，其中的
    1 代表对应的文件是侮辱性文件，0 代表不是侮辱性文件
    :return:  两种类别文档出现的次数以及侮辱性文档出现的概率
    """
    #  文件数
    numTrainDocs = len(trainMatrix)
    #  词条向量中的单词数
    numWords = len(trainMatrix[0])
    #  侮辱性文件的出现概率，即 trainCategory 中所有的 1 的个数，代表的就是多少个文件
    #  侮辱性文件，与文件的总数相除就得到了侮辱性文件的出现概率
    pAbusive = sum(trainCategory) / float(numTrainDocs)
    #  构造单词出现次数列表
```

```
    p0Num = zeros(numWords) # [0, 0, 0, .....]
    p1Num = zeros(numWords) # [0, 0, 0, .....]
    # 整个数据集单词出现总数
    p0Denom = 0.0
    p1Denom = 0.0
    # 遍历每一篇文档的词条向量
    for i in range(numTrainDocs):
        # 是否是侮辱性文件
        if trainCategory[i] == 1:
            # 统计侮辱性文件中，各词条出现的次数，即对应位相加，结果是一向量
            p1Num += trainMatrix[i]   # 即[0, 1, 1, ....] + [0, 1, 1, ....]->[0, 2, 2, ...]
            # 对向量中的所有元素进行求和，计算所有侮辱性文件中出现的单词总数
            p1Denom += sum(trainMatrix[i])
        else:
            p0Num += trainMatrix[i]
            p0Denom += sum(trainMatrix[i])
    # 类别 1，即侮辱性文档的[P(F1|C1), P(F2|C1), P(F3|C1), P(F4|C1), P(F5|C1)....]列表
    # 即在 1 类别下，每个单词出现的概率
    p1Vect = p1Num / p1Denom# [1, 2, 3, 5]/90->[1/90, ...]
    # 类别 0，即正常文档的[P(F1|C0), P(F2|C0), P(F3|C0), P(F4|C0), P(F5|C0)....]列表
    # 即在 0 类别下，每个单词出现的概率
    p0Vect = p0Num / p0Denom
    return p0Vect, p1Vect, pAbusive
```

训练函数 trainNB(trainMatrix, trainCategory)，输入参数分别为文档矩阵和每篇文档类别构成的向量。

首先，该函数计算文档属于侮辱性言论(类别为 1)的概率，即 P(1)。由于只有 2 个分类，可知非侮辱性言论的概率为 P(0) = 1 − P(1)。对于多分类问题，则需要另外进行计算。

接着函数遍历 trainMatrix 中包含的所有文档。用 p1Num 和 p1Denom 分别表示侮辱性文件中各词条出现的次数(结果为向量)和所有出现的单词总数(结果为数)，用 p0Num 和 p0Denom 分别表示非侮辱性文件中各词条出现的次数(结果为向量)和所有出现的单词总数(结果为数)。当出现属于侮辱性的词时，p1Num 和 P1Denom 分别进行累加处理，若出现属于非侮辱性的词，则 p0Num 和 P0Denom 分别进行累加处理。

最后，每个类别的词向量除以该类别总词数即可得到该类别下每个单词出现的概率。函数返回三个值，其中 pAbusive 是侮辱性文档占比，p0Vec 是统计词条在非侮辱性文档中出现的概率，p1Vec 是统计词条在侮辱性文档中出现的概率。

5.2.4　算法改进

上述方法是基于最基本的朴素贝叶斯算法完成的，为了取得更好的效果，可以通过以

下方面进行改进。

1. 初始化值修改

利用贝叶斯分类器对文档进行分类时，要计算多个概率的乘积以获得文档属于哪个类别的概率。如果其中一个概率值为 0，那么最后乘积也为 0，显然这样的结果不正确。为了降低这种影响，可以将所有词出现次数的初始化值设为 1，并将分母初始化值设为 2。

2. 数据下溢问题

当计算多个概率的乘积以获得文档属于哪个类别的概率时，由于大部分数据都非常小，所以程序会下溢或者得不出正确答案(四舍五入为 0)。针对这种情况，可以采取对乘积取自然对数的方法。通过求对数可以避免程序下溢或者浮点数四舍五入导致的错误，且不会有任何损失。

综上，对代码做出如下修改：

```
def trainNBNew(trainMatrix, trainCategory):
    """
    训练数据优化版本
    : param trainMatrix: 文件单词矩阵
    : param trainCategory: 文件对应的类别
    : return:
    """
    # 总文件数
    numTrainDocs = len(trainMatrix)
    # 总单词数
    numWords = len(trainMatrix[0])
    # 侮辱性文件的出现概率
    pAbusive = sum(trainCategory) / float(numTrainDocs)
    # 构造单词出现次数列表
    # p0Num 正常词的统计
    # p1Num 侮辱词的统计
    p0Num = ones(numWords)#[0, 0......]->[1, 1, 1, 1, 1.....]
    p1Num = ones(numWords)
    # 整个数据集单词出现的总数，2.0 根据样本/实际调查结果调整分母的值(2 主要是避免
    # 分母为 0，其值可以调整)
    # p0Denom 正常词的统计
    # p1Denom 侮辱词的统计
    p0Denom = 2.0
    p1Denom = 2.0
    for i in range(numTrainDocs):
        if trainCategory[i] == 1:
            # 累加辱骂词的频次
```

```
            p1Num += trainMatrix[i]
            # 对每篇文章的辱骂的频次进行统计汇总
            p1Denom += sum(trainMatrix[i])
        else:
            p0Num += trainMatrix[i]
            p0Denom += sum(trainMatrix[i])
    # 类别 1，即侮辱性文档的[log(P(F1|C1)), log(P(F2|C1)), log(P(F3|C1)) … ]列表
    p1Vect = log(p1Num / p1Denom)
    # 类别 0，即正常文档的[log(P(F1|C0)), log(P(F2|C0)), log(P(F3|C0)) … ]列表
    p0Vect = log(p0Num / p0Denom)
    return p0Vect, p1Vect, pAbusive
```

5.2.5 改进后的朴素贝叶斯分类器应用

创建贝叶斯分类器含税 classifyNB，代码如下：

```
def classifyNB(vec2classify, p0Vec, p1Vec, pClass1):
    """
    ：param vec2classify: 测试文档向量
    ：param p0Vec: 非侮辱性词条出现的概率
    ：param p1Vec: 侮辱性词条出现的概率
    ：param pClass1: 先验条件下文档为侮辱性的概率
    """
    # 这里没有直接计算 P(x，y|C1)P(C1)，而是取其对数
    p1 = sum(vec2classify * p1Vec) + log(pClass1)
    p0 = sum(vec2classify * p0Vec) + log(1.0-pClass1)
    if p1 > p0:
        return 1
    else:
        return 0
```

函数 classifyNB(vec2classify, p0Vec, p1Vec, pClass1)参数分别为分类向量及函数 trainNB()返回的三个结果。

根据贝叶斯分类准则，函数使用数组对相应元素进行相乘处理，即将两个向量中的第 1 个元素相乘，然后将第 2 个元素相乘，以此类推。之后将词汇表中各对应词的乘积值相加，接着将得到的值加到各类别对应的概率上。最后，比较概率，返回概率值较大的类别所对应的标签。

接下来创建一个 testingNB 函数来测试朴素贝叶斯分类器的分类效果。

```
def testingNB():
    """
    测试朴素贝叶斯算法
```

```
"""
# 1. 加载数据集
listOPosts, listClasses = loadDataSet()
# 2. 创建单词集合
myVocabList = createVocabList(listOPosts)
# 3. 计算单词是否出现并创建数据矩阵
trainMat = []
for postinDoc in listOPosts:
    # 返回 m*len(myVocabList)的矩阵，记录的都是 0、1 信息
    trainMat.append(setOfWords2Vec(myVocabList, postinDoc))
# 4. 训练数据
p0V, p1V, pAb = trainNBNew(array(trainMat), array(listClasses))
# 5. 测试数据
testEntry = ['love', 'my', 'dalmation']
thisDoc = array(setOfWords2Vec(myVocabList, testEntry))
print (testEntry, 'classified as: ', classifyNB(thisDoc, p0V, p1V, pAb))
testEntry = ['stupid', 'garbage']
thisDoc = array(setOfWords2Vec(myVocabList, testEntry))
print(testEntry, 'classified as: ', classifyNB(thisDoc, p0V, p1V, pAb))
```

在这个测试函数中，我们利用之前创建的分类器分别对"love my dalmation"和"stupid garbage"这两条留言进行分类，执行 testingNB()可得到分类结果，如图 5-2 所示。

```
['love', 'my', 'dalmation'] classified as:  0
['stupid', 'garbage'] classified as:  1
```

图 5-2　分类结果

5.3　案例五　旧金山犯罪分类预测

5.3.1　案例介绍

这是一道经典的 Kaggle 竞赛题目。旧金山这个城市的犯罪率一度很高，当地警方努力去总结并想办法降低犯罪率。有一个挑战是在给出犯罪的地点和时间之后，要第一时间确定这可能是一个什么样的犯罪类型，以便于确定警力等。后来直接把 12 年内旧金山城内的犯罪报告都放到 Kaggle 上，看看谁能帮忙在第一时间预测犯罪类型。犯罪报告里面包括日期、描述、星期几、所属警区、处理结果、地址、GPS 定位等信息。数据集可以通过地址 https://www.kaggle.com/c/sf-crime/data 下载。此处我们尝试使用朴素贝叶斯分类器来解决这个问题。

5.3.2 数据准备

下载的数据集包含 train.csv 和 test.csv 两个文件，分别存放训练数据和测试数据。打开文件可以看到数据格式如图 5-3 所示。

	Dates	Category	Descript	DayOfWeek	PdDistrict	Resolution	Address	X	Y
0	2015-05-13 23:53:00	WARRANTS	WARRANT ARREST	Wednesday	NORTHERN	ARREST, BOOKED	OAK ST / LAGUNA ST	-122.425892	37.774599
1	2015-05-13 23:53:00	OTHER OFFENSES	TRAFFIC VIOLATION ARREST	Wednesday	NORTHERN	ARREST, BOOKED	OAK ST / LAGUNA ST	-122.425892	37.774599
2	2015-05-13 23:33:00	OTHER OFFENSES	TRAFFIC VIOLATION ARREST	Wednesday	NORTHERN	ARREST, BOOKED	VANNESS AV / GREENWICH ST	-122.424363	37.800414

图 5-3 旧金山犯罪分类预测的数据类型

表中各列分别代表日期、犯罪类型、描述、星期几、所属警区、处理结果、案发位置、GPSXY 坐标。

首先通过下面的代码导入数据，并对数据进行预处理：

```
from sklearn import preprocessing
import pandas as pd
train = pd.read_csv('../input/train.csv', parse_dates=['Dates'])
test = pd.read_csv('../input/test.csv', parse_dates=['Dates'])
# 对犯罪类别: Category; 用 LabelEncoder 进行编号
leCrime = preprocessing.LabelEncoder()
#39 种犯罪类型
crime = leCrime.fit_transform(train.Category)
# 用 get_dummies 因子化星期几、街区、小时等特征
days=pd.get_dummies(train.DayOfWeek)
district = pd.get_dummies(train.PdDistrict)
hour = train.Dates.dt.hour
hour = pd.get_dummies(hour)
# 组合特征
trainData = pd.concat([hour, days, district], axis=1)
trainData['crime'] = crime
days = pd.get_dummies(test.DayOfWeek)
district = pd.get_dummies(test.PdDistrict)
hour = test.Dates.dt.hour
hour = pd.get_dummies(hour)
testData = pd.concat([hour, days, district], axis=1)
```

处理结果如图 5-4 所示。

	0	1	2	3	4	5	6	7	8	9	...	CENTRAL	INGLESIDE	MISSION	NORTHERN	PARK	RICHMOND	SOUTHERN	TARAVAL	TENDERLOIN	crime
0	0	0	0	0	0	0	0	0	0	0	...	0	0	0	1	0	0	0	0	0	37
1	0	0	0	0	0	0	0	0	0	0	...	0	0	0	1	0	0	0	0	0	21
2	0	0	0	0	0	0	0	0	0	0	...	0	0	0	1	0	0	0	0	0	21
3	0	0	0	0	0	0	0	0	0	0	...	0	0	0	1	0	0	0	0	0	16
4	0	0	0	0	0	0	0	0	0	0	...	0	0	0	0	1	0	0	0	0	16
5	0	0	0	0	0	0	0	0	0	0	...	0	1	0	0	0	0	0	0	0	16
6	0	0	0	0	0	0	0	0	0	0	...	0	1	0	0	0	0	0	0	0	36
7	0	0	0	0	0	0	0	0	0	0	...	0	0	0	0	0	0	0	0	0	36
8	0	0	0	0	0	0	0	0	0	0	...	0	0	0	0	0	1	0	0	0	16
9	0	0	0	0	0	0	0	0	0	0	...	1	0	0	0	0	0	0	0	0	16
10	0	0	0	0	0	0	0	0	0	0	...	1	0	0	0	0	0	0	0	0	16
11	0	0	0	0	0	0	0	0	0	0	...	0	0	0	0	0	0	0	1	0	21

图 5-4　数据预处理结果

5.3.3　模型实现

数据准备好之后就可以构建模型了。上一案例中我们自己构建了贝叶斯分类器，在本案例中，我们使用已有的 sklearn 库进行贝叶斯分类。

朴素贝叶斯分为伯努利型、高斯型、多项式型。伯努利型针对数据符合多元伯努利分布的朴素贝叶斯分类算法。该模型最明显的特点是非常关注每一个特征是否出现而不是出现的次数。多项式型与伯努利型相比，关注的是一个特征出现的次数(可类比词集模型和词袋模型)。高斯型主要针对特征值是连续变量的情况，本章不详细讲述，读者可自行了解。本案例中的算法使用伯努利型朴素贝叶斯分类器。

可以直接使用 sklearn.naive_bayes 包中的 BernoulliNB 来构建伯努利型的贝叶斯分类器，和上一章的 KNN 类似，核心操作同样包括三个步骤：

(1) 创建 BernoulliNB 对象并初始化。

(2) 调用 fit 方法，对数据集进行训练。

(3) 调用 predict_proba 函数，对测试集进行预测。

下面是模型的完整代码：

```
import numpy as np
from sklearn.model_selection import train_test_split
from sklearn.metrics import log_loss
from sklearn.naive_bayes import BernoulliNB    # 调用朴素贝叶斯的包
features= ['Monday', 'Tuesday', 'Wednesday', 'Thursday', 'Friday', 'Saturday', 'Sunday', 'BAYVIEW',
'CENTRAL', 'INGLESIDE', 'MISSION', 'NORTHERN', 'PARK', 'RICHMOND', 'SOUTHERN',
'TARAVAL', 'TENDERLOIN']   # 这里取星期几和街区作为分类器输入的特征
X_train, X_test, y_train, y_test = train_test_split(trainData[features], trainData['crime'], train_size=0.6)
# 分配训练集比例为 0.6
# 构建贝叶斯模型，计算 log_loss 损失值
NB = BernoulliNB()
```

```
NB.fit(X_train, y_train)
propa = NB.predict_proba(X_test)
predicted =np.array(propa)
logLoss=log_loss(y_test, predicted)
print("朴素贝叶斯的 log 损失为:%.6f"%logLoss)
```

在代码中先将特征值 features 作为分类器的输入特征，再使用 train_test_split()分割训练集和测试集，接着构建朴素贝叶斯模型，计算 log_loss。结果如图 5-5 所示。

```
朴素贝叶斯的log损失为:2.576190

In[3]:
```

图 5-5　分类结果

本章小结

在进行分类操作中，使用概率有时比其他方式更有效。贝叶斯概率和贝叶斯准则提供了一种利用已知概率估计未知概率的方法。

朴素贝叶斯通过对特征之间的条件独立行为进行假设，降低了对数据量的需求。显而易见，这种假设过于简单，这也是“朴素”的由来。尽管条件独立假设不一定正确，但朴素贝叶斯仍然是一种高效的分类方法。

在运用编程语言实现算法时，需要考虑很多实际问题，比如下溢问题、词集与词袋模型的选择、词向量中对不再使用的词进行移除，以及对分类器的优化等。

由于篇幅有限，本章只讲解了伯努利型和多项式型朴素贝叶斯模型，读者若有兴趣可自行学习高斯模型、半朴素贝叶斯分类、贝叶斯网等内容。

思考题

请尝试统计一下自己身边的朋友的如下信息：身高、体重、穿多大码的鞋子。请至少统计 5 名男生和 5 名女生。

基于自己统计的数据回答：有一个人，其身高为 165 cm，体重为 55 kg，穿 39 码的鞋子，请判断其性别。

第 6 章

决 策 树

知识引入

小明是一个大二的学生，周六上午他睡了一个懒觉，醒来的时候都快中午了，他正在纠结到底是去食堂吃午饭还是直接点个外卖，于是他先打开手机里的外卖软件看看，他可能会遇到图 6-1 中的情况。

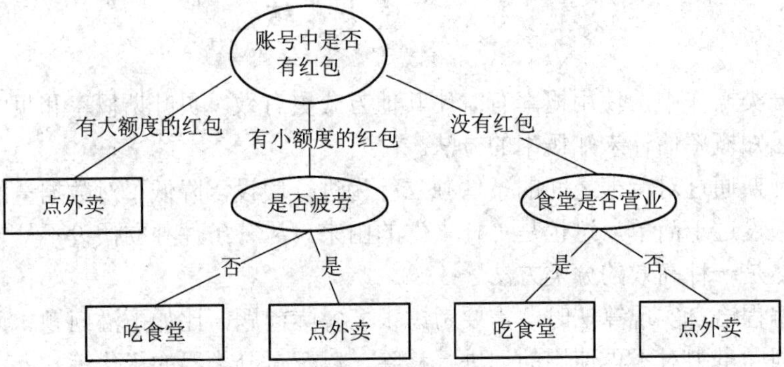

图 6-1　先导图

从图中可以看出，如果小明没有外卖红包并且食堂正常营业，那么他会吃食堂，如果他有小额度的红包但是自己不是很疲劳，他也会选择吃食堂，其他情况下他都会选择点外卖。其实小明下决定的整个过程就是一个决策树分析的过程，也是本章将要研究的内容。

知识图谱

本章知识图谱如图 6-2 所示。

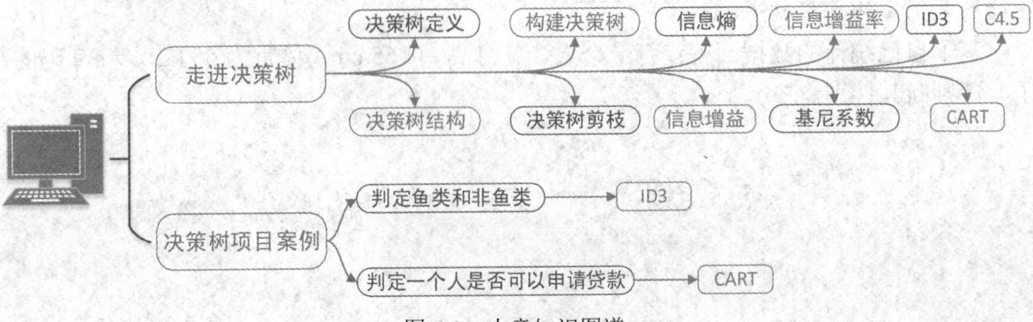

图 6-2　本章知识图谱

6.1 模 型 介 绍

本节将从决策树的概念、数学基础以及常用算法等方面对决策树算法进行介绍。

6.1.1 决策树概述

在进入决策树算法的具体理论学习之前，我们应当对决策树的原理有一个大致的了解，因此本节首先对决策树算法进行概述。

决策树是一种基本的分类和回归方法。决策树呈树形结构，在分类问题中，表示基于特征对实例进行分类的过程。它可以被认为是 if-then 规则的集合，也可以被认为是定义在特征空间和类空间上的条件概率分布。学习时，利用训练数据，根据损失函数最小化的原则建立决策树模型。预测时，对新的数据利用决策树模型进行分类。决策树学习通常包括三个步骤：特征选择、决策树的生成和决策树的剪枝。决策树可以看作一个条件概率模型，因此决策树的深度就代表了模型的复杂度，决策树的生成代表了寻找局部最优模型，决策树的剪枝代表了寻找全局最优模型。

1. 决策树的定义

分类决策树模型是一种描述对实例进行分类的树形结构。决策树由节点(node)和有向边(directed edge)组成。节点有两种类型：内部节点(internal node)和叶节点(leaf node)。内部节点表示一个特征或属性(features)，叶节点表示一个类(labels)。

2. 决策树的应用场景

有一个叫做“20 个问题”的游戏，游戏的规则很简单：参与游戏的一方在脑海中想某个事物，其他参与者向他提问，只允许提 20 个问题，问题的答案也只能用对或错回答。提问的人通过推断分解，逐步缩小待猜测事物的范围，最后得到游戏的答案。这个游戏其实就是一个决策的过程，通过是和否的判断最终得到想要的结果。

3. 决策树结构

顾名思义，决策树是一种用于决策的树形结构算法，用决策树对需要测试的实例进行分类时，从根节点开始，对实例的某一特征进行测试，根据测试结果，将实例分配到其子节点；这时，每一个子节点对应着该特征的一个取值。如此递归地对实例进行测试并分配，直至达到叶节点，最后将实例分配到叶节点的类中。例如一个根据自己喜好的电影分类系统其大致工作流程如下：

首先检测电影类型是否为动画，若电影类型为动画，则将其放在分类“需要观看”中。

如果电影类型不是动画，则检测电影类型是否为科幻；如果是，则检测电影是否为欧美电影；如果是，则将电影放入分类“需要观看”中；如果是科幻片但不是欧美的，则将电影归类到“无需观看”。

如果电影类型不是科幻片，则检测电影是否为纪录片；如果是纪录片，则将电影放入分类“无需观看”中；如果电影类型不是纪录片，则将电影放入分类“无聊时观看”中。

这样一个简单的分类系统便是一个决策树，如图 6-3 所示。图中矩形为内部节点，圆角矩形为叶节点。

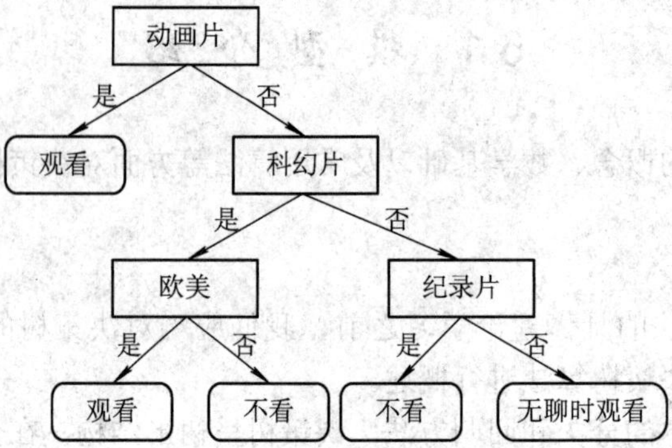

图 6-3　决策树示意图

4. 决策树的构建

决策树算法的学习通常是一个递归选择最优特征，并根据该特征对训练数据进行分割，使得各个子数据集有一个最好的分类的过程。这一过程对应着对特征空间的划分，也对应着决策树的构建。构建决策树的具体过程如下：

(1) 构建根节点，将所有数据放在根节点，选择一个最优的特征，按照这一特征将训练数据集划分为多个子集。

(2) 判断，如果一个子集中的所有实例均为一类，即通过根节点所选的特征值已经能够将此部分数据正确分类，那么就构建叶节点。

(3) 判断，如果一个子集中的实例不能够被正确分类，那么就递归地对这些子集进行最优特征选择，并进行分类，构建相应节点；不断递归下去，直到所划分的子集能够被正确分类并构建出叶子节点为止。

通过以上过程，就可以构建出一棵对训练数据有良好分类能力的决策树。

5. 决策树的剪枝

通过以上方法构建的决策树，对训练数据分类效果很好，但通常对未知的数据并没有很好的分类能力，即泛化能力较差，容易产生过拟合。为此，需要对生成的数据进行剪枝，去掉过于细分的叶节点，使其退回到父节点，甚至更高的节点，并将父节点或更高的节点作为叶节点，这样的剪枝方式称为后剪枝。同时，若输入的训练数据集特征较多，也可以挑选出对数据分类影响最大的几类特征作为分类特征，从而减小决策树的复杂度，这样的剪枝方式称为预剪枝。剪枝示意图如图 6-4 所示。

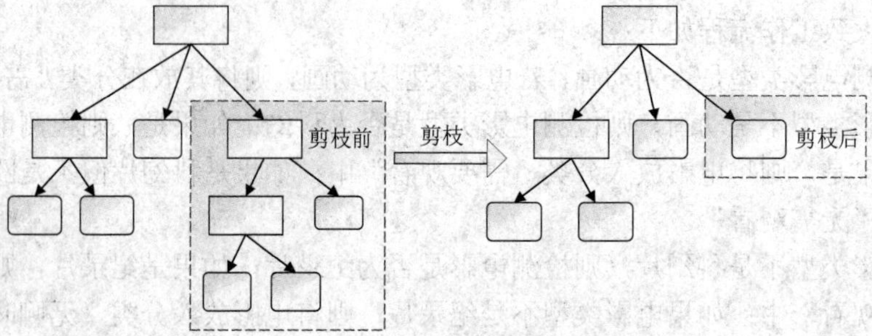

图 6-4　决策树剪枝示意图

1) 常用预剪枝方法

(1) 定义一个高度，当决策树达到该高度时就停止决策树的生长。

(2) 达到某个节点的实例具有相同的特征向量，即使这些实例不属于同一类，也可以停止决策树的生长。这个方法对于处理数据的冲突问题比较有效。

(3) 定义一个阈值，当达到某个节点的实例个数小于阈值时就可以停止决策树的生长。

(4) 定义一个阈值，通过计算每次扩张对系统性能的增益并比较增益值与该阈值的大小来决定是否停止决策树的生长。

2) 常用后剪枝方法

(1) Reduced-Error Pruning(REP，错误率降低剪枝)。该剪枝方法考虑将树上的每个节点作为修剪的候选对象，决定是否修剪这个节点由如下步骤完成：

a. 删除以此节点为根的子树，使其成为叶子节点；

b. 赋予该节点关联的训练数据的最常见分类；

c. 当修剪后的树对于验证集合的性能不会比原来的树差时，才真正删除该节点。

(2) Pesimistic-Error Pruning(PEP，悲观错误剪枝)。悲观错误剪枝法是根据剪枝前后的错误率来判定子树的修剪，先计算规则在它应用的训练样例上的精度，然后假定此估计精度为二项式分布，并计算它的标准差。对于给定的置信区间，采用下界估计作为规则性能的度量。

(3) Cost-Complexity Pruning(CCP，代价复杂度剪枝)。该算法为子树 T_t 定义了代价(cost)和复杂度(complexity)，以及一个可由用户设置的衡量代价与复杂度之间关系的参数 α。其中，代价指在剪枝过程中因子树 T_t 被叶节点替代而增加的错分样本，复杂度表示剪枝后子树 T_t 减少的叶节点数，α 则表示剪枝后树的复杂度降低程度与代价间的关系。CCP 剪枝算法分为两个步骤：

a. 对完全决策树 T 的每个非叶节点计算 α 值，循环剪掉具有最小 α 值的子树，直到剩下根节点。在该步可得到一系列的剪枝树 $\{T_0, T_1, T_2, \cdots, T_m\}$，其中 T_0 为原有的完全决策树，T_m 为根节点，$T_i + 1$ 为对 T_i 进行剪枝的结果。

b. 从子树序列中根据真实的误差估计选择最佳决策树。

(4) Error-Based Pruning(EBP，基于错误的剪枝)。这种剪枝方法的步骤如下：

a. 计算叶节点的错分样本率估计的置信区间上限 U。

b. 计算叶节点的预测错分样本数。叶节点的预测错分样本数 = 到达该叶节点的样本数 × 该叶节点的预测错分样本率 U。

c. 判断是否剪枝及如何剪枝。此步骤需要分别计算三种预测错分样本数：

- 计算子树 t 的所有叶节点预测错分样本数之和，记为 E1。
- 计算子树 t 被剪枝以叶节点代替时的预测错分样本数，记为 E2。
- 计算子树 t 的最大分枝的预测错分样本数，记为 E3。

然后按照如下规则比较 E1、E2、E3：

- E1 最小时，不剪枝。
- E2 最小时，进行剪枝，以一个叶节点代替 t。
- E3 最小时，采用“嫁接”(grafting)策略，即用这个最大分枝代替 t。

6. 决策树算法的特点

决策树算法是一种有监督、无参数的学习算法，采用自顶向下递归的方式构造决策树，在每一步选择中都采取在当前状态下最优的选择。

1) 决策树的优点

(1) 其结构能方便地进行可视化，便于理解和解释。

(2) 能处理数值型数据和非数值型数据，对缺失值也不敏感，能处理不相关的特征，因此对预处理的要求不高，数据准备工作相对简单。

(3) 训练需要的数据量少，计算量小，效率相对较高。

2) 决策树的缺点

(1) 适用范围有限，擅长对人、地点、事物的一系列不同特征、品质、特性进行评估，但对连续性特征较难预测，当类别太多时，错误可能增加较快。

(2) 容易出现过拟合。

(3) 忽略了属性之间的相关性，在处理特征关联性比较强的数据时表现不是太好。

7. Python 中包含决策树的常用库

决策树的构建可以通过 sklearn 库中的 DecisionTreeClassifier 类来构建，在最新的 1.0.2 版本的 sklearn 库中，该类的构造函数定义如下：

```
class sklearn.tree.DecisionTreeClassifier(criterion = 'gini', splitter = 'best', max_depth = None,
min_samples_split = 2, min_samples_leaf = 1, min_weight_fraction_leaf = 0.0, max_features = None,
random_state = None, max_leaf_nodes = None, min_impurity_decrease = 0.0, class_weight = None,
ccp_alpha = 0.0)
```

此定义中共有如下 12 个参数。

(1) criterion：用于测量拆分质量的函数，默认是 gini，可以设置为 entropy。gini 是基尼不纯度，是将来自集合的某种结果随机应用于某一数据项的预期误差率，是一种基于统计的思想。entropy 是香农熵，是一种基于信息论的思想。ID3 算法使用的是 entropy，CART 算法使用的是 gini。

(2) splitter：用于在每个节点上选择拆分的策略，默认是 best，可以设置为 random。best 是根据算法选择最佳的切分特征。random 将随机在部分划分点中找局部最优的划分点。best 适用于样本量不大的时候，如果样本量非常大则推荐使用 random。

(3) max_depth：表示树的最大深度，即树的层数，为整型变量，默认是 None。如果该参数设置为 None，那么决策树在建立子树的时候不会限制子树的深度。一般来说，数据少或者特征少的时候可以不管这个值。在模型样本量多、特征也多的情况下，推荐限制最大深度，具体的取值取决于数据的分布，常用取值在 10～100 之间。

(4) min_samples_split：表示内部节点再划分所需最小样本数，为整型或浮点型，默认是 2。这个值限制了子树继续划分的条件，如果其值为整数，那么在切分内部节点时，将其值作为最小的样本数，也就是说，如果样本已经少于 min_samples_split 个样本，则停止继续切分。如果其值为浮点数，那么 min_samples_split 就是每次拆分的最小样本数，具体值为 ceil(min_samples_split * n_samples)，该数是向上取整的。如果样本量不大，不需要管这个值。如果样本量数量级非常大，则推荐增大这个值。

(5) min_samples_leaf：表示叶节点上所需的最小样本数，为整型或浮点型，默认值为1。如果其值为整数，则将其值作为最小的样本数。如果其值为浮点数，那么就表示是每个节点的最小样本数，具体值为 ceil(min_samples_ leaf * n_samples)，该数是向上取整的。

(6) min_weight_fraction_leaf：叶子节点最小的样本权重和，为整型或浮点型，默认是0。这个值限制了叶子节点所有样本权重和的最小值，如果小于这个值，则会和兄弟节点一起被剪枝。一般来说，如果我们有较多样本有缺失值，或者分类树样本的分布类别偏差很大，就会引入样本权重。

(7) max_features：划分时考虑的最大特征数，默认是 None，其值有如下 6 种情况(其中 n_features 为总的特征数)：

如果 max_features 是整型的数，则需要考虑 max_features 个特征；

如果 max_features 是浮点型的数，则需要考虑 int(max_features * n_features)个特征；

如果 max_features 设为 auto，那么 max_features = sqrt(n_features)；

如果 max_features 设为 sqrt，那么 max_featrues = sqrt(n_features)，跟 auto 一样；

如果 max_features 设为 log2，那么 max_features = log2(n_features)(注：log2 指以 2 为底的对数，余同)；

如果 max_features 设为 None，那么 max_features = n_features，也就是所有特征都用。

一般来说，如果样本特征数不多，比如小于 50，用默认的 None 就可以了；如果特征数非常多，我们可以灵活使用其他取值来控制划分时考虑的最大特征数，以控制决策树的生成时间。

(8) random_state：随机数种子，其取值可以是整型、RandomState 实例或 None，默认是 None。如果是整数，那么 random_state 会作为随机数生成器的随机数种子。如果没有设置随机数种子，随机出来的数与当前系统时间有关，每个时刻都是不同的。如果设置了随机数种子，那么相同随机数种子不同时刻产生的随机数也是相同的。如果是 RandomState 实例，那么 random_state 是随机数生成器。如果为 None，则随机数生成器使用 np.random 生成随机数。

(9) max_leaf_nodes：最大叶子节点数，为整型数，默认是 None。通过限制最大叶子节点数，可以防止过拟合。如果加了限制，算法会建立在最大叶子节点数内最优的决策树上。如果特征值不多，可以不考虑这个值，但是如果特征值多的话，可以加以限制，具体的值可以通过交叉验证得到。

(10) min_impurity_decrease：节点划分最小不纯度减少值，为浮点型，默认是 0.0。如果节点的划分导致不纯度的减少大于或等于此值，则节点将被划分。加权不纯度减少值的计算如下：

$$\frac{N\_t}{N}\cdot\left(\text{impurity}-\frac{N\_t\_R}{N\_t*\text{right}\_\text{impurity}}-\frac{N\_t\_L}{N\_t*\text{lef}\_\text{impurity}}\right)$$

其中，N 是样本总数，N_t 是当前节点上的样本数，N_t_L 是左子树中的样本数，N_t_R 是右子树中的样本数。

(11) class_weight：类别权重，默认是 None，也可以为字典、字典列表或 balanced。指定样本各类别的权重，主要是为了防止训练集某些类别的样本过多，导致训练的决策树过于偏向这些类别。类别的权重可以通过{class_label：weight}这样的格式给出，可以自己指定各个样本的权重，或者用 balanced。如果使用 balanced，则算法会自己计算权重，样本量少的类别所对应的样本权重会高。当然，如果样本类别分布没有明显的偏倚，则可以不管这个参数，选择默认的 None。

(12) ccp_alpha：用于最小成本复杂度修剪的复杂度参数，为非负浮点数，默认值为 0.0。将选择具有最大成本复杂度且小于 ccp_alpha 的子树。默认情况下不执行修剪。

6.1.2　决策树数学基础

前文介绍了决策树的基本原理，此处将进一步介绍决策树算法实现过程中需要用到的一些数学基础知识。在决策树算法中将用到较多的数学量，包括信息熵、信息增益、信息增益比、基尼系数等。ID3(Iterative Dichotomiser 3)算法便是以信息论为基础，以信息熵和信息增益为衡量标准，从而实现对数据的归纳分类的决策树算法；C4.5 算法是 ID3 算法的一种改进，用信息增益率来选择属性，克服了用信息增益选择属性偏向时选择多值属性的不足；CART(Classification and Regression Tree)算法采用基尼指数最小化标准来选择特征并进行划分。

1. 信息熵

信息论之父 C. E. Shannon 在 1948 年发表的论文《通信的数学理论》(*A Mathematical Theory of Communication*)中指出，任何信息都存在冗余，冗余大小与信息中每个符号(数字、字母或单词)的出现概率或者说不确定性有关。香农借鉴了热力学的概念，把信息中排除了冗余后的平均信息量称为“信息熵”。

信息熵(entropy)具有以下三个性质：

(1) 单调性，发生概率越高的事件，其携带的信息量越低。

(2) 非负性，信息熵可以看作一种广度量，非负性是一种合理的必然。

(3) 累加性，多随机事件同时发生存在的总不确定性的量度可以表示为各事件不确定性量度的和，这也是广度量的一种体现。

香农从数学上严格证明了满足上述三个条件的随机变量不确定性度量函数具有如下唯一形式：

$$H(X) = -C\sum_{x\in X} P(x)\log P(x) \tag{6-1}$$

其中 C 为常数，我们将其归一化(C = 1)即得到信息熵公式：

$$H(X) = -\sum_{x\in X} P(x)\log P(x) \tag{6-2}$$

并且规定 $0\log(0) = 0$。

我们看信息熵的公式，其中概率取负对数表示一种可能事件发生时携带出的信息量。P(x)表示发生的概率；logP(x) 表示信息量。此处 log 函数基的选择是任意的(信息论中基常常选择为 2，因此信息的单位为比特(bit)；而机器学习中基常常选择为自然常数，因此单位常常被称为奈特(nat)。把各种可能表示出的信息量乘以其发生的概率之后求和，就表示了整个系统所有信息量的一种期望值。从这个角度来说信息熵还可以作为一个系统复杂程度的度量，如果系统越复杂，出现不同情况的种类越多，那么它的信息熵就大。

2. 条件熵

条件熵(Conditional Entropy)H(Y|X)表示在已知随机变量 X 的条件下随机变量 Y 的不确定性，随机变量 X 给定的条件下随机变量 Y 的条件熵 H(Y|X)定义为，在 X 给定条件下 Y 的条件概率分布的熵对 X 的数学期望，即：

$$H(Y|X)=\sum_{x\in X}P(x)H(Y|x)=-\sum_{x\in X}P(x)\sum_{y\in Y}P(y|x)\log P(y|x) \tag{6-3}$$

当熵和条件熵中的概率由数据估计(特别是极大似然估计)得到时，所对应的分别为经验熵和经验条件熵，此时如果有 0 概率，令 $0\log(0)=0$。

3. 信息增益

划分数据集的大原则是将无序数据变得更加有序，划分数据集前后信息发生的变化称为信息增益(Information Gain)。简单来说信息增益就是熵和特征条件熵的差。

特征 A 对训练数据集 D 的信息增益 g(D, A)定义为集合 D 的经验熵 H(D)与特征 A 给定条件下 D 的经验条件熵 H(D|A)之差，即：

$$g(D,A)=H(D)-H(D|A) \tag{6-4}$$

一般地，熵 H(D)与条件熵 H(D|A)之差称为互信息(Mutual Information)。决策树学习中的信息增益等价于训练数据集中类与特征的互信息。

信息增益值的大小是相对于训练数据集而言的，并没有绝对意义，在分类问题困难时，也就是说在训练数据集经验熵大的时候，信息增益值会偏大，反之信息增益值会偏小，使用信息增益比可以对这个问题进行校正，这是特征选择的另一个标准。

4. 信息增益比

信息增益比(Infomation Gain Ratio)又叫信息增益率，用 $I_R(X, Y)$来表示。信息增益比是信息增益和特征熵的比值，表达式如下：

$$I_R(D,A)=\frac{I(A,D)}{H_A(D)} \tag{6-5}$$

其中 D 为样本特征输出的集合，A 为样本特征，对于特征熵 $H_A(D)$，其表达式如下：

$$H_A(D)=-\sum_{i=1}^{n}\frac{|D_i|}{|D|}\log_2\frac{|D_i|}{|D|} \tag{6-6}$$

其中 n 为特征 A 的类别数，D_i 为特征 A 的第 i 个取值对应的样本个数，D 为样本个数。

5. 基尼系数

Gini 系数是一种与信息熵类似的做特征选择的方式，可以用来表示数据的不纯度。在 CART 算法中利用基尼指数构造二叉决策树。Gini 系数的计算方式如下：

$$\mathrm{Gini}(D)=1-\sum_{i=1}^{n}P_i^2 \tag{6-7}$$

其中 D 表示数据集全体样本，P_i 表示每种类别出现的概率。取个极端情况，如果数据集中所有的样本都为同一类，那么有 $P_0 = 1$，Gini(D) = 0，显然此时数据的不纯度最低。

与信息增益类似，我们可以计算如下表达式：

$$\Delta \text{Gini}(X) = \text{Gini}(D) - \text{Gini}_X(D) \tag{6-8}$$

上面式子表述的意思就是，加入特征 X 以后数据不纯度减小的程度。很明显，在做特征选择的时候，我们可以取 ΔGini(X)最大的那个。

6.1.3 决策树算法

决策树学习采用的是自顶向下的递归方法，其基本思想是以信息熵为度量构造一棵熵值下降最快的树，到叶子节点处熵值为 0。最早提及决策树思想的是 Quinlan 在 1986 年提出的 ID3 算法和 1993 年提出的 C4.5 算法，以及 Breiman 等人在 1984 年提出的 CART 算法。关于这三种决策树算法的应用领域及所使用的准则如图 6-5 所示。这里将重点介绍最经典的 ID3 算法的详细实现过程。决策树算法的分类如表 6-1 所示。

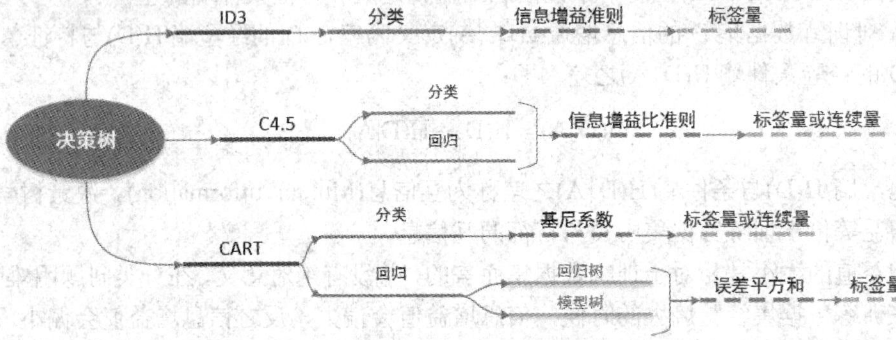

图 6-5　决策树算法

表 6-1　决策树算法分类

决策树算法	算 法 描 述
ID3 算法	其核心是在决策树的各级节点上，使用信息增益方法作为属性的选择标准，帮助确定生成每个节点时所应采用的合适属性
C4.5 算法	C4.5 决策树生成算法相对于 ID3 算法的重要改进是使用信息增益率来选择节点属性。该方法可以克服 ID3 存在的不足：ID3 只适用于离散的属性，而 C4.5 既能处理离散的属性，也能处理连续的属性
CART 算法	CART 决策树是一种十分有效的非参数分类和回归方法，通过构建树、修剪树、评估树来构建一个二叉树。当终节点是连续变量时，该树为回归树；当终节点是离散变量时，该树为分类树

ID3 算法，即迭代二叉树 3 代算法，由 Ross Quinlan 在 1986 年提出，是决策树的一种基于奥卡姆剃刀原理(用较少的东西同样可以做好事情)的算法。该算法基于信息熵来选择最佳测试属性。它选择当前样本集中具有最大信息增益值的属性作为测试属性；样本集的划分则根据测试属性的取值进行，测试属性有多少不同取值，就将样本集划分为多少

子样本集，同时决策树上与该样本集相应的节点长出新的叶子节点。ID3 算法根据信息论理论，采用划分后样本集的不确定性作为衡量划分好坏的标准，用信息增益值度量不确定性：信息增益值越大，不确定性越小。因此，ID3 算法在每个非叶子节点选择信息增益值最大的属性作为测试属性，这样可以得到当前情况下最纯的拆分，从而得到较小的决策树。

该算法采用自顶向下的贪婪搜索遍历可能的决策空间。

1. ID3 算法的具体方法

(1) 从根节点开始，对节点计算所有可能的特征的信息增益，选择信息增益最大的特征作为节点的特征。

(2) 由该特征的不同取值建立子节点，再对子节点递归地调用以上方法，构建决策树；直到所有特征的信息增益均很小或没有特征可以选择为止。

2. ID3 算法的实现步骤

输入：训练数据集 D，特征集 A，阈值 ε；

输出：决策树 T。

a. 若 D 中所有实例属于同一类 C_k，则 T 为单节点树，并将类 C_k 作为该节点的类标记，返回 T。

b. 若 $A=\varnothing$，则 T 为单节点树，并将 D 中实例数最大的类 C_k 作为该节点的类标记，返回 T。

c. 否则，计算 A 中各特征对 D 的信息增益，选择信息增益最大的特征 A_k。

d. 如果 A_g 的信息增益小于阈值 ε，则 T 为单节点树，并将 D 中实例数最大的类 C_k 作为该节点的类标记，返回 T。

e. 否则，对 A_g 的每一种可能值 a_i，依 $A_g = a_i$，将 D 分割为若干非空子集 D_i，将 D_i 中实例数最大的类作为标记，构建子节点，由节点及其子树构成树 T，返回 T。

f. 对第 i 个子节点，以 D_i 为训练集，以 $A-\{A_g\}$ 为特征集合，递归调用 a～e，得到子树 T_i，返回 T_i。

通过决策树算法的理论学习，我们对决策树已经有了一个基本的了解，但是算法的实现还需通过对案例的学习来融会贯通。下面将给大家介绍两个案例，供大家学习参考。第一个案例是判断一个动物是否属于鱼类。

6.2 案例六 鱼类和非鱼类判定

6.2.1 案例介绍

在此案例中，需要根据以下两个特征将动物分成两类：鱼类和非鱼类。

特征一：不浮出水面是否可以生存。

特征二：是否有脚蹼。

此案例是一个典型的二分类问题，其中每一个特征也都可以简单地定义为满足和不满足这两种状态，所以非常适合用决策树方法来进行分类。这里将使用 ID3 算法进行实现。

此案例的数据从代码里面直接生成即可。我们已经收集好了一些数据，如表 6-2 所示。

表 6-2 原始样本及其特征

ID	不浮出水面是否可以生存	是否有脚蹼	是否为鱼类
1	是	是	是
2	是	是	是
3	是	否	否
4	否	是	否
5	否	是	否

6.2.2 案例实现

该案例的数据集是代码自己生成的，有了数据集之后再按照决策树的构建思路完成分类器的构建，下面将逐步介绍代码实现过程。本案例是在 PyCharm 中编写代码实现的。

1. 生成数据集

首先创建一个名为 trees.py 的文件，并且在该文件下定义 createDataSet()函数，用以输入数据。将表 6-2 中“不浮出水面是否可以生存”和“是否有脚蹼”这两列数据特征中的“是”用“1”“否”用“0”代替。类别标签“是否为鱼类”中的“是”用“yes”“否”用“no”代替。代码如下：

```
def create_data_set():
    """
    创建样本数据
    :return:
    """
    data_set = [[1, 1, 'yes'], [1, 1, 'yes'], [1, 0, 'no'], [0, 1, 'no'], [0, 1, 'no']]
# 此处 labels 为决策树最后的分类类别，并非数据集标签，数据集标签为数据最后一列的数据
    labels = ['no surfacing', 'flippers']
    return data_set, labels
```

2. 计算给定数据集的香农熵

这段代码主要是计算给定数据集的熵，在 trees.py 文件中创建一个函数 calcShannonEn()，其代码如下：

```
from numpy import *
def calc_shannon_ent(data_set):
    """
    计算信息熵
    :param data_set: 如[[1, 1, 'yes'], [1, 1, 'yes'], [1, 0, 'no'], [0, 1, 'no'], [0, 1, 'no']]
    :return:
```

```
    """
    num = len(data_set)    # n rows
    # 为所有的分类类目创建字典
    label_counts = {}
    for feat_vec in data_set:
        current_label = feat_vec[-1]            # 取得最后一列数据
        if current_label not in label_counts.keys():
            label_counts[current_label] = 0
        label_counts[current_label] += 1
    # 计算香浓熵
    shannon_ent = 0.0
    for key in label_counts:
        prob = float(label_counts[key]) / num
        shannon_ent = shannon_ent - prob * math.log(prob, 2)
    return shannon_ent
```

3. 划分数据集的函数

这个函数的作用是当我们按某个特征划分数据集时，把划分后剩下的元素抽取出来，形成一个新的子集，用于计算条件熵。在 trees.py 文件中创建一个函数 splitDataSet()，其代码如下：

```
def split_data_set(data_set, axis, value):
    """
    返回特征值等于 value 的子数据集，且该数据集不包含列(特征)axis
    :param data_set:  待划分的数据集
    :param axis:  特征索引
    :param value:  分类值
    :return:
    """
    # 判断 axis 列的值是否等于 value
    # 遍历数据集，将 axis 上的数据和 value 值进行对比
    ret_data_set = []
    for feat_vec in data_set:
    # 如果待检测的特征 axis 和指定的特征 value 相等
    if feat_vec[axis] == value:
        reduce_feat_vec = feat_vec[:axis]
        reduce_feat_vec.extend(feat_vec[axis + 1:])
        ret_data_set.append(reduce_feat_vec)
    return ret_data_set
```

该函数通过遍历 dataSet 数据集，求出 index 对应的 column 列的值为 value 的行，然后

依据 index 列进行分类。如果 index 列的数据等于 value，就将 index 划分到创建的新数据集中。该函数的返回值为 index 列为 value 的数据集(该数据集需要排除 axis 列)。关于函数中的参数说明如表 6-3 所示。

表 6-3　函数参数说明

ID	参数名称	释　义
1	dataSet	待划分的数据集
2	axis	表示每一行的 index 列特征的坐标，等于 0， 第 0 个特征为 0 或者 1
3	value	表示 index 列对应的 value 值需要返回的特征的值

温馨提示：

代码中 extend 和 append 的区别：

music_media.append(object)向列表中添加一个对象 object

music_media.extend(sequence)把一个序列 seq 的内容添加到列表中(跟 += 在 list 中的运用类似，music_media += sequence)

(1) 使用 append 时将 object 看作一个对象，整体打包添加到 music_media 对象中。

(2) 使用 extend 时将 sequence 看作一个序列，将这个序列和 music_media 序列合并，并放在其后面。

```
music_media = []
music_media.extend([1, 2, 3])
print music_media
# 结果：
# [1, 2, 3]
music_media.append([4, 5, 6])
print music_media
# 结果：
# [1, 2, 3, [4, 5, 6]]
music_media.extend([7, 8, 9])
print music_media
# 结果：
# [1, 2, 3, [4, 5, 6], 7, 8, 9]
```

4. 选择最好的数据集划分方式的函数

接下来将遍历整个数据集，循环计算香农熵，找到最好的特征划分方式，并划分数据集。熵计算将会告诉我们如何划分数据集是最好的数据组织方式。在 trees.py 文件中创建一个函数 chooseBestFeatTopSplit()，其代码如下：

```
def chooseBestFeatTopSplit(dataSet):
"""chooseBestFeatureToSplit(选择最好的特征)
```

```
Args:
    dataset: 数据集
    Returns: bestFeature 最优的特征列
"""
    # 求第一行有多少列的 Feature，减去 1 是因为最后一列是 label 列
numFeatures = len(dataSet[0])-1
    # 计算没有经过划分的数据的香农熵
baseEntropy = calc_shannon_ent(dataSet)
    # 最优的信息增益值
bestInfoGain = 0.0
    # 最优的 Featurn 编号
bestFeature = -1
for i in range(numFeatures):
        # 创建唯一的分类标签列表，获取第 i 个标签的所有特征(信息元纵排列！)
        featList = [example[i] for example in dataSet]
        # 使用 set 集，排除 featList 中的重复标签，得到唯一分类的集合
        uniqueVals = set(featList)
        newEntropy = 0.0
        # 遍历当次 uniqueVals 中所有的标签 value(这里是 0，1)
        for value in uniqueVals:
            # 对第 i 个数据划分数据集，返回所有包含 i 的数据(已排除第 i 个特征)
            subDataSet = split_data_set(dataSet, i, value)
            # 计算包含第 i 个的数据占总数据的百分比
            prob = len(subDataSet)/float(len(dataSet))
            # 计算新的香农熵，不断迭代，该过程仅在包含指定特征标签子集中进行
            newEntropy += prob * calc_shannon_ent(subDataSet)
        # 计算信息增益
        infoGain = baseEntropy - newEntropy
        # 如果信息增益大于最优增益，即新增益 newEntropy 越小，信息增益越大，
        # 分类也就更优(分类越简单越好)
        print('infoGain=', infoGain, 'bestFeature=', i, baseEntropy, newEntropy)
        if (infoGain>bestInfoGain):
            # 更新信息增益
        bestInfoGain = infoGain
        # 确定最优增益的特征索引
        bestFeature = i
    # 返回最优增益的索引
return bestFeature
```

想一想：

问：上面的 newEntropy 为什么是根据子集计算的？

答：因为在根据一个特征计算香农熵的时候，该特征的分类值是相同的，这个特征这个分类的香农熵为 0，所以在计算新的香农熵的时候要使用子集。

5. 递归构建决策树

在 trees.py 文件中分别创建 majorityCnt()函数。majorityCnt()函数筛选出现次数最多的分类标签名称。其代码如下：

```
def majorityCnt(classList):
    """majorityCnt(选择出现次数最多的一个结果)
        Args:
            classList：label 列的集合
        Returns:
            bestFeature：最优的特征列
    """
        classCount={}
    for vote in classList:
        if vote not in classCount.keys():
            classCount[vote]= 0
            classCount[vote] += 1
    # 倒叙排列 classCount 得到一个字典集合，然后取出第一个就是结果(yes/no)，即出现次数
    # 最多的结果
     sortedClassCount =sorted(classCount.items(), key=operator.itemgetter(1), reverse=True)
     return sortedClassCount[0][0]
```

在 trees.py 文件中分别创建 createTree()函数，其代码如下：

```
def createTree(dataSet, labels):
    # 取得 dataSet 的最后一列数据保存在列表 classList 中
        classList = [example[-1] for example in dataSet]
    # 如果 classList 中的第一个值在 classList 中的总数等于 classList 列表长度，也就是说
    # classList 中所有的值都一样，也就等价于当所有的类别只有一个时停止
    if classList.count(classList[0])==len(classList):
        return classList[0]
    # 当数据集中没有特征可分时也停止
    if len(dataSet[0])==1:
        # 通过 majorityCnt()函数返回列表中最多的分类
        return majorityCnt(classList)
    # 通过 chooseBestFeatTopSplit()函数选出划分数据集最佳的特征
        bestFeat = chooseBestFeatTopSplit(dataSet)
    # 最佳特征名 = 特征名列表中下标为 bestFeat 的元素
```

```
        bestFeatLabel=labels[bestFeat]
    # 构造树的根节点，以多级字典的形式展现树，类似多层 json 结构
        myTree={bestFeatLabel:{}}
    # 删除 del 列表 labels 中的最佳特征(就在 labels 变量上操作)
    del(labels[bestFeat])
    # 取出所有训练样本最佳特征的值形成一个 list
        featValues = [example[bestFeat] for example in dataSet]
    # 通过 set 函数将 featValues 列表变成集合，去掉重复的值
        uniqueVals = set(featValues)
    for value in uniqueVals:
        # 复制类标签并将其存储在新列表 subLabels 中
        subLabels = labels[:]
        myTree[bestFeatLabel][value] = createTree(split_data_set(dataSet, bestFeat, value), subLabels)
    return myTree
```

代码中 dataSet 是数据集，labels 是标签列表，标签列表包含了数据集中所有特征的标签。返回值 myTree 是标签树，在每个数据集划分上递归待用函数 createTree()，得到的返回值将被插入到字典变量 myTree 中，因此函数终止执行时字典中将会嵌套很多代表叶子节点信息的字典数据。

6. 测试算法——使用决策树执行分类

依靠训练数据构造了决策树之后，我们可以将它用于实际数据的分类。在执行数据分类时，需要决策树以及用于决策树的标签向量。然后，程序比较测试数据与决策树上的数值，递归执行该过程直到进入叶子节点；最后将测试数据定义为叶子节点所属的类型。在 trees.py 文件中创建一个函数 classify()，其代码如下：

```
def classify(input_tree, feat_labels, test_vec):
    """
    决策树分类
    :param input_tree: 决策树
    :param feat_labels: 特征标签
    :param test_vec: 测试的数据
    :return:
    """
    # 获取树的第一特征属性
    first_str = list(input_tree.keys())[0]
    # 树的分支，子集合为 Dict
    second_dict = input_tree[first_str]
    # 获取决策树第一层在 feat_labels 中的位置
    feat_index = feat_labels.index(first_str)
    # 测试数据，找到根节点对应的 label 位置，也就知道从输入数据的第几位来开始分类
```

```
    for key in second_dict.keys():
        if test_vec[feat_index] == key:
            # 判断分支是否结束
            if type(second_dict[key]).__name__ == 'dict':
                class_label = classify(second_dict[key], feat_labels, test_vec)
            else:
                class_label = second_dict[key]
            return class_label
```

上述代码的返回值 class_label 为分类的结果值，需要映射 label 才能知道名称，代码参数释义如表 6-4 所示。

表 6-4　函数参数说明

ID	参数名称	释　义
1	input_tree	输入的决策树对象
2	feat_labels	特征标签
3	test_vec	测试的数据

7. 绘制决策树

为了绘出决策树，需要编写一个画图程序，在 trees.py 文件夹下创建 tree_plotter.py 文件，其代码如下：

```
import matplotlib.pyplot as plt

# 定义绘制决策数的各个绘图参数
# 决策数的内部节点，其属性值用锯齿形方框表示
decision_node = dict(boxstyle="sawtooth", fc="0.8")
# 决策数的叶节点，其分类结果用方框表示
leaf_node = dict(boxstyle="round4", fc="0.8")
# 决策数的有向边，用箭头表示
arrow_args = dict(arrowstyle="<-")

# 定义节点绘制函数
def plot_node(node_txt, center_pt, parent_pt, node_type):
    '''

    :param node_txt:  节点文本内容
    :param center_pt:  文本中心点
    :param parent_pt:  指向文本的点
    :param node_type:  节点类型
    :return:
```

```
    '''
    create_plot.ax1.annotate(node_txt, xy=parent_pt, xycoords='axes fraction', \
                            xytext=center_pt, textcoords='axes fraction', \
                            va="center", ha="center", bbox=node_type, arrowprops=arrow_args)


def get_num_leafs(my_tree):
    """
    :param my_tree: 字典嵌套格式的决策树
    :return: 该决策树的叶节点数，相当于决策树的宽度(w)
    """
    num_leafs = 0
    # 决策树字典的第一个 key 是第一个最优特征，后面要遍历该特征的属性值从而找到子树
    first_str = list(my_tree.keys())[0]
    # 取节点 key 的 value，即子树
    second_dict = my_tree[first_str]
    # 遍历最优特征的各属性值，每个属性对应一个子树，判断子树是否为叶节点
    for key in second_dict.keys():
        # 如果当前属性值对应的子树类型为字典，说明这个节点不是叶节点，那么就递归调用
        # 自己，层层下探找到该通路叶节点，然后向上求和得到该通路叶节点数
        if type(second_dict[key]).__name__ == 'dict':
            num_leafs += get_num_leafs(second_dict[key])
        else:
            num_leafs += 1
    return num_leafs

def get_tree_depth(my_tree):
    """
    :param my_tree: 字典嵌套格式的决策树
    :return: 决策树的深度(D)
    """
    max_depth = 0
    # 当前树的最优特征
    first_str = list(my_tree.keys())[0]
    # 遍历最优特征的各属性值，每个属性对应一个子树，判断子树是否为叶节点
    second_dict = my_tree[first_str]
    for key in second_dict.keys():
        if type(second_dict[key]).__name__ == 'dict':
            # 这里值得认真思考过程，作图辅助思考
```

```
            thisDepth = get_tree_depth(second_dict[key]) + 1
        else:
            thisDepth = 1
        if thisDepth > max_depth:
            max_depth = thisDepth
    return max_depth
# 自定义函数，在父子节点之间添加文本信息，在决策树中，相当于标注父节点特征的属性值
def plot_mid_text(cntr_pt, parent_pt, txt_string):
    """
    :param cntr_pt: 子节点坐标
    :param parent_pt: 父节点坐标
    :param txt_string: 文本内容
    :return:
    """
    x_mid = (parent_pt[0] - cntr_pt[0]) / 2.0 + cntr_pt[0]
    y_mid = (parent_pt[1] - cntr_pt[1]) / 2.0 + cntr_pt[1]
    create_plot.ax1.text(x_mid, y_mid, txt_string)

# 自定义函数，用于绘制决策树
def plot_tree(my_tree, parent_pt, node_txt):
    """
    :param my_tree: 字典嵌套格式的决策树
    :param parent_pt: 父节点坐标
    :param node_txt: 节点文本
    :return:
    """
    num_leafs = get_num_leafs(my_tree)
    depth = get_tree_depth(my_tree)
    # 提取当前树的第一个特征
    first_str = list(my_tree.keys())[0]
    # 根据整棵树的宽度和深度计算当前子节点的绘制坐标
    cntr_pt = (plot_tree.x_off + (1.0 + float(num_leafs)) / 2.0 / plot_tree.total_w, plot_tree.y_off)
    # 绘制属性
    plot_mid_text(cntr_pt, parent_pt, node_txt)
    # 绘制属性
    plot_node(first_str, cntr_pt, parent_pt, decision_node)
    # 提取该特征的子集，该子集可能是一个新的字典，那么就继续递归调用子集绘制图，否则
      该特征对应的子集为叶节点
    second_dict = my_tree[first_str]
```

```
    # 第一个特征绘制好之后，第二个特征的 y 坐标向下递减(因为自顶向下绘制，
    # yOff 初始值为 1.0，然后 y 递减)
    plot_tree.y_off = plot_tree.y_off - 1.0 / plot_tree.total_d
    # 遍历当前树的第一个特征的各属性值，判断各属性值对应的子数据集是否为叶节点，是则
      绘制叶节点，否则递归调用 plotTree()，直到找到叶节点
     for key in second_dict.keys():
         if type(second_dict[key])._name_ == 'dict':
             plot_tree(second_dict[key], cntr_pt, str(key))
         else:
             plot_tree.x_off = plot_tree.x_off + 1.0 / plot_tree.total_w
             plot_node(second_dict[key], (plot_tree.x_off, plot_tree.y_off), cntr_pt, leaf_node)
             plot_mid_text((plot_tree.x_off, plot_tree.y_off), cntr_pt, str(key))
    # 在上述递归调用 plotTree()的过程中，yOff 会不断被减小
    # 当我们遍历完该特征的某属性值(即找到该属性分支的叶节点)并开始对该特征下一属性值
      判断时，若无下面语句，则该属性对应的节点会从上一属性最小的 yOff 开始绘制
    # 下面这行代码的作用是：在找到叶节点结束递归时，对 yOff 加值，保证下一次判断时的
      y 起点与本次初始 y 一致
    # 若不理解，可以尝试注释掉下面这行语句，看看效果
    plot_tree.y_off = plot_tree.y_off + 1.0 / plot_tree.total_d

# 绘图主函数
def create_plot(in_tree):
    fig = plt.figure(1, facecolor='white')
    # 清空画布
    fig.clf()
    # 设置 xy 坐标轴的刻度，在[]中填充坐标轴刻度值，[]表示无刻度
    axprops = dict(xticks=[], yticks=[])
    # createPlot.ax1 为全局变量，绘制图像的句柄，subplot 为定义了一个绘图
    # 111 表示 figure 中的图有 1 行 1 列，即 1 个，最后的 1 代表第一个图
    # frameon 表示是否绘制坐标轴矩形
    create_plot.ax1 = plt.subplot(111, frameon=False, **axprops)
    # 全局变量，整棵决策树的宽度
    plot_tree.total_w = float(get_num_leafs(in_tree))
    # 全局变量，整棵决策树的深度
    plot_tree.total_d = float(get_tree_depth(in_tree))
    plot_tree.x_off = -0.5 / plot_tree.total_w
    plot_tree.y_off = 1.0
    plot_tree(in_tree, (0.5, 1.0), '')
    plt.show()
```

至此，整个项目就算完成了。程序运行结果如图 6-6 所示。

```
决策树：{'no surfacing': {0: 'no', 1: {'flippers': {0: 'no', 1: 'yes'}}}}
（1）不浮出水面可以生存，无脚蹼：no
（2）不浮出水面可以生存，有脚蹼：yes
（3）不浮出水面不能生存，无脚蹼：no
```

图 6-6　程序运行结果

最终我们得到的决策树如图 6-7 所示。

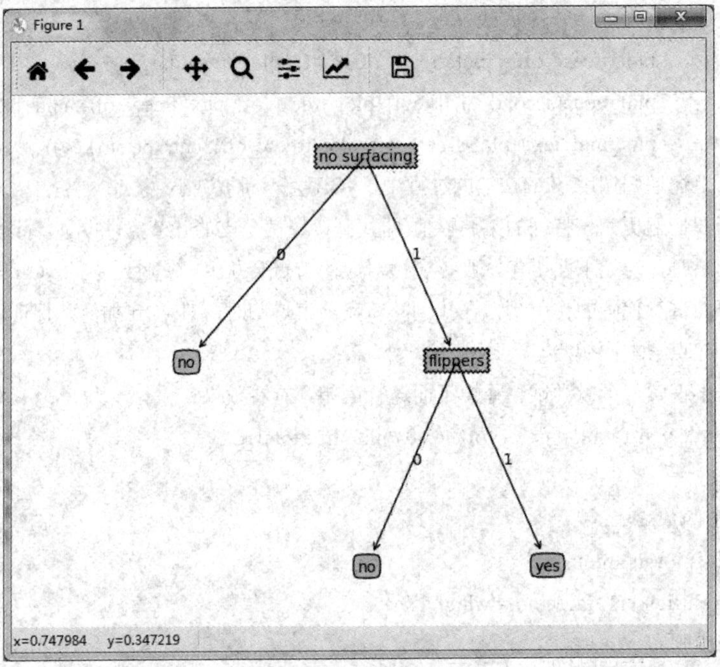

图 6-7　案例六的决策树绘制图

6.3　案例七　贷款权限判定

6.3.1　案例介绍

随着互联网业务的迅猛发展，网络贷款成为人们常用的一种业务。在发放贷款之前对贷款人偿还能力的审查是至关重要的一步，如果不进行严格审查，银行可能面临大量贷款无法收回的风险，使得银行受到不可挽回的经济损失。本案例将通过决策树算法对贷款人是否有能力贷款进行评估，从而得到银行是否可以放贷的结果。

该案例的样本包括了四个特征：年龄、是否有工作、是否有房产、信誉值，要求根据以下四个特征，将人分成两类：可申请贷款类和不可申请贷款类。

本案例需要用到的数据集采用代码生成的方式产生，产生的数据如表 6-5 所示。这里主要对申请人的年龄、是否有工作、是否有财产以及信誉值信息进行收集，其中信誉值分为 3 个等级，1、2、3 分别代表不同等级，数值越大等级越高，其信誉值越好。

表 6-5 样 本 数 据

ID	年龄	是否有工作	是否有房产	信誉值	审核结果
1	youth	no	no	1	refuse
2	youth	no	no	2	refuse
3	youth	yes	no	2	agree
4	youth	yes	yes	1	agree
5	youth	no	no	1	refuse
6	mid	no	no	1	refuse
7	mid	no	no	2	refuse
8	mid	yes	yes	2	agree
9	mid	no	yes	3	agree
10	mid	no	yes	3	agree
11	elder	no	yes	3	agree
12	elder	no	yes	2	agree
13	elder	yes	no	2	agree
14	elder	yes	no	3	agree
15	elder	no	no	1	refuse

6.3.2 案例实现

下面给出案例的详细实现过程。

(1) 首先生成数据并完成预处理。从表 6-5 中可以看出，部分属性不是用数字形式表示的，需要进行处理。根据表 6-5 进行属性标注，标注规则如下：

年龄：0 代表 youth，1 代表 mid，2 代表 elder。

有工作：0 代表 no，1 代表 yes。

有自己的房子：0 代表 no，1 代表 yes。

信贷情况：0 代表一般，1 代表好，2 代表非常好。

类别(是否给贷款)：no 代表 refuse，yes 代表 agree。

实现代码如下：

```
def createDataSet():
    dataSet = [[0, 0, 0, 0, 'no'],    # 数据集
               [0, 0, 0, 1, 'no'],
               [0, 1, 0, 1, 'yes'],
               [0, 1, 1, 0, 'yes'],
               [0, 0, 0, 0, 'no'],
```

```
                [1, 0, 0, 0, 'no'],
                [1, 0, 0, 1, 'no'],
                [1, 1, 1, 1, 'yes'],
                [1, 0, 1, 2, 'yes'],
                [1, 0, 1, 2, 'yes'],
                [2, 0, 1, 2, 'yes'],
                [2, 0, 1, 1, 'yes'],
                [2, 1, 0, 1, 'yes'],
                [2, 1, 0, 2, 'yes'],
                [2, 0, 0, 0, 'no']]
    labels = ['年龄', '有工作', '有自己的房子', '信贷情况']   # 特征标签
    return dataSet, labels   # 返回数据集和分类属性
```

(2) 创建 splitdataset ()函数，其功能主要是划分数据集，并返回等于属性值的子集。其代码如下：

```
def splitDataSet(dataSet, axis, value):
    retDataSet = []                                  # 创建返回的数据集列表
    for featVec in dataSet:                          # 遍历数据集
        if featVec[axis] == value:
            reducedFeatVec = featVec[:axis]          # 去掉 axis 特征
            reducedFeatVec.extend(featVec[axis+1:])  # 将符合条件的数据添加到返回的数据集中
            retDataSet.append(reducedFeatVec)
return retDataSet
```

(3) 计算经验熵，其代码如下：

```
from numpy import *
def calcShannonEnt(dataSet):
    numEntires = len(dataSet)               # 返回数据集的行数
    labelCounts = {}                        # 保存每个标签(Label)出现次数的字典
    for featVec in dataSet:                 # 对每组特征向量进行统计
        currentLabel = featVec[-1]          # 提取标签(Label)信息
        # 如果标签(Label)没有放入统计次数的字典中则将其添加进去
        if currentLabel not in labelCounts.keys():
            labelCounts[currentLabel] = 0
        labelCounts[currentLabel] += 1                   # Label 计数
    shannonEnt = 0.0                                     # 经验熵(香农熵)
    for key in labelCounts:                              # 计算香农熵
        prob = float(labelCounts[key]) / numEntires      # 选择该标签(Label)的概率
        shannonEnt -= prob * math.log(prob, 2)           # 利用公式计算
    return shannonEnt                                    # 返回经验熵(香农熵)
```

(4) 创建函数，计算数据之间的信息增益，其主体代码如下：

```
def chooseBestFeatureToSplit(dataSet):
    """
    函数说明: 选择最优特征
     Parameters:
        dataSet - 数据集
    Returns:
        bestFeature - 信息增益最大的(最优)特征的索引值
     """
    numFeatures = len(dataSet[0]) - 1                    # 特征数量
    baseEntropy = calcShannonEnt(dataSet)                # 计算数据集的香农熵
    bestInfoGain = 0.0                                   # 信息增益
    bestFeature = -1                                     # 最优特征的索引值
    for i in range(numFeatures):                         # 遍历所有特征
        # 获取 dataSet 的第 i 个所有特征
        featList = [example[i] for example in dataSet]
        uniqueVals = set(featList)                       # 创建 set 集合{}，元素不可重复
        newEntropy = 0.0                                 # 经验条件熵
        for value in uniqueVals:                         # 计算信息增益
            subDataSet = splitDataSet(dataSet, i, value)         # subDataSet 划分后的子集
            prob = len(subDataSet) / float(len(dataSet))         # 计算子集的概率
            newEntropy += prob * calcShannonEnt(subDataSet)  # 根据公式计算经验条件熵
        infoGain = baseEntropy - newEntropy              # 信息增益
        print("第%d 个特征的增益为%.3f" % (i, infoGain))      # 打印每个特征的信息增益
        if (infoGain > bestInfoGain):                    # 计算信息增益
            bestInfoGain = infoGain                      # 更新信息增益，找到最大的信息增益
            bestFeature = i                              # 记录信息增益最大的特征的索引值
    return bestFeature                                   # 返回信息增益最大的特征的索引值
```

计算结果如图 6-8 所示。

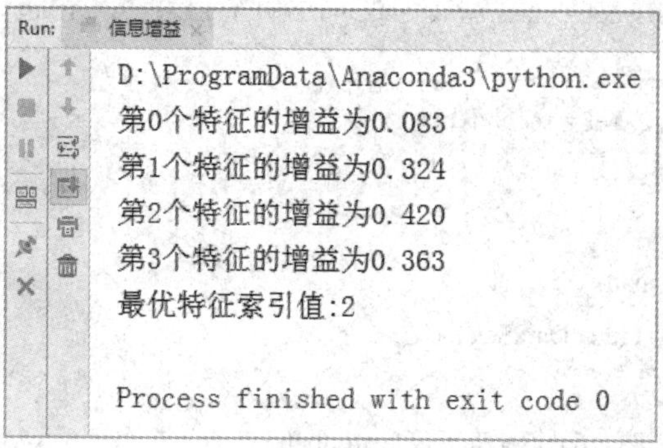

图 6-8 信息增益的计算

(5) 构建决策树。本文使用字典来存储决策树的结构，字典可以表示如下：

```
{'有自己的房子': {0: {'有工作': {0: 'no', 1: 'yes'}}, 1: 'yes'}}
```

实现代码如下：

```
def createTree(dataSet, labels, featLabels):
    classList = [example[-1] for example in dataSet]          # 取分类标签(是否放贷: yes or no)
    if classList.count(classList[0]) == len(classList):       # 如果类别完全相同则停止继续划分
        return classList[0]
    if len(dataSet[0]) == 1:                # 遍历完所有特征时返回出现次数最多的类标签
        return majorityCnt(classList)
    bestFeat = chooseBestFeatureToSplit(dataSet)              # 选择最优特征
    bestFeatLabel = labels[bestFeat]                          # 最优特征的标签
    featLabels.append(bestFeatLabel)
    myTree = {bestFeatLabel:{}}                               # 根据最优特征的标签生成树
    del(labels[bestFeat])  # 删除已经使用的特征标签
    featValues = [example[bestFeat] for example in dataSet]   # 得到训练集中所有最优特征
    uniqueVals = set(featValues)                              # 去掉重复的属性值
    for value in uniqueVals:                                  # 遍历特征，创建决策树
        myTree[bestFeatLabel][value] = createTree(splitDataSet(dataSet, bestFeat, value),
                                                  labels, featLabels)
    return myTree
```

(6) 使用决策树算法进行分类，对已经生成的决策树选择最优特征标签，使用测试数据进行分类，得到分类结果。其代码如下：

```
def classify(inputTree, featLabels, testVec):
    firstStr = next(iter(inputTree))              # 获取决策树节点
    secondDict = inputTree[firstStr]              # 下一个字典
    featIndex = featLabels.index(firstStr)
    for key in secondDict.keys():
        if testVec[featIndex] == key:
            if type(secondDict[key]).__name__ == 'dict':
                classLabel = classify(secondDict[key], featLabels, testVec)
            else:
                classLabel = secondDict[key]
    return classLabel


if __name__ == '__main__':
    dataSet, labels = createDataSet()
    featLabels = []
    myTree = createTree(dataSet, labels, featLabels)
    testVec = [0, 1]                              # 测试数据
```

```
result = classify(myTree, featLabels, testVec)
if result == 'yes':
    print('放贷')
if result == 'no':
    print('不放贷')
```

运行上述代码即可实现对测试数据银行是否放贷的判断。

思考：

本案例并未直接利用前文介绍的 sklearn 库中的相关类来实现决策树，读者可以根据前文介绍，尝试直接利用 sklearn 库中的 DecisionTreeClassifier 类来重写本案例，并比较两种实现方式的不同之处。

本章小结

本章主要介绍了决策树算法的算法原理、数学模型、适用场景、常用算法以及常规使用方法等，并且给出两个决策树案例供大家学习。本章主要包括以下知识要点：

(1) 决策树是一种有监督的分类学习算法；

(2) 决策树算法主要包括三个部分：特征选择、树的生成、树的剪枝；

(3) 决策树的常用算法有 ID3、C4.5、CART；

(4) 决策树的特征选择：特征选择的目的是选取能够对训练集分类的特征，特征选择的关键准则包括信息增益、信息增益比、Gini 指数等；

(5) 决策树的生成通常是利用信息增益最大、信息增益比最大、Gini 指数最小作为特征选择的准则，从根节点开始，递归生成决策树，相当于不断选取局部最优特征，或将训练集分割为基本能够正确分类的子集。

思考题

1. 某投资者预投资兴建一工厂，建设方案有两种：① 大规模投资 300 万元；② 小规模投资 160 万元。两个方案的生产期均为 10 年，其每年的损益值及销售状态的规律见表 6-6。试用决策树法选择最优方案。

表 6-6　销售状态与损益值

销售状态	概率	损益值/(万元/年)	
		大规模投资	小规模投资
销路好	0.7	100	60
销路差	0.3	−20	20

2. 使用决策树算法完成以下案例：

根据下表统计数据，完成只根据头发和声音来判断一位同学的性别的案例。

头发	声音	性别
长	粗	男
短	粗	男
短	粗	男
长	细	女
短	细	女
短	粗	女
长	粗	女
长	粗	女

第 7 章

随 机 森 林

知识引入

暑假期间，小明想去厦门旅游。去厦门之前他想做一个旅行计划，于是咨询了厦门的同学 A。小 A 告诉他，如果你时间比较紧，或者预算不是很充裕的话，那么去鼓浪屿玩玩就可以了，如果时间充裕，或者预算比较宽松，那么还有很多个景点都值得去看看，比如厦门大学校园风景、厦门植物园等。听了小 A 的建议，小明觉得心里还是没底，于是他又咨询了另外几个去过厦门旅游的朋友。最后，在综合大家意见的基础上，小明制定出了自己的旅行计划，开心地旅行去了。

在小明做计划的过程中，每个人给小明的建议都可以看成一棵决策树，而整个过程则类似我们本章将要介绍的随机森林。

随机森林指的是利用多棵树对样本进行训练并预测的一种分类器。上一章介绍的决策树相当于一个大师，将自己在数据集中学到的知识用于新数据的分类。但是俗话说“三个臭皮匠，顶个诸葛亮”，随机森林就是构建多个“臭皮匠”，希望最终的分类效果能够超过一个“诸葛亮”的一种算法。本章将针对随机森林的原理及其应用进行介绍。

知识图谱

本章知识图谱如图 7-1 所示。

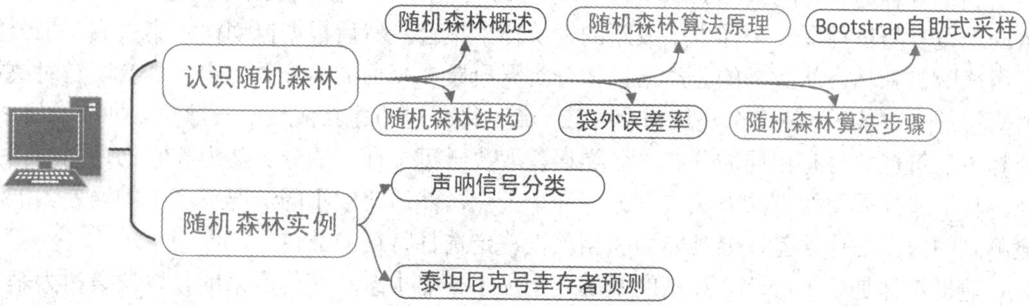

图 7-1　本章知识图谱

7.1 模型介绍

随机森林是一种集成学习的算法。所谓的集成学习，是指使用一系列学习器进行学习，并使用某种规则把各个学习结果进行整合从而获得比单个学习器更好的学习效果的一种机器学习方法。一般情况下，集成学习中的多个学习器都是同质的“弱学习器”。按照这样的思路，可以设计出随机森林的结构，如图 7-2 所示。

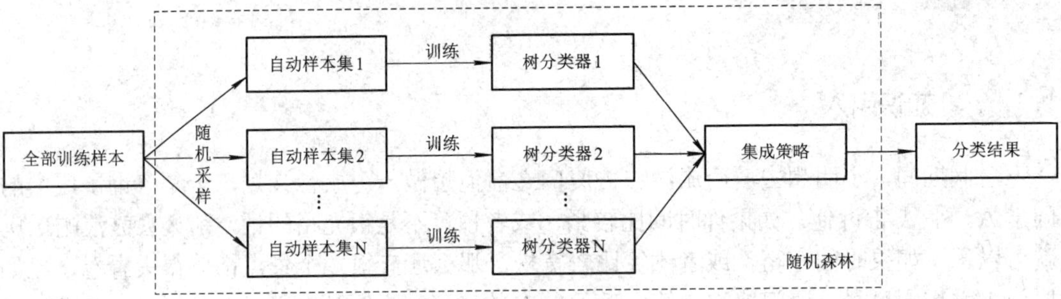

图 7-2 随机森林原理示意图

7.1.1 随机森林的历史

20 世纪 80 年代出现了分类树的算法，通过反复二分数据进行分类或回归。2001 年 Breiman 等人把分类树组合成随机森林，即在特征变量的使用和样本数据的使用上进行随机化，生成很多分类树，再将各分类树的结果进行汇总，通过集成策略得到最终结果。随机森林在运算量没有显著提高的前提下提高了预测精度，且对多元共线性(multicollinearity)不敏感，结果对缺失数据和非平衡的数据比较稳健，可以很好地预测多达几千个特征变量的作用，被誉为当前最好的算法之一。

7.1.2 随机森林原理

随机森林通过自动式(Bootstrap，也称自助式)重采样技术，从原始训练样本集 N 中有放回地重复随机抽取 k 个样本生成新的训练样本集合，然后根据自动样本集生成 k 个分类树组成随机森林，新数据的分类结果按分类树投票多少形成的分数而定。其实质是对决策树算法的一种改进，将多个决策树合并在一起，每棵树的建立依赖于一批独立抽取的样本，森林中的每棵树具有相同的分布，分类误差取决于每一棵树的分类能力和它们之间的相关性。特征选择采用随机的方法去划分每一个节点，然后比较不同情况下产生的误差。能够检测到的内在估计误差、分类能力和相关性决定选择特征的数目。

随机森林是在 bagging 算法的基础之上加了一点小改动演化而来的。以决策树为基本模型的 bagging 在每次有放回的抽样之后产生一棵决策树，抽多少次样本就生成多少棵树，在生成这些树的时候没有进行更多的干预。而随机森林的采样方法是 Bootstrap 自动式抽样，它与 bagging 的区别在于在对样本进行采样的同时，对特征也进行随机采样，即在生成每棵树的时候，每个节点的特征变量都仅仅在随机选出的少数特征变量中产生。因此，在随机森林中不但样本是随机的，连每个节点特征变量的产生都是随机的。

温馨提示：

对于机器学习中的样本数据来说，通常将每个样本的特征用一个行向量来表示，若干个样本可以组合成一个矩阵，矩阵的每一行即为一个样本，每一列即为一个特征。对于随机森林来说，样本是随机的，也就是随机从原始样本特征矩阵中选择行，特征变量是随机的，则表示随机从原始样本特征矩阵中选择列。

7.1.3 构建随机森林

随机森林的构建主要完成两方面的工作：数据的随机化和特征变量的随机化，其目的是使得随机森林中的决策树都能够彼此不同，提升系统的多样性，从而提升分类性能。

1. 数据的随机化

数据随机化的目的是使得随机森林中的决策树更普遍化，适合更多的场景。可以按照以下步骤进行数据的随机化：

(1) 采取有放回的抽样方式构造子数据集，保证不同子集之间的数量级一样(不同子集/同一子集之间的元素可以重复)；

(2) 利用子数据集来构建子决策树，将这个数据放到每个子决策树中，每个子决策树输出一个结果；

(3) 统计子决策树的投票结果，得到的最终的分类就是随机森林的输出结果。

如图 7-3 所示，假设随机森林中有 3 棵子决策树，2 棵子树的分类结果是 A 类，1 棵子树的分类结果是 B 类，那么随机森林的分类结果就是 A 类。

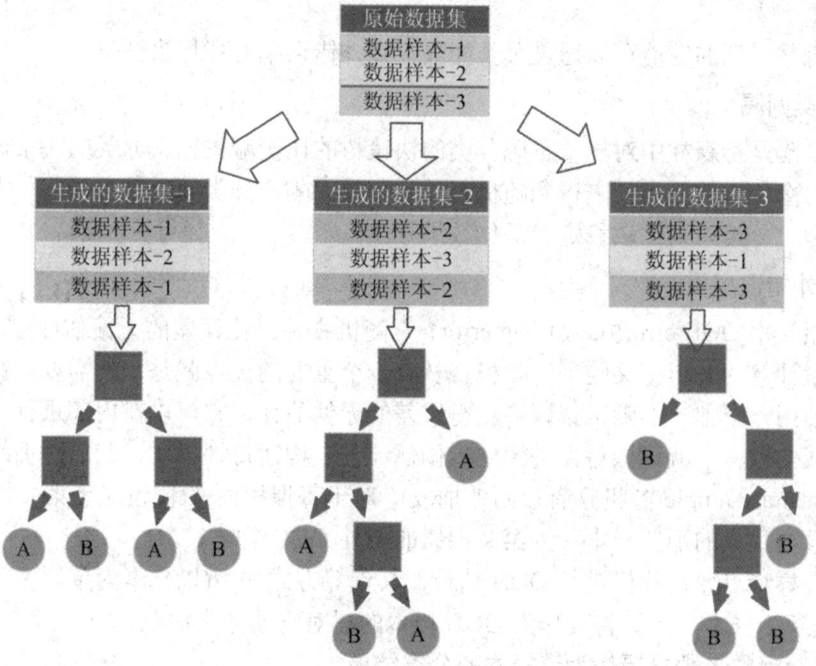

图 7-3 随机森林分类示意

2. 特征变量的随机化

特征变量的随机化是指子树从所有的待选特征中随机选取一定的特征，然后在选取的特征中选取最优的特征。图 7-4 中，实心方块代表所有可以被选择的特征，也就是目前的待选特征；空心方块是用于划分的特征。本图是一个随机森林中的子树的特征选取过程，通过在待选特征中选取最优的分裂特征完成划分。

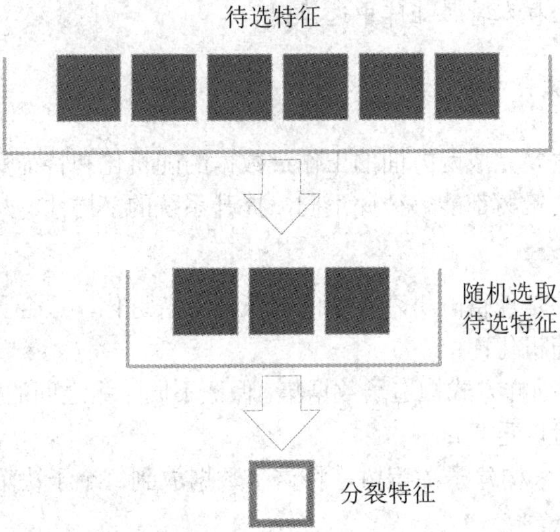

图 7-4 随机森林子树选取分裂特征的过程

7.1.4 随机森林模型的性能评估

随机森林模型的性能可以通过分类间隔、袋外错误率等指标来评价。

1. 分类间隔

分类间隔是指森林中对样本正确分类的决策树的比例减去错误分类的决策树的比例，通过平均每个样本的分类间隔得到随机森林的分类间隔。分类间隔越大越好，大的分类间隔说明模型的分类效果比较稳定，泛化效果好。

2. 袋外错误率

袋外错误率 OOB error(out-of-bag error) 是随机森林泛化误差的无偏估计，其结果近似于需要大量计算的 k 折交叉验证。随机森林有一个重要的优点就是，不需要对其进行交叉验证或者使用一个独立的测试集即可获得误差的无偏估计。它可以在内部进行评估，也就是说在生成的过程中就可以对误差建立无偏估计。在构建每棵树时，我们对训练集使用了不同的 bootstrap sample(随机且有放回地抽取)，对于每棵树而言(假设对于第 k 棵树)，没有参与第 k 棵树生成的那些样本称为第 k 棵树的袋外(OOB)样本。

这种采样特点允许我们进行 OOB 估计，其计算方式如下(以样本为单位)：

(1) 对每个样本，计算将其作为 OOB 样本的树对它的分类情况。

(2) 以简单的多数投票作为该样本的分类结果。

(3) 把误分个数占样本总数的比率作为随机森林的 OOB 错误率。

3. 特征变量重要程度刻画

在有的实际应用中需要查看诸多的特征中到底哪一部分是相对重要的特征，这时特征变量的重要程度的刻画就显得尤为重要。其计算方式主要有以下两种方式：

(1) 通过计算特征的平均信息增益大小得出。

(2) 计算每个特征对模型准确率的影响：通过打乱样本中某一特征的特征值顺序，产生新样本，将新样本放入建立好的随机森林模型中来计算准确率。不重要的特征，即使打乱了顺序也不会对结果产生很大的影响；而重要的特征，则会对结果产生很大的影响。

7.1.5　随机森林的应用

随机森林算法可被应用于银行、股票市场、医药和电子商务等很多不同的领域。在银行领域，它通常被用来检测那些比普通人更高频率使用银行服务的客户，并提醒他们及时偿还他们的债务。同时，它也会被用来检测那些想诈骗银行的客户。在金融领域，它可用于预测未来股票的趋势。在医疗保健领域，它可用于识别药品成分的正确组合，分析患者的病史以识别疾病。除此之外，在电子商务领域，它可以被用来确定客户是否真的喜欢某个产品。

以上提及的应用领域只是随机森林可应用领域的一小部分，简单来说，随机森林可以应用于绝大部分回归与分类问题。

7.1.6　随机森林的 Python 常用库

与决策树类似，随机森林也常用 sklearn 库来实现。在 sklearn 中，随机森林的分类器是 RandomForestClassifier，回归器是 RandomForestRegressor。

在 1.0.2 版本的 sklearn 库中，RandomForestClassifier 类的构造函数定义如下：

```
class sklearn.ensemble.RandomForestClassifier(n_estimators = 100, criterion = 'gini', max_depth = None, min_samples_split = 2, min_samples_leaf = 1, min_weight_fraction_leaf = 0.0, max_features = 'auto', max_leaf_nodes = None, min_impurity_decrease=0.0, bootstrap = True, oob_score=False, n_jobs = None, random_state = None, verbose = 0, warm_start = False, class_weight = None, ccp_alpha = 0.0, max_samples = None)
```

在 1.0.2 版本的 sklearn 库中，RandomForestRegressor 类的构造函数定义如下：

```
class sklearn.ensemble.RandomForestRegressor(n_estimators = 100, criterion = 'squared_error', max_depth = None, min_samples_split = 2, min_samples_leaf = 1, min_weight_fraction_leaf = 0.0, max_features = 'auto', max_leaf_nodes = None, min_impurity_decrease = 0.0, bootstrap = True, oob_score = False, n_jobs = None, random_state = None, verbose = 0, warm_start = False, ccp_alpha = 0.0, max_samples = None)
```

其中需要调参的参数主要包括两部分，第一部分是 Bagging 框架的参数，第二部分是决策树的参数。决策树部分参数和第 6 章介绍的决策树类似，此处重点解释 Bagging 框架的参数。由于框架版本会持续更新，使用之前建议先查看官方文档确认对应框架版本的参数定义。由于 RandomForestClassifier 和 RandomForestRegressor 参数绝大部分相同，这里会将它们一起讲，同时指出其不同点。

(1) n_estimators：弱学习器的最大迭代次数，或最大的弱学习器的个数。一般来说 n_estimators 太小，容易过拟合；n_estimators 太大，又容易欠拟合。一般选择一个适中的数值，默认是 100。

(2) bootstrap：是否有放回的采样，默认为 True。

(3) oob_score：袋外样本份数，即是否采用袋外样本来评估模型的好坏，默认是 False。推荐设置为 True，因为袋外份数反映了一个模型的泛化能力。

(4) criterion：即 CART 树做划分时对特征的评价标准。分类模型和回归模型的损失函数是不一样的。分类随机森林对应的 CART 分类树评价标准默认是基尼系数 gini，另一个可选择的参数是信息增益。回归随机森林对应的 CART 回归树评价标准默认是均方差 mse，另一个可以选择的参数是绝对值差 mae。一般来说选择默认的标准就行了。

下面通过两个案例来介绍随机森林模型在实际生活中的应用。第一个案例是声呐信号的分类。

7.2 案例八 声呐信号分类

7.2.1 案例介绍

该案例使用的是 Gorman 和 Sejnowski 研究用神经网络进行声呐信号分类所使用的数据集。数据集可以在 UCI 机器学习网站下载，也可以在西安电子科技大学出版社网站下载。数据包括声呐信号在不同物体上的返回值。数据有 60 个特征变量，代表不同角度的返回值，目标是将石头和金属铜(矿石)分开。所有的数据都是连续的，从 0 到 1；输出变量中 M 代表矿石，R 代表普通石头，需要转换为 1 和 0。数据集有 208 条数据，存放在本案例代码的相同文件目录下，文件名为 snoar_all_data.txt。打开该数据集可以看到如图 7-5 所示的数据。

```
0.02,0.0371,0.0428,0.0207,0.0954,0.0986,0.1539,0.1601,0.3109,0.2111,0.1609,0.1582,0.2238,0.
0645,0.066,0.2273,0.31,0.2999,0.5078,0.4797,0.5783,0.5071,0.4328,0.555,0.6711,0.6415,0.710
4,0.808,0.6791,0.3857,0.1307,0.2604,0.5121,0.7547,0.8537,0.8507,0.6692,0.6097,0.4943,0.274
4,0.051,0.2834,0.2825,0.4256,0.2641,0.1386,0.1051,0.1343,0.0383,0.0324,0.0232,0.0027,0.006
5,0.0159,0.0072,0.0167,0.018,0.0084,0.009,0.0032,R
0.0453,0.0523,0.0843,0.0689,0.1183,0.2583,0.2156,0.3481,0.3337,0.2872,0.4918,0.6552,0.6919
,0.7797,0.7464,0.9444,1,0.8874,0.8024,0.7818,0.5212,0.4052,0.3957,0.3914,0.325,0.32,0.3271,
0.2767,0.4423,0.2028,0.3788,0.2947,0.1984,0.2341,0.1306,0.4182,0.3835,0.1057,0.184,0.197,0.
1674,0.0583,0.1401,0.1628,0.0621,0.0203,0.053,0.0742,0.0409,0.0061,0.0125,0.0084,0.0089,0.
0048,0.0094,0.0191,0.014,0.0049,0.0052,0.0044,R
0.0262,0.0582,0.1099,0.1083,0.0974,0.228,0.2431,0.3771,0.5598,0.6194,0.6333,0.706,0.5544,0.
532,0.6479,0.6931,0.6759,0.7551,0.8929,0.8619,0.7974,0.6737,0.4293,0.3648,0.5331,0.2413,0.
507,0.8533,0.6036,0.8514,0.8512,0.5045,0.1862,0.2709,0.4232,0.3043,0.6116,0.6756,0.5375,0.
4719,0.4647,0.2587,0.2129,0.2222,0.2111,0.0176,0.1348,0.0744,0.013,0.0106,0.0033,0.0232,0.
0166,0.0095,0.018,0.0244,0.0316,0.0164,0.0095,0.0078,R
```

图 7-5 数据集内容示意

该任务的目标是通过对声呐信号的 60 个变量值与判定结果进行学习，训练随机森林模型，然后用训练好的模型预测新的数据为矿石还是普通石头。下面是核心代码的介绍。

7.2.2　案例实现

本案例使用 Jupyter 或 PyCharm 编译环境都可以，此处以 PyCharm 为例进行说明，以下为详细实现过程。

1. 转换样本集

首先创建一个名为 sonar.py 的文件，并且在该文件下导入 csv 文件，然后进行样本集转换。其代码如下：

```
# 导入 txt 文件
def loadDataSet(filename):
    """
    读取文件数据
    :param filename:
    :return
        dataSet
        labelMat
    """
    dataset = []
    with open(filename, 'r') as fr:
        for line in fr.readlines():
            if not line:
                continue
            lineArr = []
            for feature in line.split(','):
                # strip()返回移除字符串头尾指定的字符生成的新字符串
                str_f = feature.strip()
                if str_f.isdigit():  # 判断是否是数字
                    # 将数据集的第 column 列转换成 float 形式
                    lineArr.append(float(str_f))
                else:
                    # 添加分类标签
                    lineArr.append(str_f)
            dataset.append(lineArr)
    return dataset
```

2. 训练算法

首先进行样本数据随机无放回的抽样：

```
import numpy as np
```

```
def cross_validation_split(dataSet, n_folds):
    """样本数据随机化
    对数据集重抽样 n_folds 份，数据可以重复抽取，用于交叉验证
    :param dataSet：原始数据集
    :param n_fold：拆分为 n_folds 份数据集
    :return
        dataSet_split: 拆分数据集
    """
    dataSet_split = []
    # 复制一份 dataset，防止 dataset 的内容改变
    dataSet_copy = dataSet.copy()
    dataSet_Num = len(dataSet_copy)
    fold_size = float(dataSet_Num) / n_folds
    for i in range(n_folds):
        # 每次循环 fold 清零，防止重复导入 dataSet_split
        fold = []
        # 这里不能用 if，while 执行循环，直到条件不成立
        while len(fold) < fold_size:
            # 有放回地随机采样，有一些样本被重复采样，从而在训练集中多次出现，
            # 有的则从未在训练集中出现，这样能保证每棵决策树训练集的差异性
            # 将对应索引 index 的内容从 dataSet_copy 中导出，并将其从 dataSet_copy 中删除
            if len(dataset_copy) == 0:
                break
            index = np.random.randint(len(dataSet_Num))
            # pop 函数用于移除列表中的一个元素(默认为最后一个)并返回该元素的值
            fold.append(dataSet_copy[index])
            dataSet_copy.pop(index)
        # 由 dataset 分割出的 n_folds 个数据构成的列表，为了用于交叉验证
        dataSet_split.append(fold)
    return dataSet_split
```

然后进行训练数据集随机化，代码如下：

```
def subsample(dataSet, ratio):
    """训练数据集随机化
    :param dataSet: 训练数据集
    :param ratio: 训练数据集的样本比例
    :return
        sample: 随机抽样的训练样本
    """
    sample = list()
```

```
    # 训练样本按比例抽样
    sample_num = int(len(dataSet) * ratio)
    # 有放回地采样
    while len(sample) < sample_num:
        index = np.random.randint(len(dataSet))
        sample.append(dataSet[index])
    return sample
```

然后进行特征随机化，代码如下：

```
def get_split(dataSet, n_features):
    """特征随机化
    找出分隔数据集的最优特征，得到最优特征的 index 特征值 row[index]以及分隔完的数据
    groups(left, right)
    :param dataSet:   原始数据集
    :param n_features:  选取特征的个数
    :return
        b_index:  最优特征的 index
        b_value:  最优特征的值
        b_score:  最优特征的 gini 系数
        b_groups:  选取最优特征后的分隔完的数据
    """
    class_value = list(set(row[-1] for row in dataSet))   # class_value[0, 1]
    b_index, b_value, b_score, b_groups = 999, 999, 999, None
    features = list()
    # 在 features 中随机添加 n_features 个特征
    # 特征索引从 dataset 中随机取
    while len(features) < n_features:
        index = np.random.randint(len(dataSet[0])-1)
        if index not in features:
            features.append(index)
    # 在 n_features 个特征中选出最优的特征索引，并没有遍历所有特征，从而保证了每棵
    # 决策树的差异性
    for index in features:
        for row in dataSet:
            # 遍历每一行 index 索引下的特征值作为分类值 value，找出最优的分类特征
            groups = test_split(index, row[index], dataSet)
            gini = gini_index(groups, class_value)
            # 左右两边的数量越一样，越说明数据区分度不高，gini 系数越大
            if gini < b_score:
                # 最后得到最优的分类特征 b_index、分类特征值 b_value、分类结果
```

```
                # b_groups，b_value 为分错的代价成本
                b_index, b_value, b_score, b_groups = index, row[index], gini, groups
    return {'index': b_index, 'value': b_value, 'groups': b_groups}
```

接下来就可以构建随机森林了，代码如下：

```
def random_forest(train, test, max_depth, min_size, sample_size, n_trees, n_features):
    """
    random_forest(评估算法性能, 返回模型得分)
    :param train: 训练数据集
    :param test: 测试数据集
    :param max_depth: 决策树深度不能太深，容易过拟合
    :param min_size: 叶子节点的大小
    :param sample_size: 训练数据集的样本比例
    :param n_trees: 决策树的个数
    :param n_features: 选取的特征的个数
    :return
        predictions 每一行的预测结果，bagging 预测最后的分类结果
    """
    trees = list()
    # n_trees 表示决策树的数量
    for i in range(n_trees):
        # 随机抽样的训练样本，随机采样保证了每棵决策树训练集的差异
        sample = subsample(train, sample_size)
        # 创建一个决策树
        tree = bulid_tree(sample, max_depth, min_size, n_features)
        trees.append(tree)

    # 每一行的预测结果，bagging 预测最后的分类结果
    predictions = [bagging_predict(trees, row) for row in test]
    return predictions
```

3. 测试算法

现在采用自定义 n_folds 份随机重抽样进行测试评估，得出综合的预测评分。以下是计算随机森林的预测结果正确率的代码：

```
def evaluate_algorithm(dataSet, algorithm, n_folds, *args):
    """
    评估算法性能，返回模型得分
    :param dataset:      原始数据集
    :param algorithm:    使用的算法
    :param n_folds:      数据的份数
```

```
    :param args:              其他参数
    :return
        scores                    模型得分
    """
    # 将数据集进行重抽样
    folds = cross_validation_split(dataSet, n_folds)
    scores = list()
    # 每次循环从 folds 中取出一个 fold 作为测试集，其余作为训练集，遍历整个 folds，
      实现交叉验证
    for fold in folds:
        train_set = list(folds)
        train_set.remove(fold)
        # 将多个 fold 列表组合成一个 train_set 列表，类似 union all
        train_set = sum(train_set, [])
        test_set = list()
        for row in fold:
            row_copy = list(row)
            row_copy[-1] = None
            test_set.append(row_copy)
        predicted = algorithm(train_set, test_set, *args)
        actual = [row[-1] for row in fold]

        # 计算随机森林的预测结果的正确率
        accuracy = accuracy_metric(actual, predicted)
        scores.append(accuracy)
    return scores
```

至此，本案例就全部完成了，程序运行结果如下所示：

```
random= 0.417022004702574
Trees: 1
Scores: [85.71428571428571, 88.09523809523809, 78.57142857142857, 71.42857142857143,
69.04761904761905]
Mean Accuracy: 78.571%
random= 0.417022004702574
Trees: 10
Scores: [90.47619047619048, 85.71428571428571, 85.71428571428571, 88.09523809523809,
88.09523809523809]
Mean Accuracy: 87.619%
random= 0.417022004702574
Trees: 20
```

```
Scores: [92.85714285714286, 92.85714285714286, 90.47619047619048, 80.95238095238095,
92.85714285714286]
Mean Accuracy: 90.000%
random= 0.417022004702574
Trees: 30
Scores: [95.23809523809523, 85.71428571428571, 90.47619047619048, 78.57142857142857,
92.85714285714286]
Mean Accuracy: 88.571%
random= 0.417022004702574
Trees: 40
Scores: [92.85714285714286, 85.71428571428571, 90.47619047619048, 78.57142857142857,
90.47619047619048]
Mean Accuracy: 87.619%
random= 0.417022004702574
Trees: 50
Scores: [92.85714285714286, 85.71428571428571, 90.47619047619048, 83.33333333333334,
95.23809523809523]
Mean Accuracy: 89.524%
```

7.3 案例九 泰坦尼克号幸存者预测

7.3.1 案例介绍

本案例使用泰坦尼克号乘客数据集，数据集一共有 11 个输入属性和一个标签属性，详细的属性参见表 7-1。本案例想要从泰坦尼克号乘客数据集中寻找乘客最后是否幸存，是否受到一些内在和外在因素的影响，想要根据已知数据建立预测乘客是否幸存的机器学习模型。本案例运用随机森林算法根据乘客的不同变量参数特征进行学习，最后预测不同的乘客是否幸存。案例数据集包含了测试集与训练集两个部分，所有数据均存放在代码的相同文件夹下。训练集如图 7-6 所示。

	PassengerId	Survived	Pclass	Name	Sex	Age	SibSp	Parch	Ticket	Fare	Cabin	Embarked
0	1	0	3	Braund, Mr. Owen Harris	male	22.0	1	0	A/5 21171	7.2500	NaN	S
1	2	1	1	Cumings, Mrs. John Bradley (Florence Briggs Th...	female	38.0	1	0	PC 17599	71.2833	C85	C
2	3	1	3	Heikkinen, Miss. Laina	female	26.0	0	0	STON/O2. 3101282	7.9250	NaN	S
3	4	1	1	Futrelle, Mrs. Jacques Heath (Lily May Peel)	female	35.0	1	0	113803	53.1000	C123	S
4	5	0	3	Allen, Mr. William Henry	male	35.0	0	0	373450	8.0500	NaN	S

图 7-6 训练集

我们从训练集中可以看到共有 11 个输入参数，一个输出参数(Survived)，各个属性的含义如表 7-1 所示。

表 7-1　数据属性解释

序号	参数名	释　　义
1	Passangerid	乘客 ID 号，这个是自动生成的
2	Pclass	乘客的舱位(1——一等舱；2—二等舱；3—三等舱)
3	Name	乘客姓名
4	Sex	乘客性别
5	Age	乘客年龄
6	SibSp	一同上船的兄弟姐妹或伴侣人数
7	Parch	一同上船的父母或子女人数
8	Ticket	票号
9	Fare	船票价格
10	Cabin	船舱号
11	Embarked	上船地点
12	Survived	是否生还(1—是，0—否)

7.3.2　案例实现

1. 数据准备

在进行生存率预测之前，我们先将各项数据与生存率的关系进行可视化展示，这种数据相关性分析可以用来判断哪些数据有可能会影响到我们的最终预测结果。数据相关性分析的核心代码如下：

```
# 数据相关性可视化
import numpy as np
import pandas as pd
import matplotlib.pyplot as plt
import seaborn as sns

data_train = pd.read_csv(r'train.csv')
data_train.info()   # 显示数据信息
# 绘制船舱等级与幸存结果的柱状图
sns.barplot(x='Pclass', y='Survived', data=data_train)
plt .show()
# 绘制性别与幸存结果的柱状图
sns.barplot(x='Sex', y='Survived', data=data_train)
plt .show()
# 绘制船舱等级、性别与幸存结果的折线图
sns.pointplot(x='Pclass', y='Survived', hue='Sex', data=data_train)
```

```
plt .show()
# 绘制年龄与幸存结果的柱状图
ageeff = sns.FacetGrid(data_train, col='Survived')
ageeff.map(plt.hist, 'Age', bins=20)
plt .show()
# 绘制登船地点与幸存结果的柱状图
sns.barplot(x = 'Embarked', y = 'Survived', hue = 'Sex', data = data_train)
plt .show()
```

具体分析结果如图 7-7 至图 7-11 所示。

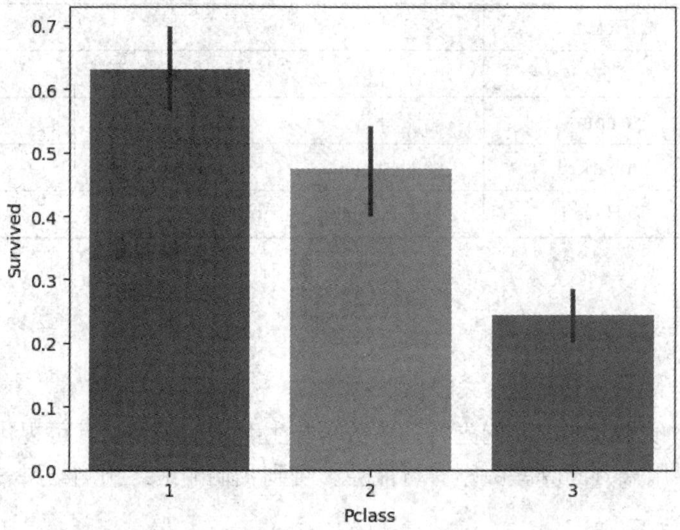

图 7-7　船舱等级与生存率

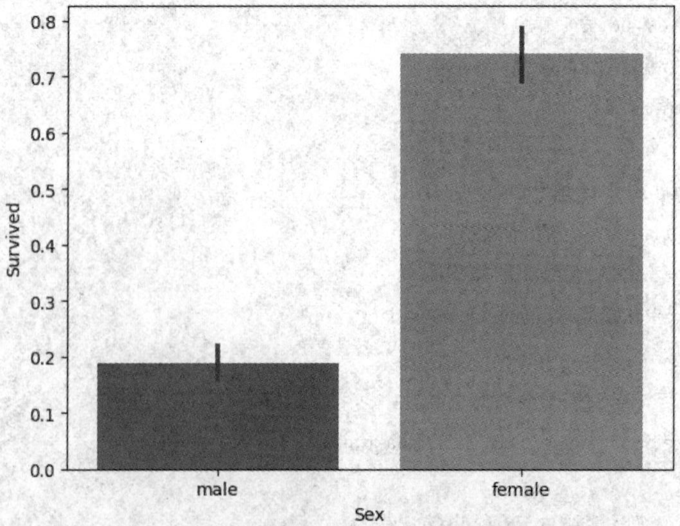

图 7-8　性别与生存率

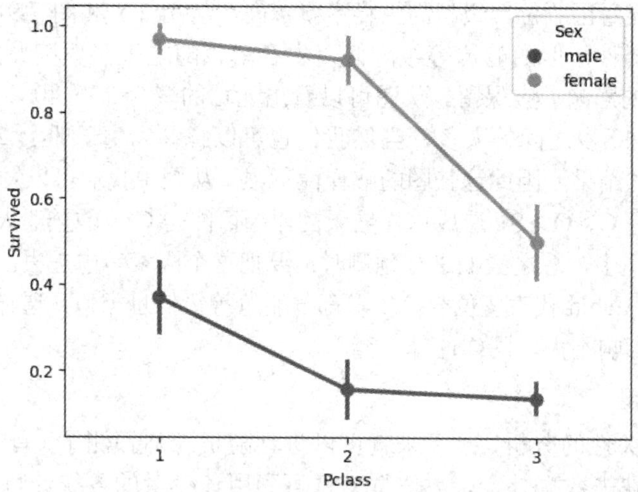

图 7-9 船舱等级、性别与生存率

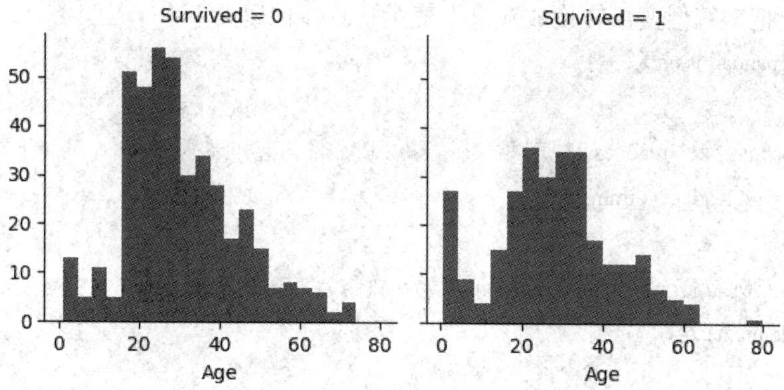

图 7-10 年龄与生存率

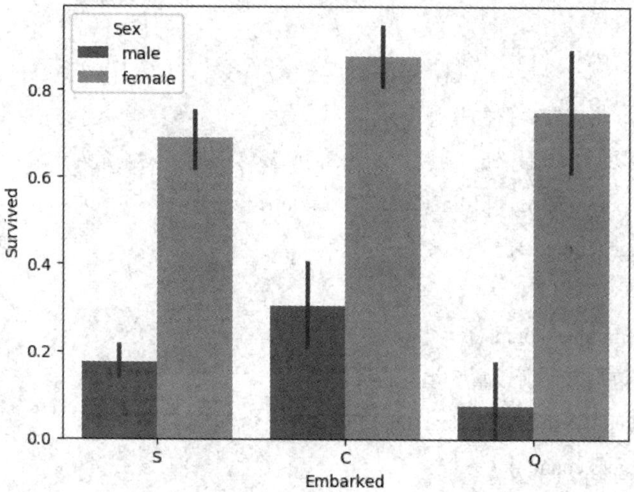

图 7-11 登船地点与生存率

从图中可以明显看出舱位等级越高生存率就越高，从图 7-8 和图 7-9 中可以明显看出女性生存率远高于男性，但随舱位等级降低，生存率也随之下降。因此舱位等级与性别对生存结果有较大的影响，应保留。从图可以看出死亡的多为 20～40 岁之间的人，但是生存的也多是 20～40 岁之间的人多，当然我们也可以解释为由于船上 20～40 岁的人占大多数造成了这样的结果，因此这张图的解释性不强。从图中我们可以发现，登船地点对生存率的影响大致是 C>Q>S，造成这样结果的原因可能是 C 地的登船人数更多，也可能是 C 地头等舱的人更多，总之我们进行预测时需要把这个因素考虑进去。

Ticket 是票号，Cabin 代表座位号，二者都与船舱等级信息类似，选择丢弃。同时，乘客姓名其实对结果影响不大，同样选择丢弃。

2. 随机森林预测

完成了数据相关性的分析，接下来就可以进行随机森林预测了，首先导入数据并进行数据预处理，将缺失数据补全，数值型变量可利用该变量的各统计特征补全，如平均值、众数、最大值、最小值等。这里选择用平均值补全 Age 缺失的部分。变量 Embarked 的类型为字符型，我们可以用数量最多的值补全缺失值。同时字符型变量不利于计算机处理，我们需要把字符型变量转换成数值型变量。具体代码如下：

```
import pandas as pd

# 用 pandas 库的 read_csv()来读取文件，其中('')中的内容如果不在同一个环境下，则用绝对路径
titanic = pd.read_csv('train.csv')

# 不包括列名显示前 5 行，系统从 0 开始计数
print(titanic.head())

# 显示数据的各项基本数字特征：计数、均值、方差等
print(titanic.describe())
titanic.count()

# 数据预处理：将有缺失值的列补全
# Age 列有很多的缺失值，通过使用.fillna(xxx)函数将年龄字段填充为年龄数据中的位数
titanic["Age"] = titanic["Age"].fillna(titanic["Age"].median())
print(titanic["Age"].count())

titanic.Embarked.value_counts()
# 统计得出 S 值最多，所以拿 S 填充缺失的部分
titanic["Embarked"] = titanic["Embarked"].fillna('S')
print(titanic["Age"].count())
# 打印 Sex 列一共有几种可能的值
```

```
print (titanic["Sex"].unique())
# 将属性值二值化
titanic.loc[titanic["Sex"] == "male", "Sex"] = 0
titanic.loc[titanic["Sex"] == "female", "Sex"] = 1
titanic.loc[titanic["Embarked"] == "S", "Embarked"] = 0
titanic.loc[titanic["Embarked"] == "C", "Embarked"] = 1
titanic.loc[titanic["Embarked"] == "Q", "Embarked"] = 2
# 所有训练属性
predictors = ["Pclass", "Sex", "Age", "SibSp", "Parch", "Fare", "Embarked"]
# 训练数据
X = titanic[predictors]
# 标签数据
y = titanic["Survived"]
# 导入 preprocessing 模块，用于处理数据
from sklearn import preprocessing
# 标准化训练数据
X = preprocessing.scale(X)
from sklearn.model_selection import KF01dd, cross_val_score
# K 折交叉验证时使用
kf = KFold(n_splits=4, random_state=3, shuffle=True)
# 导入随机森林模块
from sklearn.ensemble import RandomForestClassifier
# 训练模型，决策树数目为 80
RFC = RandomForestClassifier(n_estimators=80, min_samples_split=6, min_samples_leaf=1)
# 模型准确率
RFCscores = cross_val_score(RFC, X, y, cv=kf)
# 打印准确率
print(RFCscores.mean())
```

随机森林分类器中的树的个数、最小样本数及最小子叶数都是可以修改的。我们可以通过循环尝试找出最佳参数。这里以树的个数为例找出最佳参数，代码如下：

```
# 导入随机森林分类器
from sklearn.ensemble import RandomForestClassifier
a = []
b = []
# 修改随机森林树的个数
for i in range(1, 100):
    # 从 1～100 修改树的数目
```

```
        RFC = RandomForestClassifier\
            (n_estimators=i, min_samples_split=6, min_samples_leaf=1)
        # 给出不同树的数目时的模型准确率
        RFCscores = cross_val_score(RFC, X, y, cv=kf)
        # a 中存放模型得分
        a.append(RFCscores.mean())
        # b 中存放对应得分的树的数目
        b.append(i)
    # 打印得分最高的模型的得分
    print(max(a))
    # 打印得分最高的模型的树的数目
    print(a.index(max(a))+1)
    # 导入绘图模块
    import matplotlib.pyplot as plt
    # 创建画布
    fig = plt.figure()
    # 绘制树的数目与模型得分的折线图
    plt.plot(b, a)
    # 显示绘图
    plt.show()
```

以上便是用随机森林算法预测泰坦尼克号乘客生存率的核心代码，该程序运行结果如图 7-12 所示。

图 7-12 中的第一行数据为当随机森林决策树数目设置为 80 时的模型准确率，第二行是当随机森林模型中决策树数目从 1～100 依次变化时模型的最高得分，第三行是得分最高时的决策树数目。

```
0.8283137397487174
0.8395144022946714
92
```

图 7-12　随机森林预测的得分情况

图 7-13 的横坐标表示树的数量，纵坐标表示预测得分。从图 7-13 也可以看出，在树的数量达到大约 92 时预测得分出现最高的尖点。

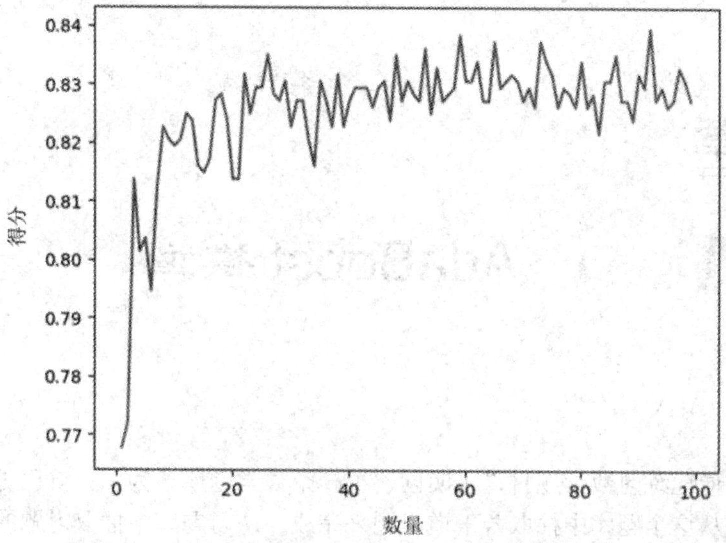

图 7-13 随机森林树的数量与得分情况

思考：

本案例并未直接利用前文介绍的 sklearn 库中的相关类来实现随机森林，读者可以根据前文介绍，尝试直接利用 sklearn 库中的 RandomForestClassifier 类来重写本案例。

本章小结

上一章介绍了决策树算法，随机森林的单个子树构造方法与决策树一样，本章着重介绍了随机森林算法与决策树算法的不同，以及随机森林算法的基本原理、应用场景，最后通过两个案例介绍了随机森林算法的实现方式，在实际应用中通常使用 sklearn 库中的相关类来构建决策树。

思考题

数据集为 Python 中机器学习包 Scikit-Learn 自带的数据集 iris，也是本书案例三中的数据集，该数据集包含了 150 个样本，5 个变量，记录了鸢尾属植物的萼片、花瓣的长度和宽度，三个物种，每个物种 50 株植物，请尝试用随机森林方法通过植物的萼片、花瓣的长度和宽度来对 150 个样本根据其物种进行分类。

第 8 章

AdaBoost 模型

知识引入

为了更方便地练习数学题目，小明创建了一个数学题库。为了让自己更准确地掌握知识，他会定期从这个题库中抽取若干道习题来完成。从习题库中抽取习题的方式并不是完全随机的，而是采用了一种策略。每次小明练习完成之后，系统都会在习题上标注小明是否完成正确，这样在下次从题库中抽取习题的时候，那些曾经做错过的习题将更容易被抽取到，做错的次数越多，就越容易抽取到。这种题目的抽取策略能保证让小明对那些掌握不好的知识点得到更多的练习，从而获得更好的学习效果。这种抽取习题的策略用到的思想就是本章将要介绍的 AdaBoost 思想。

前一章介绍了一种集成学习的方法——随机森林。随机森林是利用 Bagging 方法组合在一起的决策树，每个决策树之间的运行是独立的、互相没有依赖的，是完全可以并行执行的。而集成学习的另一类方法就是，其每一个弱分类器之间不是完全独立的，而是相互依赖的，必须按照一定的顺序先后执行。本章将要介绍的 AdaBoost 模型就是这样的模型。

知识图谱

本章知识图谱如图 8-1 所示。

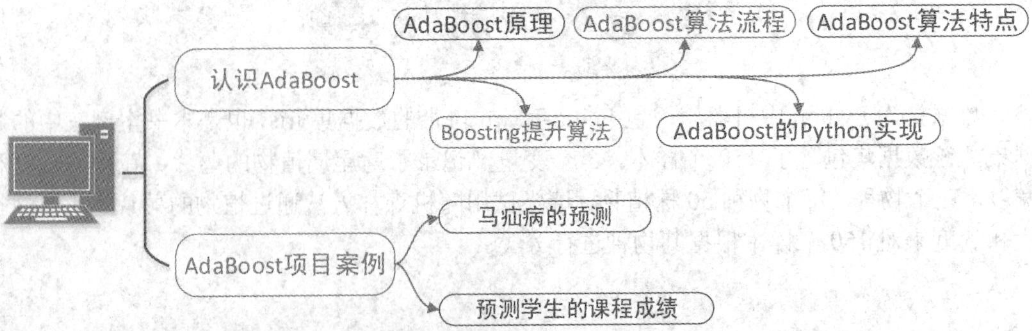

图 8-1　本章知识图谱

8.1　模 型 介 绍

AdaBoost 是 Adaptive Boosting(自适应增强)的缩写，属于 Boosting 系列算法中的一种，也就是说每个学习器之间存在强依赖关系。AdaBoost 是一种迭代算法，其核心思想是针对同一个训练集训练不同的性能较弱的分类器(弱分类器)，然后把这些分类器集合起来，构成一个更强的最终分类器(强分类器)。AdaBoost 算法的示意图如图 8-2 所示。

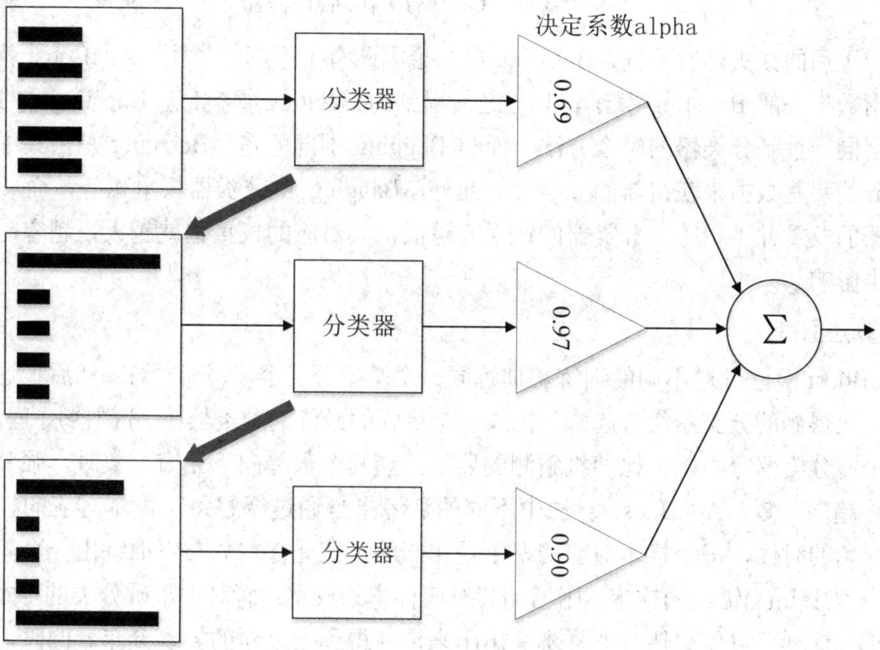

图 8-2　AdaBoost 算法的示意图

图 8-2 中，左边是数据集，其中直方图的不同长度表示每个样本上的不同权重。在经历一个分类器之后，加权的预测结果会通过三角形中的 alpha 值进行加权。每个三角形中输出的加权结果在圆形节点中求和，从而得到最终的输出结果。

8.1.1　AdaBoost 原理

上文已经提到 AdaBoost 算法是典型的 Boosting 算法，属于 Boosting 家族的一员，因此在介绍 AdaBoost 算法原理之前应该先了解一下 Boosting 提升算法。

1. Boosting 提升算法

Boosting 算法是将“弱学习算法”提升为“强学习算法”的过程。一般来说，找到弱学习算法要相对容易一些，然后通过反复学习得到一系列弱分类器，组合这些弱分类器得到一个强分类器。Boosting 算法要涉及两个部分，加法模型和前向分步算法。

加法模型是指强分类器由一系列弱分类器线性相加而成，其一般组合形式如下：

$$F_M(x;\ P) = \sum_{m=1}^{n} \beta_m h(x;\ a_m) \tag{8-1}$$

其中，$h(x;\ a_m)$就是一个个的弱分类器，a_m 是弱分类器学习到的最优参数，β_m 就是弱学习器在强分类器中所占的比重，P 是所有 a_m 和 β_m 的组合。这些弱分类器线性相加组成强分类器。

前向分步是指在训练过程中，下一轮迭代产生的分类器是在上一轮的基础上训练得来的，也就是说可以写成这样的形式：

$$F_m(x) = F_{m-1}(x) + \beta_m h_m(x;\ a_m) \tag{8-2}$$

由于采用的损失函数不同，Boosting 算法也因此有了不同的类型，AdaBoost 就是损失函数为指数损失的 Boosting 算法。其与之前提到的 Bagging 很类似，Boosting 与 Bagging 都是采用同一种基分类器的组合方法。而与 Bagging 不同的是，Boosting 是由集中关注分类器错分的那些数据来获得新的分类器。此外，Bagging 中分类器权重相等，而 Boosting 中分类器的权重并不相等，分类器的错误率越低，其对应的权重也就越大，越容易对预测结果产生影响。

2. 算法原理

AdaBoost 算法针对不同的训练集训练同一个基本分类器(弱分类器)，然后把这些在不同训练集上得到的分类器集合起来，构成一个更强的最终的分类器(强分类器)。理论证明，只要每个弱分类器分类能力比随机猜测的要好，当其个数趋向于无穷个数时，强分类器的错误率将趋向于零。AdaBoost 算法中不同的训练集是通过调整每个样本对应的权重实现的。最开始的时候，每个样本对应的权重是相同的，在此样本分布下训练出一个基本分类器 $h_1(x)$。对于 $h_1(x)$错分的样本，则增加其对应样本的权重；而对于正确分类的样本，则降低其权重。这样可以使得错分的样本突出出来，并得到一个新的样本分布。同时，根据错分的情况赋予 $h_1(x)$一个权重，表示该基本分类器的重要程度，错分得越少权重越大。在新的样本分布下，再次对基本分类器进行训练，得到基本分类器 $h_2(x)$及其权重。依次类推，经过 T 次这样的循环，就得到了 T 个基本分类器以及 T 个对应的权重。最后把这 T 个基本分类器按一定权重累加起来，就得到了最终所期望的强分类器。

8.1.2 AdaBoost 的算法流程

AdaBoost 是由 Yoav Freund 和 Robert Schapire 在 1995 年提出的。它的自适应在于前一个基本分类器分错的样本会得到加强，加权后的全体样本再次被用来训练下一个基本分类器。同时，在每一轮中加入一个新的弱分类器，直到达到某个预定的足够小的错误率或达到预先指定的最大迭代次数。具体来说，整个 AdaBoost 迭代算法主要包括三步：

(1) 初始化训练数据的权值分布，其权值和保持为 1。如果有 N 个样本，则每一个训练样本最开始时都被赋予相同的权值：1/N。

(2) 训练弱分类器。具体的训练过程中，如果某个样本点已经被准确的分类，那么在构造下一个训练集中，它的权重就被降低；相反，如果某个样本点没有被准确的分类，那么它的权重就将得到提高。然后，权重更新过的样本集被用于训练下一个分类器，整个训练过程如此迭代地进行下去。

(3) 将各个训练得到的弱分类器组合成强分类器。各个弱分类器的训练过程结束后，加大分类误差率小的弱分类器的权重，使其在最终的分类函数中起着较大的决定作用；而降低分类误差率大的弱分类器的权重，使其在最终的分类函数中起着较小的决定作用。换言之，误差率低的弱分类器在最终分类器中占的权重较大，否则较小。

AdaBoost 的算法流程具体描述如下：

输入：训练数据集 $T = \{(x_1, y_1), (x_2, y_2), (x_3, y_3), \cdots, (x_n, y_n)\}$，其中 $x_i \in X \subseteq R^n$，$y_i \in Y = \{-1, +1\}$，是弱分类算法。

输出：最终分类器 $G_m(x)$。

初始化：假定第一次训练时样本均匀分布权值一样，表示如下：

$$D_1 = (w_{11}, w_{12}, w_{13}, \cdots, w_{1n}) \quad (w_{1i} = \frac{1}{n};\ i = 1,\ 2,\ 3,\ \cdots,\ n) \tag{8-3}$$

循环执行以下步骤(其中 $m = 1, 2, 3, \cdots, M$)：

(1) 使用具有权值分布 D_m 的训练数据集学习，得到基本分类器 G_m (选取让误差率最低的阈值来设计基本分类器)：

$$G_m(x):\ x \rightarrow \{-1, +1\} \tag{8-4}$$

(2) 计算 $G_m(x)$在训练集上的分类误差 e_m

$$e_m = P(G_m(x_i) \neq y_i) = \sum_{i=1}^{n} w_{mi} I(G_m(x_i) \neq y_i) \tag{8-5}$$

其中 $I(G_m(x_i) \neq y_i)$表示当 $G_m(x_i)$与 x_i 相等时函数取值为 0；当 $G_m(x_i)$与 y_i 不相等时取值为 1。由式(8-5)可知，$G_m(x)$在训练数据集上的误差 e_m 就是被 $G_m(x)$误分类样本的权值之和。

(3) 计算 $G_m(x)$的系数 α_m，α_m 表示 $G_m(x)$在最终分类器中的重要程度，计算公式如下：

$$\alpha_m = \frac{1}{2} \ln \frac{1 - e_m}{e_m} \tag{8-6}$$

由式(8-6)可知，$e_m \leqslant \frac{1}{2}$ 时，$\alpha_m \geqslant 0$，且 α_m 随着 e_m 的减小而增大，意味着分类误差率越小的基本分类器在最终的分类器中作用越大。

(4) 更新训练数据集的权值分布，用于下一轮迭代，计算公式如下：

$$D_{m+1} = (w_{m+1,1},\ w_{m+1,2},\ w_{m+1,3},\ \cdots,\ w_{m+1,n}) \tag{8-7}$$

$$w_{m+1,i} = \frac{w_{mi}}{Z_m} \exp(-y_i \alpha_m G_m(x_i)), \quad (i = 1,\ 2,\ 3,\ \cdots,\ n) \tag{8-8}$$

其中 Z_m 是规范化因子，使得 D_{m+1} 成为一个概率分布，计算公式如下：

$$Z_m = \sum_{i=1}^{n} w_{mi} \exp(-y_i \alpha_m G_m(x_i)) \tag{8-9}$$

循环结束条件：e_m 小于某个阈值(一般是 0.5)，或是达到最大迭代次数。

AdaBoost 方法中使用的分类器可能很弱(比如出现很大错误率)，但只要它的分类效果比随机分类好一点(比如两类问题分类错误率略小于 0.5)，就能够改善最终得到的模型。

组合分类器：

$$f(x)=\sum_{m=1}^{M}\alpha_m G_m(x) \tag{8-10}$$

最终分类器：

$$G_m(x)=\mathrm{sign}(f(x))=\mathrm{sign}(\sum_{m=1}^{M}\alpha_m G_m(x)) \tag{8-11}$$

为了防止过拟合，我们通常也会加入正则化项，这个正则化项通常称为步长，也叫学习率(learning rate)。定义为 v，对于弱学习器的迭代有：

$$f_m(x)=f_{m-1}(x)+\alpha_m G_m(x) \tag{8-12}$$

如果加上正则化项则有：

$$f_m(x)=f_{m-1}(x)+v\alpha_m G_m(x) \tag{8-13}$$

v 的取值范围为 0＜v≤1。对于同样的训练集拟合效果，较小的 v 意味着需要更多的弱学习器迭代次数。

8.1.3 AdaBoost 的 Python 常用库

与之前介绍的决策树与随机森林一样，AdaBoost 同样可以使用 Python 中的 sklearn 库实现。sklearn 中用于 AdaBoost 算法的类包括 AdaBoostClassifier 和 AdaBoostRegressor 两个，其中 AdaBoostClassifier 用于分类，AdaBoostRegressor 用于回归。

在 sklearn 库中 AdaBoostClassifier 类的构造函数定义如下：

```
class sklearn.ensemble.AdaBoostClassifier(base_estimator=None, n_estimators=50, learning_rate=1.0,
                                          algorithm='SAMME.R', random_state=None)
```

在 sklearn 库中 AdaBoostRegressor 类的构造函数定义如下：

```
class sklearn.ensemble.AdaBoostRegressor(base_estimator=None, n_estimators=50, learning_rate=1.0,
                                         loss='linear', random_state=None)
```

AdaBoostClassifier 使用了两种 AdaBoost 分类算法，分别是 SAMME 和 SAMME.R。而 AdaBoostRegressor 则使用了 AdaBoost.R2 回归算法。

对 AdaBoost 的调参主要针对两部分内容进行，第一部分是对 AdaBoost 的框架进行调参，第二部分是对选择的弱分类器进行调参，两者相辅相成。其中对弱分类器的调参在其他专门介绍弱分类器的章节单独介绍，此处主要对框架参数进行介绍。

AdaBoostClassifier 和 AdaBoostRegressor 两者的大部分框架参数相同，下面将一并讨论这些参数，同时指出其不同点。

1. base_estimator

AdaBoostClassifier 和 AdaBoostRegressor 都有 base_estimator 参数，即需要弱分类学习器或弱回归学习器。理论上可以选择任何分类或回归学习器，不过需要支持样本权重。常用的一般是 CART 决策树或者神经网络。默认是决策树，即 AdaBoostClassifier 默认使用 CART 分类树 DecisionTreeClassifier，而 AdaBoostRegressor 默认使用 CART 回归树 DecisionTreeRegressor。另外需要注意，如果选择的 AdaBoostClassifier 算法是 SAMME.R，则弱分类学习器还需要支持概率预测，也就是说在 sklearn 中，弱分类学习器对应的预测方法除了 predict 还需要有 predict_proba。

2. algorithm

这个参数只有 AdaBoostClassifier 有，其主要原因是 sklearn 实现了两种 AdaBoost 分类算法——SAMME 和 SAMME.R。两者的主要区别在于弱学习器权重的度量方式不同，SAMME 使用了对样本集的分类效果作为弱学习器权重，而 SAMME.R 使用了对样本集分类的预测概率大小作为弱学习器权重。由于 SAMME.R 使用了概率度量的连续值，迭代一般比 SAMME 快，因此 AdaBoostClassifier 的默认 algorithm 值也是 SAMME.R。一般使用默认的 SAMME.R 就够了，但需要注意的是，使用了 SAMME.R 则弱分类学习器参数 base_estimator 必须使用支持概率预测的分类器，SAMME 算法则没有这个限制。

3. loss

这个参数只有 AdaBoostRegressor 有，AdaBoost.R2 算法需要用到。其值可以选择线性 linear、平方 square 和指数 exponential 三种，默认为线性，一般使用线性就足够了。这个值对应了对第 k 个弱分类器中的第 i 个样本的误差的处理，即如果是线性误差，则

$$e_{ki} = \frac{|y_i - G_k(x_i)|}{E_k} \tag{8-14}$$

如果是平方误差，则

$$e_{ki} = \frac{(y_i - G_k(x_i))^2}{E_k^2} \tag{8-15}$$

如果是指数误差，则

$$e_{ki} = 1 - \exp\left(\frac{-y_i + G_k(x_i)}{E_k}\right) \tag{8-16}$$

其中，E_k 为训练集上的最大误差 $E_k = \max|y_i - G_k(x_i)|, (i = 1, 2, \cdots, m)$。

4. n_estimators

AdaBoostClassifier 和 AdaBoostRegressor 都有该参数，表示弱学习器的最大迭代次数，或者说是最大的弱学习器的个数。一般来说其值太小，容易欠拟合，其值太大，又容易过拟合。故通常选择一个适中的数值，默认为 50。在实际调参过程中，常常将参数 n_estimators 和参数 learning_rate 一起考虑。

5. learning_rate

AdaBoostClassifier 和 AdaBoostRegressor 都有该参数，即每个弱学习器的权重缩减系数 v。关于 v 的含义可以参见式(8-13)。通常用步长和迭代最大次数一起来决定算法的拟合效果。所以这两个参数 n_estimators 和 learning_rate 要一起调参。一般来说，可以从一个较小的 v 开始调参，默认是 1。

前文已经对 AdaBoost 的算法原理以及算法流程做了介绍，也介绍了算法的 Python 实现方法，下面将通过两个案例来进一步说明算法的应用。第一个案例是马疝病的预测问题。

8.2 案例十 马疝病预测

8.2.1 案例介绍

该案例希望通过患有疝气病的马的各种特征属性预测患病马的病死率。疝气病是描述马胃肠痛的术语，然而，这种病并不一定源自马的胃肠问题，其他问题也可能引发疝气病，该数据集中包含了医院检测马疝气病的一些指标，有的指标比较主观，有的指标难以测量，例如马的疼痛级别。该案例用到的数据包括 368 个样本和 28 个特征，数据除了部分指标主观和难以测量之外，还有 30%的值是缺失的。

案例使用的数据集可以从以下网址进行下载：

http://archive.ics.uci.edu/ml/datasets/Horse+Colic

8.2.3 案例实现

1. 导入数据

首先导入数据，并确保类别标签是 +1 和 −1，而非 1 和 0。其代码如下：

```
def loadDataSet(fileName):
    # 获取文件数
    numFeat = len(open(fileName).readline().split('\t'))
    # 存放属性数据的列表
    dataArr = []
    # 存放标签数据的列表
    labelArr = []
    # 打开文件
    fr = open(fileName)
    # 遍历文件中的每条数据
    for line in fr.readlines():
        lineArr = []
        # 划分列
```

```
        curLine = line.strip().split('\t')
        # 划分标签数据和属性数据
        for i in range(numFeat-1):
            lineArr.append(float(curLine[i]))
        dataArr.append(lineArr)
        labelArr.append(float(curLine[-1]))
    # 返回数据
    return dataArr, labelArr
```

2. 训练算法

在导入的数据中，利用 adaBoostTrainDS()函数训练出一系列的分类器。代码如下：

```
def adaBoostTrainDS(dataArr, labelArr, numIt=40):
    """adaBoostTrainDS(adaBoost 训练过程放大)
    Args:
        dataArr    特征标签集合
        labelArr   分类标签集合
        numIt      实例数
    Returns:
        weakClassArr   弱分类器的集合
        aggClassEst    预测的分类结果值
    """
    weakClassArr = []
    m = shape(dataArr)[0]
    # 初始化 D，设置每行数据的样本的所有特征权重集合，平均分为 m 份
    D = mat(ones((m, 1))/m)
    aggClassEst = mat(zeros((m, 1)))
    for i in range(numIt):
        # 得到决策树的模型
        bestStump, error, classEst = buildStump(dataArr, labelArr, D)

        # alpha 的目的主要是计算每一个分类器实例的权重(加和就是分类结果)
        # 计算每个分类器的 alpha 权重值
        alpha = float(0.5*log((1.0-error)/max(error, 1e-16)))
        bestStump['alpha'] = alpha
        # store Stump Params in Array
        weakClassArr.append(bestStump)

        # 分类正确：乘积为 1，不会影响结果
        # 分类错误：乘积为 -1，结果会受影响
```

```
        expon = multiply(-1*alpha*mat(labelArr).T, classEst)
        # 计算 e 的 expon 次方，然后计算得到一个综合的概率值
        # 结果发现： 判断错误的样本，D 对应的样本权重值会变大
        D = multiply(D, exp(expon))
        D = D/D.sum()

        # 预测的分类结果值，在上一轮结果的基础上进行加和操作
        aggClassEst += alpha*classEst
        # sign(x)是取数字符号的函数。如果 x 为正则函数值为 1，如果 x 为 0 则函数值为 0，
        # 如果 x 为负则函数值为 -1。结果为错误的样本标签集合
        aggErrors = multiply(sign(aggClassEst) != mat(labelArr).T, ones((m, 1)))
        errorRate = aggErrors.sum()/m
        if errorRate == 0.0:
            break
    return weakClassArr, aggClassEst
```

3. 测试算法

实现了模型之后就可以利用训练集来训练若干个弱分类器了。当得到弱分类器集合之后，可以利用这些弱分类器对测试集数据进行分类，其代码如下：

```
def adaClassify(datToClass, classifierArr):
    """
    通过上面那个函数得到的弱分类器的集合进行预测
    :param datToClass: 数据集
    :param classifierArr: 分类器列表
    :return: +1 或 -1，表示分类的结果
    """
    dataMat = mat(datToClass)
    m = shape(dataMat)[0]
    aggClassEst = mat(zeros((m, 1)))

    # 循环多个分类器
    for i in range(len(classifierArr)):
        # 前提： 我们已经知道了最佳的分类器的实例
        # 通过分类器来核算每一次的分类结果，然后通过 alpha* 每一次的结果得到最后的
        # 权重加和的值
        classEst = stumpClassify(dataMat, classifierArr[i]['dim'], classifierArr[i]['thresh'],
                                 classifierArr[i]['ineq'])
        aggClassEst += classifierArr[i]['alpha']*classEst
    return sign(aggClassEst)
```

4. 使用算法

编写主函数，调用训练和测试方法。其代码如下：

```
if __name__ == "__main__":
    # 马疝病数据集
    # 训练集合
    dataArr, labelArr = loadDataSet("horseColicTraining2.txt")
    # 训练模型
    weakClassArr, aggClassEst = adaBoostTrainDS(dataArr, labelArr, 40)
    # 测试集合
    dataArrTest, labelArrTest = loadDataSet("horseColicTest2.txt")
    m = shape(dataArrTest)[0]
    # 测试结果
    predicting10 = adaClassify(dataArrTest, weakClassArr)
    errArr = mat(ones((m, 1)))
    # 测试：计算总样本数，错误样本数，错误率
    print('测试集总样本数为：' + str(m))
    print('错误样本数为：' + str(errArr[predicting10 != mat(labelArrTest).T].sum()))
    print('错误率为：' + str(errArr[predicting10 != mat(labelArrTest).T].sum()/m))
```

代码运行结果如图 8-3 所示。

```
测试集总样本数为：67
错误样本数为：13.0
错误率为：0.19402985074626866
```

图 8-3　本案例代码运行结果

从图 8-3 可以看出，通过对模型进行训练，模型在 67 个测试数据上，分类错误为 13 个。错误率为 0.194，即准确率达到 80%以上。

8.3　案例十一　学生课程成绩预测

8.3.1　案例介绍

本项目利用公开的学生成绩数据集，运用 AdaBoost 算法根据已有的部分学生成绩信息，预测其他学生的成绩。案例使用的数据集可以从以下网址进行下载：

https://archive.ics.uci.edu/ml/datasets/student+performance

数据包括 649 个学生的葡萄牙语课程的相关数据，数据包含了测试集与训练集两个部分，每组数据共有 30 个特征和三个标签，分别是第一阶段、第二阶段和第三阶段的分数。具体数据简介如表 8-1 所示。

表 8-1 数据属性信息

序号	属性名	说 明	序号	属性名	说 明
1	school	学生的学校名称	18	paid	课程科目中的额外付费课程
2	sex	学生性别	19	activities	课外活动
3	age	学生年龄	20	nursery	是否上过幼儿园
4	address	学生的家庭住址	21	higher	是否想接受高等教育
5	famsize	学生家庭成员多少	22	internet	是否在家上网
6	Pstatus	父母的同居状况	23	romantic	是否恋爱
7	Medu	母亲的受教育情况	24	famrel	家庭关系质量
8	Fedu	父亲的受教育情况	25	freetime	放学后的空闲时间
9	Mjob	母亲的职业	26	goout	和朋友出去的频率
10	Fjob	父亲的职业	27	Dalc	工作日饮酒量
11	reason	选择这所学校的理由	28	Walc	周末饮酒量
12	guardian	学生监护人	29	health	当前健康状况
13	traveltime	通勤时间	30	absences	缺课次数
14	studytime	每周的学习时间	31	G1	第一阶段成绩
15	failures	过去挂科次数	32	G2	第二阶段成绩
16	schoolsup	额外的教育支持	33	G3	第三阶段成绩
17	famsup	家庭教育支持			

8.3.2 案例实现

本案例实现的核心代码详细介绍如下：

首先将文件处理转为训练数据及标签和测试数据及标签，具体代码如下：

```
def fileToData(filename):
    # 读取文件
    fr = open(filename, 'r', encoding='utf-8')
    arrayOfLines = fr.readlines()
    # 初始化数据列表
    trainingSet = []
    trainingLabels = []
    testingSet = []
    testingLabels = []
    # 处理训练数据及标签
    for i in range(trainingNum):
        # 去掉每行开头的""和结尾的'\n'
        arrayOfLines[i+1] = arrayOfLines[i+1].rstrip('\n')
```

```
        arrayOfLines[i+1] = arrayOfLines[i+1].lstrip("")
        # 用正则表达式匹配去掉 0 或多个"+; +0 或多个"，得到每行的数据
        dataList = re.split('"*; "*', arrayOfLines[i+1])
        # 得到第一列到倒数第四列的数据，即特征
        listFromLine = dataList[:-3].copy()
        trainingSet.append(listFromLine)
        # 若最末尾的标签数值大于 10.0，则记为 1，表示通过；否则记为-1，表示没有通过
        if(float(dataList[-1]) > 10.0):
            trainingLabels.append(1.0)
        else:
            trainingLabels.append(-1.0)
    # 按同样方式进行处理得到测试数据及标签
    for i in range(testingNum):
        arrayOfLines[i+trainingNum+1] = arrayOfLines[i+trainingNum+1].rstrip('\n')
        arrayOfLines[i+trainingNum+1] = arrayOfLines[i+trainingNum+1].lstrip("")
        dataList = re.split('"*; "*', arrayOfLines[i + 1])
        listFromLine = dataList[:-3].copy()
        testingSet.append(listFromLine)
        if (float(dataList[-1]) > 10.0):
            testingLabels.append(1.0)
        else:
            testingLabels.append(-1.0)
    return trainingSet, trainingLabels, testingSet, testingLabels
```

数据处理完成后进行弱分类器分类，我们采用决策树作为弱分类器，具体代码如下：

```
# 用决策树桩分类数据集
# 传入特征矩阵、分类特征索引值和分类特征的取值
# 返回分类结果向量
def stumpClassify(dataSet, dimen, classifyValue):
    # 初始化分类结果向量为 1
    retArray = np.ones((np.shape(dataSet)[0], 1))
    # 对于数据集中指定特征与分类特征的取值不相等的数据，分类为-1
    retArray[dataSet[:,dimen] != classifyValue] = -1.0
    # 返回分类结果向量
    return retArray
```

然后根据权重建立最佳的决策树，返回最佳决策树、最小误差和最佳分类结果。建立最佳决策树的代码如下：

```
# 根据权重建立最佳的决策树桩
# 传入特征矩阵、标签向量以及数据权重
# 返回最佳决策树桩、最小误差和最佳分类结果
```

```
def buildStump(dataSet, labels, D):
    dataMat = np.mat(dataSet)
    labelsMat = np.mat(labels).T
    m, n = np.shape(dataMat)
    # 初始化最小误差为无穷大
    minError = float('inf')
    # 用字典存储决策树桩
    bestStump = {}
    bestClassEst = np.mat(np.zeros((m, 1)))
    # 遍历每个特征
    for i in range(n):
        # 得到一个不重复的包含所有指定特征取值的列表
        featList = [example[i] for example in dataSet]
        uniqueValues = set(featList)
        uniqueValues = list(uniqueValues)
        # 遍历此特征的所有取值
        for j in range(len(uniqueValues)):
            # 根据每个取值对数据进行分类，得到分类结果
            predictValues = stumpClassify(dataMat, i, uniqueValues[j])
            # 分类错误的数据标记为 1，正确的数据标记为 0
            errArray = np.mat(np.ones((m, 1)))
            errArray[predictValues == labelsMat] = 0
            # 将权重向量与错误向量相乘，得到考虑权重后的误差
            weightedError = D.T * errArray
            # 若此特征取值的分类误差小于最小误差，则更新最小误差、最佳分类结果以及
            # 最佳决策树桩(特征索引值和特征取值)
            if(weightedError < minError):
                minError = weightedError
                bestClassEst = predictValues.copy()
                bestStump['dim'] = i
                bestStump['dimValue'] = uniqueValues[j]
    # 返回最佳决策树桩、最小误差和最佳分类结果
    return bestStump, minError, bestClassEst
```

接着采用 AdaBoost 算法训练弱分类器组合，代码如下：

```
# 传入特征矩阵、标签列表和最大分类器个数
def adaBoostTrainDS(dataSet, labels, numIt = 40):
    # 初始化弱分类器列表
    weakClassArray = []
    m = np.shape(dataSet)[0]
```

```
    # 初始权重为平均权重
    D = np.mat(np.ones((m, 1)) / m)
    # 用一向量来记录每个数据的累计分类值，表示弱分类器列表对数据的实时分类情况
    aggClassEst = np.mat(np.zeros((m, 1)))
    # 逐个构造弱分类器，直到达到最大个数
    for i in range(numIt):
        print("第%d 次迭代" % i)
        # 根据此时权重计算最佳决策树桩
        bestStump, error, classEst = buildStump(dataSet, labels, D)
        print(bestStump)
        print("错误：%f" % error)
        # 根据此决策树桩的分类错误率计算此弱分类器的权重 alpha，并写入决策树桩字典
        alpha = float(0.5 * np.log((1.0 - error) / max(error, 1e-16)))
        bestStump['alpha'] = alpha
        # 将此弱分类器字典加入弱分类器列表
        weakClassArray.append(bestStump)
        # 更新权重
        expon = np.multiply(-1 * alpha * np.mat(labels).T, classEst)
        D = np.multiply(D, np.exp(expon))
        D = D / D.sum()
        # 更新弱分类器列表对每组数据的分类结果
        aggClassEst += alpha * classEst
        # 统计此时的分类错误数目并打印
        aggErrorNum = numOfError(aggClassEst, labels)
        print("累计错误数：%d" % aggErrorNum)
        # 若分类错误数为 0 则停止循环
        if(aggErrorNum == 0):
            break
    # 返回弱分类器列表
    return weakClassArray
```

最后根据训练好的弱分类器列表对特征矩阵进行分类并返回结果，然后根据预测结果和实际结果计算分裂错误数。代码如下：

```
# 根据预测结果和实际结果计算分类错误数
def numOfError(predictValue, labels):
    n = len(labels)
    errorNum = 0
    # 遍历每组数据，若分类结果与预测结果不符则错误数加 1
    for i in range(n):
        if(np.sign(predictValue[i]) != labels[i]):
```

```
            errorNum += 1
    # 返回分类错误数
    return errorNum
```

以上便是本项目实例的核心代码，运算结果如图 8-4 所示。

```
一共649组数据，其中550组数据用于训练，99组数据用于测试
一共99组测试数据，判断错误的有11组数据，错误率为11.111%
```

图 8-4　学生成绩预测结果

从图 8-4 中所给结果可以看出，利用 AdaBoost 进行学生成绩的预测，正确率达到了88.9%，我们还可以根据调整弱分类器的数量，或选择不同的弱分类器、调整训练数据的数量、选取不同的参数等方式来提高预测正确率。

练一练：

基于案例十一，请读者尝试通过调整弱分类器的数量，或选择不同的弱分类器、调整训练数据的数量、选取不同的参数等方式来提高分类正确率。另外也可以尝试直接使用 sklearn 库中提供的类来实现。

本章小结

随机森林与 AdaBoost 算法均属于集成学习算法。第 7 章介绍了随机森林算法，本章着重介绍了 AdaBoost 算法，内容包括 AdaBoost 算法的基本原理、算法流程。AdaBoost 采用多个弱分类器组成强分类器，在对新数据进行预测的时候，通过将所有弱分类器的结果进行加权投票来决定最终的预测值。理论上任何学习器都可以用于 AdaBoost。但是一般来说，目前使用最广泛的 AdaBoost 弱学习器是决策树和神经网络。对于决策树，AdaBoost 分类用了 CART 分类树，而 AdaBoost 回归用了 CART 回归树。AdaBoost 可不断自适应调整样本权重，将分类重点放在难分类的数据上，但其对异常样本敏感，异常样本在迭代中可能会获得较高的权重，影响最终的强学习器的预测准确性。

思考题

给定如下表所示的训练样本，尝试使用 AdaBoost 算法构建强分类器对其进行分类，表中 X 是特征，Y 是标签。

序号	1	2	3	4	5	6	7	8	9	10
X	0	1	2	3	4	5	6	7	8	9
Y	1	1	1	-1	-1	-1	1	1	1	-1

第 9 章

支持向量机

知识引入

有这样一个故事，在很久以前的情人节，大侠要去见他的爱人，但魔鬼和他玩了一个游戏。魔鬼在桌子上放了两种颜色的球(如图 9-1(a)所示，为了便于区分，两种颜色的球分别用实心和空心圆代替)，要求大侠用一根棍分开它们，而且要求尽量在放更多球之后，这种划分方式仍然适用。大侠很快就分好了。然后魔鬼又在桌上放了更多的球，但如果延续使用先前的放置方式，就有一个球站错了阵营(如图(b)所示)。支持向量机就是试图把棍放在最佳位置，好让在棍的两边有尽可能大的间隙(如图(c)所示)。接下来魔鬼给了大侠一个新的挑战(如图(d)所示)。现在，大侠没有棍可以很好帮他分开两种球了，他思考了片刻，然后像武侠片中的大侠一样一拍桌子，球就飞到了空中。然后，大侠凭借轻功，抓起一张纸，插到了两种球的中间(如图(e)所示)。把这张纸还原到二维平面上就变成了一条曲线(如图(f)所示)。再之后，人们把这些球叫作“data”，把棍子叫作“classifier”，最大间隙叫作“optimization”，拍桌子叫作“kernelling”，那张纸叫作“hyperplane”，这就是支持向量机的核心思想。

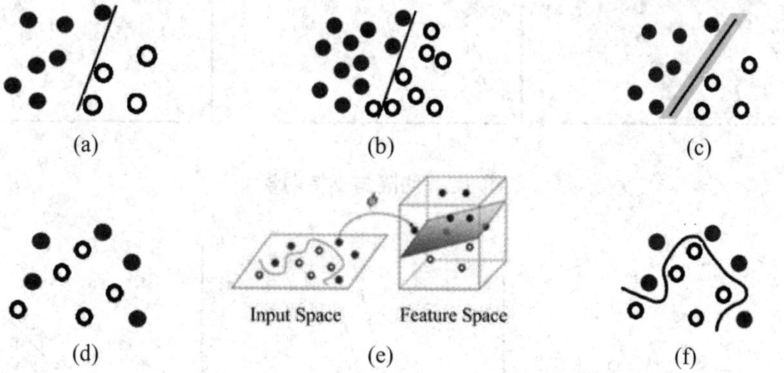

图 9-1　支持向量机图示

知识图谱

本章知识图谱如图 9-2 所示。

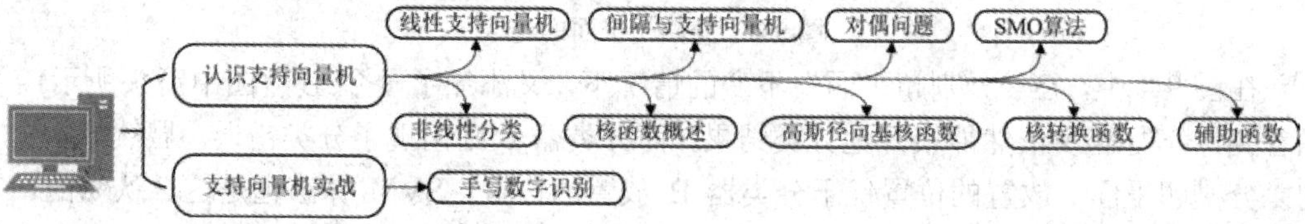

图 9-2　本章知识图谱

9.1 线性支持向量机

一个最基本的支持向量机(Support Vector Machine，SVM)是一条直线，它能够用来完美划分线性可分的两种类别。但这又不是一条普通的直线，这是无数条可以分类的直线当中最完美的，因为它恰好在两个类的中间，距离两个类的点都一样远。在进一步了解支持向量机的原理之前，我们需要先了解其基本的数学原理。

9.1.1 间隔与支持向量

给定训练样本集 $D = \{(x_1, y_1), (x_2, y_2), \cdots, (x_m, y_m)\}$，$y_i \in \{-1, +1\}$。图 9-3 中的(a)是已有的数据，红色和蓝色分别代表两个不同的类别。数据显然是线性可分的，但是将两类数据点分开的直线显然不止一条。图 9-3 的(b)和(c)分别给出了 B、C 两种不同的分类方案，其中黑色实线为分界线，术语称为“分割超平面”(separating hyperplane)。每个分割超平面对应了一个线性分类器。虽然从分类结果上看，分类器 A 和分类器 B 的效果是相同的，但是它们的性能是有差距的，请看图 9-4。

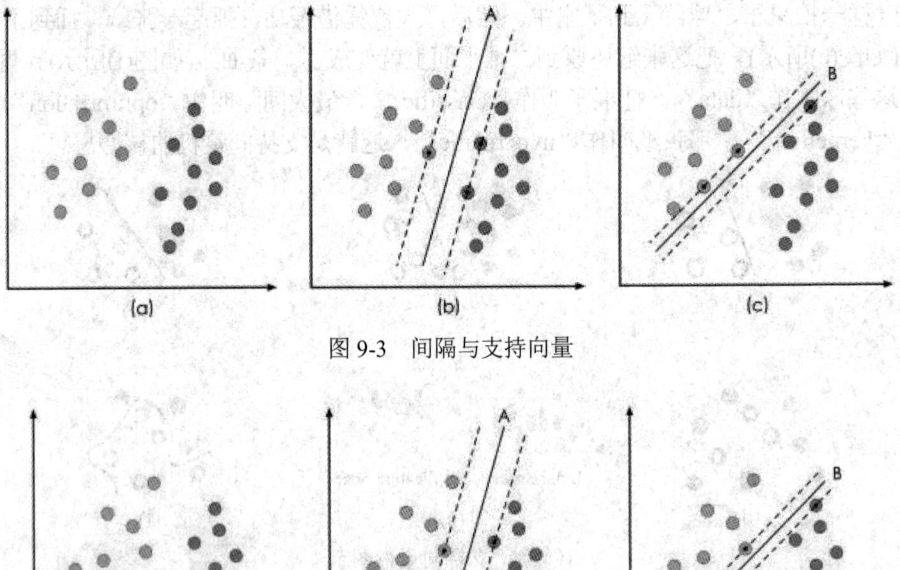

图 9-3　间隔与支持向量

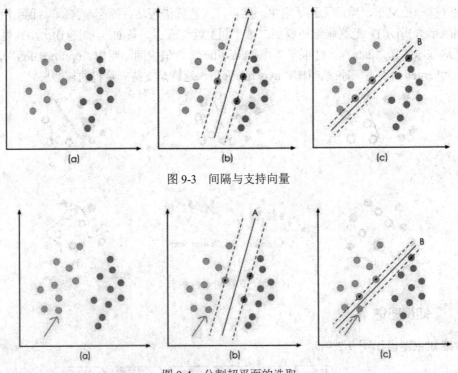

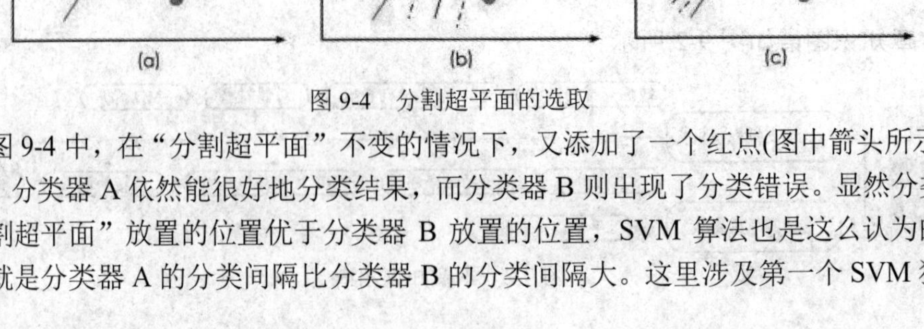

图 9-4　分割超平面的选取

在图 9-4 中，在“分割超平面”不变的情况下，又添加了一个红点(图中箭头所示)。可以看到，分类器 A 依然能很好地分类结果，而分类器 B 则出现了分类错误。显然分类器 A 的“分割超平面”放置的位置优于分类器 B 放置的位置，SVM 算法也是这么认为的，它的依据就是分类器 A 的分类间隔比分类器 B 的分类间隔大。这里涉及第一个 SVM 独有的概念——分类间隔。

在样本空间中，划分超平面可以通过如下线性方程表示(本书因字母皆正体故矢量与矩阵用了黑正体)：

$$\boldsymbol{\omega}^{\mathrm{T}}\mathbf{x} + \mathrm{b} = 0 \tag{9-1}$$

其中 $\boldsymbol{\omega} = (\omega_1; \omega_2; \cdots; \omega_d)$为法向量，决定了超平面的方向。b 为位移项，决定了超平面与原点之间的距离。超平面由法向量 $\boldsymbol{\omega}$ 与位移 b 确定，将其记为$(\boldsymbol{\omega}, \mathrm{b})$。样本空间任意一点 $\mathbf{x}$ 到超平面$(\boldsymbol{\omega}, \mathrm{b})$的距离可表达如下：

$$\mathrm{r} = \frac{|\boldsymbol{\omega}^{\mathrm{T}}\mathbf{x} + \mathrm{b}|}{\|\boldsymbol{\omega}\|} \tag{9-2}$$

假设超平面$(\boldsymbol{\omega}, \mathrm{b})$能将训练样本正确分类，即对于$(x_i, y_i) \in D$，若 $y_i = +1$，则有 $\boldsymbol{\omega}^{\mathrm{T}}\mathbf{x} + \mathrm{b} > 0$；若 $y_i = -1$，则有 $\boldsymbol{\omega}^{\mathrm{T}}\mathbf{x} + \mathrm{b} < 0$。令：

$$\begin{cases} \boldsymbol{\omega}^{\mathrm{T}}\mathbf{x} + \mathrm{b} \geqslant +1, & y = +1 \\ \boldsymbol{\omega}^{\mathrm{T}}\mathbf{x} + \mathrm{b} \leqslant -1, & y = -1 \end{cases} \tag{9-3}$$

如图 9-5 所示，距离超平面最近的几个训练样本点使式(9-3)的等号成立，称为支持向量(support vector)。两个异类支持向量到超平面的距离之和为

$$\gamma = \frac{2}{\|\boldsymbol{\omega}\|} \tag{9-4}$$

γ 被称为“间隔”(margin)。

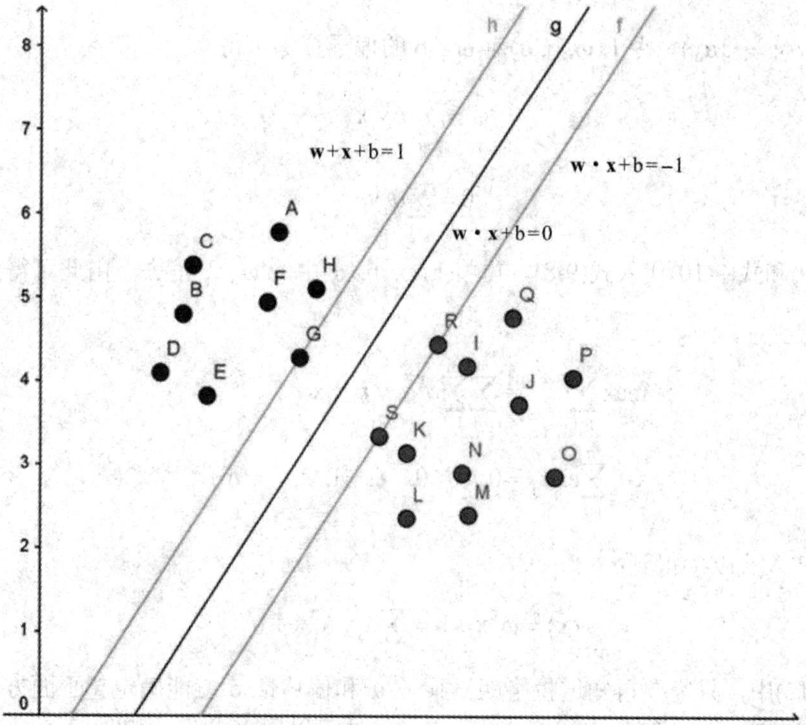

图 9-5 间隔示意图

想要找到具有“最大间隔”(maximum margin)的超平面划分，就要找到能满足式(9-3)的约束参数 $\boldsymbol{\omega}$ 和 b，使得 $\boldsymbol{\gamma}$ 最大，即

$$\max_{\boldsymbol{\omega},b}\frac{2}{\|\boldsymbol{\omega}\|},\ \text{s.t.}\ y_i\left(\boldsymbol{\omega}^T x_i+b\right)\geqslant 1,\quad (i=1,\ 2,\ \cdots,\ n) \tag{9-5}$$

显然，为了最大化间隔，仅需最大化 $\|\boldsymbol{\omega}\|^{-1}$，这等价于最小化 $\|\boldsymbol{\omega}\|^2$。于是式(9-5)可写为

$$\min\frac{1}{2}\|\boldsymbol{\omega}\|^2,\ \text{s.t.}\ y_i\left(\boldsymbol{\omega}^T x_i+b\right)\geqslant 1,\quad (i=1,\ 2,\ \cdots,\ n) \tag{9-6}$$

这就是支持向量机(Support Vector Machine，SVM)的基本型。

9.1.2 对偶问题

通过上一节讲解，我们希望通过求解式(9-6)来得到划分超平面对应的模型。令

$$f(x)=\boldsymbol{\omega}^T\mathbf{x}+b \tag{9-7}$$

其中 $\boldsymbol{\omega}$ 和 b 是模型参数。式(9-6)是一个凸二次规划(convex quadratic programming)问题，除了直接用优化计算包求解外，还可以用更高效的方法——拉格朗日乘子法。

对式(9-6)使用拉格朗日乘子法可以得到“对偶问题”(dual problem)。对式(9-6)的每个约束添加拉格朗日乘子 $\alpha_i\geqslant 0$，则该问题的拉格朗日形式可写为

$$L(\boldsymbol{\omega},b,\boldsymbol{\alpha})=\frac{1}{2}\ \|\boldsymbol{\omega}\|^2+\sum_{i=1}^{m}\alpha_i(1-y_i(\boldsymbol{\omega}^T\mathbf{x_i}+b)) \tag{9-8}$$

其中 $\boldsymbol{\alpha}=(\alpha_1;\ \alpha_2;\ \cdots;\ \alpha_m)$。令 $L(\boldsymbol{\omega},\ b,\ \boldsymbol{\alpha})$ 对 $\boldsymbol{\omega}$、b 的偏导置零可得

$$\boldsymbol{\omega}=\sum_{i=1}^{m}\alpha_i y_i x_i \tag{9-9}$$

$$0=\sum_{i=1}^{m}\alpha_i y_i \tag{9-10}$$

将式(9-9)和式(9-10)代入式(9-8)，可将 $L(\boldsymbol{\omega},\ b,\ \boldsymbol{\alpha})$ 中的 $\boldsymbol{\omega}$、b 消去，由此可得到式(9-6)的对偶问题。

$$\begin{aligned}&\max\sum_{i=1}^{m}\alpha_i-\frac{1}{2}\sum_{i=1}^{m}\sum_{j=1}^{m}\alpha_i\alpha_j y_i y_j x_i x_j\\&\text{s.t}\ \sum_{j=1}^{m}\alpha_i\alpha_j=0,\ \alpha_i\geqslant 0,\quad (i=1,\ 2,\ \cdots,\ m)\end{aligned} \tag{9-11}$$

可将式(9-9)代入式(9-7)得到：

$$f(\mathbf{x})=\boldsymbol{\omega}^T\mathbf{x}+b=\sum_{i=1}^{m}\alpha_i y_i x_i^T x+b \tag{9-12}$$

在式(9-12)中，只需要再知道拉格朗日乘子 $\boldsymbol{\alpha}$ 和偏移量 b 就能确定超平面方程了。其中有一种 SMO(Sequential Minimal Optimization)算法可以用来求解 $\boldsymbol{\alpha}$ 和 b，下一小节中专门

介绍其算法思想。

9.1.3 SMO算法

1996年，John Platt发布SMO算法用于训练SVM。SMO表示序列最小优化，其核心思想是将大优化问题分解为多个小优化问题来求解。这些小优化问题一般很容易求解，并且对它们进行顺序求解的结果与将它们作为整体来求解的结果是完全一致的。在结果完全相同时，SMO算法的求解时间会短很多。

SMO算法最终目的是求出一系列α，求出这些α就很容易计算出权重向量ω和偏置b，并得到分割超平面。算法基本思路是：每次循环中选择两个α进行优化处理。一旦找到一对合适的α，就增大其中一个而减小另一个。这里“合适”的条件有两个，一是两个α必须在间隔边界之外；二是这两个α还没有进行区间化处理或者不在边界上。

1. 简化版SMO

SMO算法的完整实现比较复杂，此处先对算法进行简化处理，之后再给出完整版实现。在SMO完整版算法中，外循环确定要优化的最佳α对，而简化版跳过了这一部分，首先在数据集上遍历所有α，然后再在剩下的α中随机选择另一个α，从而构建α对。值得注意的是需要同时改变两个α的值。

首先需要一个加载函数loadDataSet()对文件进行逐行解析，得到每一行类标签和整个数据矩阵。需要构建一个辅助函数selectJrand()，用于在某一区间范围内随机选择一个整数；同时需要一个辅助函数clipAlpha()，在数值较大时对其进行调整。实现代码如下：

```
# 加载数据
def loadDataSet(fileName):
    dataMat = []
    labelMat = []
    fr = open(fileName)
    # 逐行读取文件内容
    for line in fr.readlines():
        lineArr = line.strip().split('\t')
        dataMat.append([float(lineArr[0]), float(lineArr[1])])
        labelMat.append(float(lineArr[2]))
    return dataMat, labelMat

# 在某一区间范围内随机选择一个整数
def selectJrand(i, m):
    j = i
    while (j == i):
        j = int(random.uniform(0, m))
    return j
```

```
# 防止数据过大
def clipAlpha(aj, H, L):
    if aj > H:
        aj = H
    if L > aj:
        aj = L
    return aj
```

接下来实现简化版 SMO 的功能。由于程序较为复杂，为了方便读者理解，这里提供了该函数的伪代码，如下：

```
创建一个 α 向量(代码中用 alpha 表示)并将其初始化为零向量
(外循环)当迭代次数小于最大迭代次数：
    (内循环)对数据中的每个向量：
        如果该向量可以被优化：
            随机选择另一个向量
            同时优化这两个向量
            如果两个向量不能再被优化，退出内循环
    如果所有向量都没有被优化，增加迭代数目，继续下一次循环
```

简化版 SMO 代码如下：

```
from numpy import *
from load_data import *
def smoSimple(dataMat, classLabels, C, toler, maxIter):
    '''
    @dataMat     ：数据列表
    @classLabels：标签列表
    @C           ：权衡因子(增加松弛因子而在目标优化函数中引入惩罚项)
    @toler       ：容错率
    @maxIter     ：最大迭代次数
    # 将列表形式转为矩阵或向量形式
    dataMatrix=mat(dataMat)
    labelMat=mat(classLabels).transpose()
    # 初始化 b=0，获取矩阵行列
    b=0
    m, n=shape(dataMatrix)
    # 新建一个 m 行 1 列的向量
    alphas=mat(zeros((m, 1)))
    # 迭代次数为 0
    iters=0
    while(iters<maxIter):
        # 改变的 alpha 对数
```

```
alphaPairsChanged=0
# 遍历样本集中的样本
for i in range(m):
    # 计算支持向量机算法的预测值
    fXi=float(multiply(alphas, labelMat).T*(dataMatrix*dataMatrix[i, :].T))+b
    # 计算预测值与实际值的误差
    Ei=fXi-float(labelMat[i])
    # 如果不满足 KKT 条件，即 labelMat[i]*fXi<1(labelMat[i]*fXi-1<-toler)
    # and alpha<C  或者 labelMat[i]*fXi>1(labelMat[i]*fXi-1>toler)and alpha>0
    # ①
    if(((labelMat[i]*Ei < -toler) and (alphas[i] < C)) or \
      ((labelMat[i]*Ei>toler) and (alphas[i]>0))):
      # 随机选择第二个变量 alphaj
      # ②
      j = selectJrand(i, m)
        # 计算第二个变量对应数据的预测值
        fXj = float(multiply(alphas, labelMat).T*(dataMatrix*\
                      dataMatrix[j, :].T)) + b
        # 计算测试与实际值的差
        Ej = fXj - float(labelMat[j])
        # 记录 alphai 和 alphaj 的原始值，便于后续的比较
        alphaIold=alphas[i].copy()
        alphaJold=alphas[j].copy()
        # 如果两个 alpha 对应样本的标签不相同
        # ③
        if(labelMat[i]!=labelMat[j]):
            # 求出相应的上下边界
            L=max(0, alphas[j]-alphas[i])
            H=min(C, C+alphas[j]-alphas[i])
        else:
            L=max(0, alphas[j]+alphas[i]-C)
            H=min(C, alphas[j]+alphas[i])
        if L==H: print("L==H"); continue
        # 根据公式计算未经剪辑的 alphaj
        # ------------------------------------------
        eta=2.0*dataMatrix[i, :]*dataMatrix[j, :].T-\
            dataMatrix[i, :]*dataMatrix[i, :].T-\
            dataMatrix[j, :]*dataMatrix[j, :].T
        # 如果 eta>=0, 跳出本次循环
```

```
            if eta>=0:print("eta>=0"); continue
            alphas[j]-=labelMat[j]*(Ei-Ej)/eta
            alphas[j]=clipAlpha(alphas[j], H, L)
            # -----------------------------------------
            # 如果改变后的 alphaj 值变化不大，跳出本次循环
            if(abs(alphas[j]-alphaJold)<0.00001):print("j not moving\
enough"); continue
            # 否则，计算相应的 alphai 值
            # ④
            alphas[i]+=labelMat[j]*labelMat[i]*(alphaJold-alphas[j])
            # 再分别计算两个 alpha 情况下对应的 b 值
            b1 = b - Ei- labelMat[i]*(alphas[i]-alphaIold)*dataMatrix[i, :]\
             *dataMatrix[i, :].T - labelMat[j]*(alphas[j]-alphaJold)*\
             dataMatrix[i, :]*dataMatrix[j, :].T
            # ⑤
            b2=b-Ej-labelMat[i]*(alphas[i]-alphaIold)*\
                dataMatrix[i, :]*dataMatrix[j, :].T-\
                labelMat[j]*(alphas[j]-alphaJold)*\
                dataMatrix[j, :]*dataMatrix[j, :].T
            # 如果 0<alphai<C，那么 b=b1
            if(0<alphas[i]) and (C>alphas[i]):b=b1
            # 否则，如果 0<alphai<C，那么 b=b1
            elif (0<alphas[j]) and (C>alphas[j]):b=b2
            # 否则，alphai，alphaj=0 或 C
            else:b=(b1+b2)/2.0
            # 如果走到此步，表面改变了一对 alpha 值
            alphaPairsChanged+=1
            print("iters:%d i:%d, paird changed %d" %(iters, i, alphaPairsChanged))
        # 最后判断是否有改变的 alpha 对，没有就进行下一次迭代
        if(alphaPairsChanged==0):iters+=1
        # 否则，迭代次数置 0，继续循环
        else:iters=0
        print("iteration number: %d" %iters)
    # 返回最后的 b 值和 alpha 向量
    return b, alphas
```

这个很长的函数 smoSimple()一共有五个参数，分别表示数据集、标签类别、常数 C、容错率、退出当前循环最大修改次数。

在每次循环中，将 alphaPairsChanged 置 0，然后顺序遍历整个集合。alphaPairsChanged 用来记录 alpha 是否被优化。在循环中首先计算 fXi，这就是我们预测的类别。然后将预测

结果与真实结果对比，计算出误差 Ei。如果误差 Ei 很大，那么就应该对数据对应的 alpha 进行优化。此判断在代码中的①处。在该处 if 语句中，不管是正间隔还是负间隔都会被测试。同时，if 语句中也检测了 alpha 值，确保 alpha 不为 0 或 C。由于后面 alpha 小于 0 或大于 C，所以一旦 if 语句中 alpha 等于这两个值，就说明它们已经在“边界”上，因此不需要再对它进行优化。

接下来从②处开始，随机选择一个 alpha，按照同样的方法计算 alpha 值误差。通过 copy() 实现新 alpha 值与旧 alpha 值的比较。在③处，开始计算 L 和 H，它们将用于将 alpha[j]调整在 0～C 之间。如果 L=H，就不做任何操作，直接执行 continue。eta 为 alpha[j]的最优修改量。如果 eta 值为 0，那么说明需要退出 for 循环。在完整的 SMO 算法中，eta=0，重新计算 alpha[j]很麻烦，这里简化了。

在这之后，需要检测 alpha[j]值是否发生了细微的改变，改变范围缩小到 0.000 01。如果值改变了，就退出 for 循环。然后在④处 alpha[i]和 alpha[j]同时改变，改变的大小相同，但一个值增加，一个值减小(即改变的方向相反)。完成优化后，在⑤处给 alpha[i]和 alpha[j]设置常数项 b。

如果程序执行到 for 循环最后，说明已经成功改变了一对 alpha 值，同时 alphaPairsChanged 加 1。for 循环外还会检查 alpha 值是否改变，如果有改变，则 iter 置 0，然后继续运行。只有在 iter= maxIter，即遍历 maxIter 次且不再发生 alpha 值变化后，程序才会退出 while 循环。

最后进行算法测试并绘制结果图，程序源代码如下：

```
import matplotlib.pyplot as plt
def showClassifer(dataMat, labelMat, w, b, alphas):
    # 绘制样本点
    data_plus = []
    data_minus = []
    # 遍历数据列表
    for i in range(len(dataMat)):
        if labelMat[i] > 0:
            data_plus.append(dataMat[i])
        else:
            data_minus.append(dataMat[i])
    data_plus_np = np.array(data_plus)
    data_minus_np = np.array(data_minus)
    # 散列图数据点
    plt.scatter(np.transpose(data_plus_np)[0], np.transpose(data_plus_np)[1], s=30, alpha=0.7)
    plt.scatter(np.transpose(data_minus_np)[0],
                np.transpose(data_minus_np)[1], s=30, alpha=0.7)
    x1 = max(dataMat)[0]
    x2 = min(dataMat)[0]
    a1, a2 = w
    b = float(b)
```

```
        a1 = float(a1[0])
        a2 = float(a2[0])
        y1, y2 = (-b- a1*x1)/a2, (-b - a1*x2)/a2
        plt.plot([x1, x2], [y1, y2])
        # 选择标记支持向量机
        for i, alpha in enumerate(alphas):
            if abs(alpha) > 0:
                x, y = dataMat[i]
                plt.scatter([x], [y], s=150, c='none', alpha=0.7, linewidth=1.5, edgecolor='red')
        plt.show()
    # 计算超平面参数
    def get_w(dataMat, labelMat, alphas):
        alphas, dataMat, labelMat = np.array(alphas), np.array(dataMat), np.array(labelMat)
        w = np.dot((np.tile(labelMat.reshape(1, -1).T, (1, 2)) * dataMat).T, alphas)
        return w.tolist()

    if __name__ == '__main__':
        dataMat, labelMat = loadDataSet('testSet.txt')
        b,alphas = smoSimple(dataMat, labelMat, 0.6, 0.001, 40)
        w = get_w(dataMat, labelMat, alphas)
        showClassifer(dataMat, labelMat, w, b, alphas)
```

程序运行结果如图 9-6 所示。

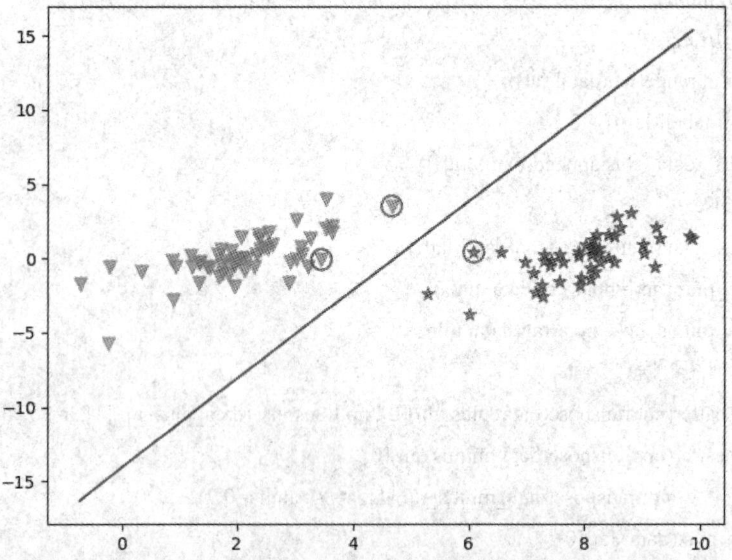

图 9-6 简化的 SMO 效果图

图中圈起来的样本点为支持向量上的点，是满足算法的一种解，中间分割线是分割超平面。

2. 完整(platt)SMO

简化版的 SMO 就足以解决较小数据集上(几百个点)的问题，但在更大数据集的情况下，其运行速度和运行效率会降低。在这一节我们将介绍完整的 SMO 算法。与简化版的 SMO 相比，完整版 SMO 在 alpha 更改和代数运算优化的环节都一样，唯一区别在于选择 alpha 的方式不同。完整版的 SMO 算法添加了一些能够提速的启发方法。

Platt SMO 算法通过第一个外循环来选择第一个 alpha 并且选择过程是在两种方式之间交替进行。一种方式是在所有数据集上进行单遍扫描；另一种方式是在非边界 alpha 中实现单遍扫描。

在选择第一个 alpha 值后，程序会通过内循环来选择第二个 alpha 的值。优化过程中，会通过最大化步长来获得第二个 alpha 的值。与简化版 SMO 计算错误率 E_i 不同，完整版 SMO 算法会建立一个全局缓存用以保存误差值，并从中选择的是步长或者是 $E_i - E_j$ 最大的 alpha 值。

首先我们实现 Platt SMO 的辅助函数，代码如下：

```
from numpy import *
from Kernel import *
# 启发式 SMO 算法的支持函数
# 新建一个类的数据结构，保存当前重要的值
class optStruct:
    # 初始化参数结构
    def __init__(self, dataMatIn, classLabels, C, toler, kTup):
        self.X=dataMatIn
        self.labelMat=classLabels
        self.C=C
        self.tol=toler
        self.m=shape(dataMatIn)[0]
        self.alphas=mat(zeros((self.m, 1)))
        self.b=0
            # 误差缓存
        self.Cache=mat(zeros((self.m, 2)))
        self.K = mat(zeros((self.m, self.m)))
        for i in range(self.m):
            self.K[:, i] = kernelTrans(self.X, self.X[i, :], kTup)
# 格式化计算误差的函数，方便多次调用
def calcEk(oS, k):
    # 计算预测误差
    fXk = float(multiply(oS.alphas, oS.labelMat).T*oS.K[:, k] + oS.b)
    Ek = fXk - float(oS.labelMat[k])
    return Ek
# 修改选择第二个变量 alphaj 的方法
def selectJ(i, oS, Ei):
```

```
        maxK=-1; maxDeltaE= 0; Ej=0
        # 将误差矩阵每一行第一列置 1，以此确定出误差不为 0 的样本
        oS.Cache[i]=[1, Ei]
        # 获取缓存中 Ei 不为 0 的样本对应的 alpha 列表
        validEcacheList=nonzero(oS.Cache[:, 0].A)[0]
        # 在误差不为 0 的列表中找出使 abs(Ei-Ej)最大的 alphaj
        if(len(validEcacheList)>0):
            for k in validEcacheList:
                if k ==i:continue
                Ek=calcEk(oS, k)
                deltaE=abs(Ei-Ek)
                if(deltaE>maxDeltaE):
                    maxK=k; maxDeltaE=deltaE; Ej=Ek
            return maxK, Ej
        else:
        # 否则，就从样本集中随机选取 alphaj
            j=selectJrand(i, oS.m)
            Ej=calcEk(oS, j)
        return j, Ej
    # 更新误差矩阵
    def updateEk(oS, k):
        Ek=calcEk(oS, k)
        oS.Cache[k]=[1, Ek]
```

上述代码中，第一个函数 calcEk()计算并返回 E 值；第二个函数 selectJ()用来选择第二个 alpha；第三个函数 updateEk()会计算误差值并存入缓存中。

下面介绍 Platt SMO 算法中内循环寻找 alpha 的方法，代码如下：

```
    # 内部循环的代码
    def innerL(i, oS):
        Ei = Opt_smo.calcEk(oS, i)
        # 判断每一个 alpha 是否被优化过，如果误差很大，就对该 alpha 值进行优化，
        if ((oS.labelMat[i]*Ei < -oS.tol) and (oS.alphas[i] < oS.C)) or ((oS.labelMat[i]*Ei > oS.tol) and\
        (oS.alphas[i] > 0)):
                # 使用启发式方法选取第 2 个 alpha，选取使得误差最大的 alpha
            j, Ej = Opt_smo.selectJ(i, oS, Ei)
            alphaIold = oS.alphas[i].copy(); alphaJold = oS.alphas[j].copy()
            # 当 y1 和 y2 异号时，计算 alpha 的取值范围
            if (oS.labelMat[i] != oS.labelMat[j]):
                L = max(0, oS.alphas[j] - oS.alphas[i])
                H = min(oS.C, oS.C + oS.alphas[j] - oS.alphas[i])
```

```
        # 当 y1 和 y2 同号时，计算 alpha 的取值范围
        else:
            L = max(0, oS.alphas[j] + oS.alphas[i] - oS.C)
            H = min(oS.C, oS.alphas[j] + oS.alphas[i])
        if L==H: print("L==H"); return 0
    # eta 是 alpha[j]的最优修改量，eta=K11+K22-2*K12，也是 f(x)的二阶导数，K 表示内积
        eta = 2.0 * oS.K[i, j] - oS.K[i, i] - oS.K[j, j]
        if eta >= 0: print("eta>=0"); return 0
        oS.alphas[j] -= oS.labelMat[j]*(Ei - Ej)/eta
        oS.alphas[j] = clipAlpha(oS.alphas[j], H, L)
        Opt_smo.updateEk(oS, j) # added this for the Ecache
    # 如果 alphas[j]没有调整，就忽略下面的语句，本次循环结束直接运行下一次 for 循环
        if (abs(oS.alphas[j] - alphaJold) < 0.00001): print("j not moving enough"); return 0
        oS.alphas[i] += oS.labelMat[j]*oS.labelMat[i]*(alphaJold - oS.alphas[j])
        Opt_smo.updateEk(oS, i)
        b1 = oS.b - Ei- oS.labelMat[i]*(oS.alphas[i]-alphaIold)*oS.K[i, i] - \
            oS.labelMat[j]*(oS.alphas[j]-alphaJold)*oS.K[i, j]
        b2 = oS.b - Ej- oS.labelMat[i]*(oS.alphas[i]-alphaIold)*oS.K[i, j]- \
            oS.labelMat[j]*(oS.alphas[j]-alphaJold)*oS.K[j, j]
    # 根据公式确定偏移量 b，理论上可选取任意支持向量来求解，但是现实任务中通常
    # 使用所有支持向量求解的平均值，这样算法鲁棒性更强
        if (0 < oS.alphas[i]) and (oS.C > oS.alphas[i]): oS.b = b1
        elif (0 < oS.alphas[j]) and (oS.C > oS.alphas[j]): oS.b = b2
        else: oS.b = (b1 + b2)/2.0
        return 1
    else: return 0
```

不难发现，这个函数与上一小节中的 smoSimple()函数几乎一致。但 innerL()函数使用 os 作为参数。而且在选择第二个 alpha 值时使用了本节的新方法 selectJ()，当 alpha 值改变时会更新缓存。

有了上面的准备工作，现在开始构造完整的 PlattSMO 算法，代码如下：

```
# 无核函数 Platt SMO 的外循环，toler 是容错率
def smoP(dataMatIn, classLabels, C, toler, maxIter, kTup=('lin', 0)):
    oS = Opt_smo.optStruct(mat(dataMatIn), mat(classLabels).transpose(), C, toler, kTup)
    iter = 0
    entireSet = True; alphaPairsChanged = 0
# 有 alpha 改变同时遍历次数小于最大次数，或者需要遍历整个集合
    while (iter < maxIter) and ((alphaPairsChanged > 0) or (entireSet)):
        alphaPairsChanged = 0
            # 遍历所有值
```

```
        if entireSet:
            for i in range(oS.m):
                alphaPairsChanged += innerL(i, oS)
                print("fullSet, iter: %d i:%d, pairs changed %d" % (iter, i, alphaPairsChanged))
            iter += 1
                # 遍历非边界 alpha 值
        else:
                nonBoundIs = nonzero((oS.alphas.A > 0) * (oS.alphas.A < C))[0]
                    # 挑选其中值在 0 和 C 之间的非边界 alpha 进行遍历
            for i in nonBoundIs:
                alphaPairsChanged += innerL(i, oS)
                print("non-bound, iter: %d i:%d, pairs changed %d" % (iter, i, alphaPairsChanged))
            iter += 1
        # 如果这次是完整遍历，下次不用进行完整遍历
        if entireSet: entireSet = False
            # 如果 alpha 的改变数量为 0，再次遍历所有的集合一次
        elif (alphaPairsChanged == 0): entireSet = True
        print("iteration number: %d" % iter)
    return oS.b, oS.alphas
```

上述整个程序的主体是 while 循环，与上一节的 smoSimple()相比，循环退出条件增加了。当迭代次数超过最大值，或者遍历过程中未对任何一个 alpha 进行修改时，就退出循环。

在 while 循环内部，最开始的 for 循环在数据集上遍历任意可能的 alpha。之后通过 innerL()方法选择第二个 alpha。若有任意一对 alpha 值改变，则返回 1。第二个 for 循环遍历所有非边界的值(不在边界 0 或 C 的值)，打印出带迭代次数和的 alpha 值。

下面的程序运行 Platt SMO 算法并将结果可视化：

```
def showClassifer(dataMat, classLabels, w, b, alphas):
    data_plus = []
    data_minus = []
# 遍历数据
    for i in range(len(dataMat)):
        if classLabels[i] > 0:
            data_plus.append(dataMat[i])
        else:
            data_minus.append(dataMat[i])
    data_plus_np = np.array(data_plus)
    data_minus_np = np.array(data_minus)
# 绘制散列图数据点
    plt.scatter(np.transpose(data_plus_np)[0], np.transpose(data_plus_np)[1], s=30, alpha=0.7)
    plt.scatter(np.transpose(data_minus_np)[0], np.transpose(data_minus_np)[1],
```

```
                   s=30, alpha=0.7)
        x1 = max(dataMat)[0]
        x2 = min(dataMat)[0]
        a1, a2 = w
        b = float(b)
        a1 = float(a1[0])
        a2 = float(a2[0])
        y1, y2 = (-b- a1*x1)/a2, (-b - a1*x2)/a2
        plt.plot([x1, x2], [y1, y2])
        # 选择标记支持向量机
        for i, alpha in enumerate(alphas):
            if alpha > 0:
                x, y = dataMat[i]
                plt.scatter([x], [y], s=150, c='none', alpha=0.7, linewidth=1.5, edgecolor='red')
        plt.show()


    if __name__ == '__main__':
        dataArr, classLabels = loadDataSet('testSet.txt')
        b, alphas = smoP(dataArr, classLabels, 0.6, 0.001, 40)
    # 计算超平面
        w = get_w(dataArr, classLabels, alphas)
        showClassifer(dataArr, classLabels, w, b)
```

程序运行结果如图 9-7 所示。

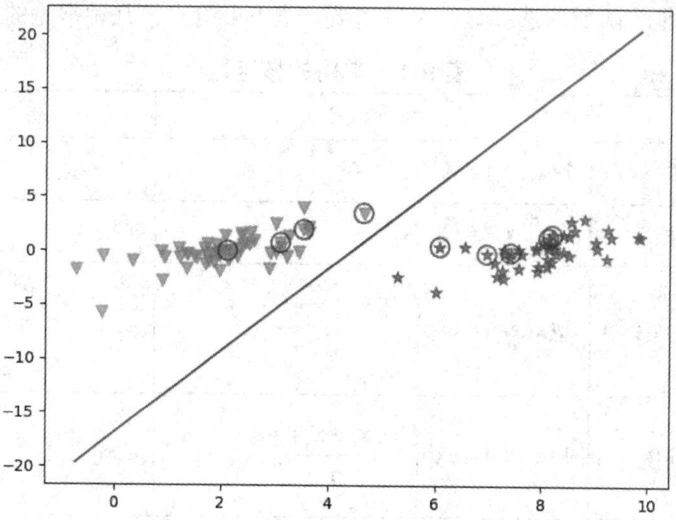

图 9-7 PlattSMO 效果图

可以看出，相比简化版 SMO，完整版 SMO 算法选出的支持向量样点更多，更接近理想分割超平面。

9.2 非线性分类

9.2.1 核函数概述

本章最开始我们讨论过，如果训练样本线性可分，则存在一个超平面能将训练样本正确分类。然而在现实任务中，样本空间中可能不存在一个能正确划分两类样本的超平面。对这样的问题，可以将样本从原始空间映射到一个更高维的空间，使得样本在这个特征空间里线性可分。如图 9-8 所示，将原始的二维空间映射到一个合适的三维空间，就能找到一个适合划分的超平面。如果原始空间是有限维的(即特征属性个数有限)，那么一定存在一个高维特征空间使得样本线性可分。

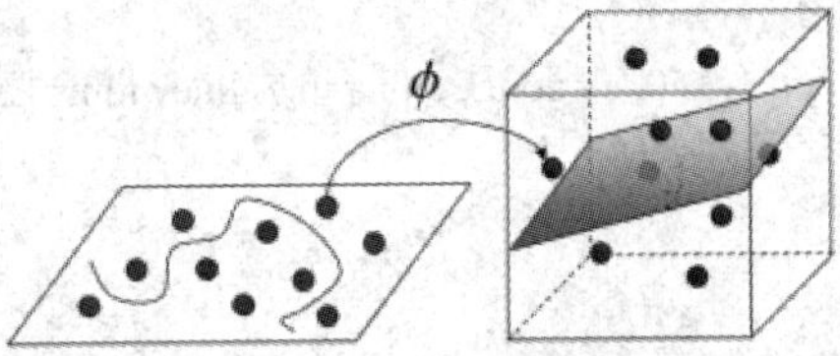

图 9-8　样本高维空间映射

上面提到的将样本从原始空间映射到一个更高维的空间的过程，是通过核函数实现的。可以把核函数想象成一个包装器或接口，它能把数据从某个很难处理的形式，转换成一个比较容易处理的形式。这里不具体展开核函数的推导过程。

通过前面的讨论，我们希望样本线性可分，因此样本特征空间的好坏对支持向量机的性能至关重要。值得注意的是，在不知道特征映射的形式时，我们并不知道什么样的核函数是适合的，于是核函数的选择显得至关重要。表 9-1 给出了几种常见的核函数。

表 9-1　常用的核函数

分类	表 达 式	参　数
线性核	$k(x_i, x_j) = \mathbf{X}_i^T \mathbf{X}_j$	
多项式核	$k(x_i, x_j) = (\mathbf{X}_i^T \mathbf{X}_j)^d$	d≥1 为多项式次数
高斯径向基核	$k(x_i, x_j) = \exp\left(-\frac{\lVert x_i - x_j \rVert^2}{2\sigma^2}\right)$	σ>0 为高斯核的宽度
拉普拉斯核	$k(x_i, x_j) = \exp\left(-\frac{\lVert x_i - x_j \rVert}{\sigma}\right)$	σ>0
Sigmoid 核	$k(x_i, x_j) = \tanh(\beta \mathbf{X}_i^T \mathbf{X}_j + \theta)$	β>0，θ<0，

此外还可以通过函数组得到核函数。下面我们介绍一种常用的核函数——高斯径向基

核函数。

9.2.2 高斯径向基核函数

径向基函数是 SVM 中常用的一个核函数，它是一个采用向量作为自变量的函数，能够基于向量距离运算输出一个标量。这个距离可以是从(0, 0)向量或者其他向量开始计算的距离。下面将会使用到径向基函数的高斯版本，表达式如下：

$$k(x_i, x_j) = \exp\left(-\frac{\|x_i - x_j\|^2}{2\sigma^2}\right) \tag{9-13}$$

式中，σ 表示用户定义的用于确定到达率或函数值跌至 0 的速度参数。高斯径向基核函数会将数据从其特征空间映射到更高维的空间。

1. 核转换函数

高斯径向基核函数的代码只需在上一节的 SMO 代码的基础上稍加改动即可得到，请读者仔细阅读比较如下代码：

```
def kernelTrans(X, A, kTup):
    """
    Function：核转换函数
    Input：        X：数据集
                   A：某一行数据
                   kTup：核函数信息
    Output：K：计算出的核向量
    """
    # 获取数据集行列数
    m, n = shape(X)
    # 初始化列向量
    K = mat(zeros((m, 1)))
    # 根据键值选择相应核函数
    # lin 表示的是线性核函数
    if kTup[0] == 'lin': K = X * A.T
    # rbf 表示径向基核函数
    elif kTup[0] == 'rbf':
        for j in range(m):
            deltaRow = X[j, :] - A
            K[j] = deltaRow * deltaRow.T
        # 对矩阵元素展开计算，而不像在 MATLAB 中一样计算矩阵的逆
        K =   exp(K/(-1*kTup[1]**2))
    # 如果无法识别，就报错
    else: raise NameError('Houston We Have a Problem -- That Kernel is not recognized')
```

```
        # 返回计算出的核向量
        return K

class optStruct:
    """
    Function：存放运算中重要的值
    Input：        dataMatIn：数据集
                   classLabels：类别标签
                   C：常数 C
                   toler：容错率
                   kTup：速度参数
    Output：  X：数据集
                   labelMat：类别标签
                   C：常数 C
                   tol：容错率
                   m：数据集行数
                   b：常数项
                   alphas：alphas 矩阵
                   eCache：误差缓存
                   K：核函数矩阵
    """
    def __init__(self, dataMatIn, classLabels, C, toler, kTup):
        self.X = dataMatIn
        self.labelMat = classLabels
        self.C = C
        self.tol = toler
        self.m = shape(dataMatIn)[0]
        self.alphas = mat(zeros((self.m, 1)))
        self.b = 0
        self.eCache = mat(zeros((self.m, 2)))

        """ 主要区分 """
        self.K = mat(zeros((self.m, self.m)))
        for i in range(self.m):
            self.K[:, i] = kernelTrans(self.X, self.X[i, :], kTup)
        """ 主要区分 """
```

在初始化结束后，矩阵 K 先被创建，然后通过调用函数 kernelTrans()进行填充。整个过程 K 只需要计算一次。当想要使用核函数时，直接调用它，省去了计算冗余的开销。

函数 kernelTrans(X, A, kTup)有三个参数，X、A 为数值型变量，分别表示数据集和某一行数据；元组 kTup 给出的是核函数的信息。元组的第一个参数是描述核函数的类型，其他两个参数为核函数需要的可选参数。

在线性核函数情况下，内积运算在 X、A 这两个参数之间展开，即在数据集和数据集中的一行展开。在高斯径向核函数的情况下，for 循环中对矩阵的每个元素计算高斯函数的值。for 循环结束之后，将计算过程应用到整个向量上去。

最后，如果 kTup 无法识别，就会抛出异常。

2. 辅助函数

为了顺利使用核函数，还需要修改先前两个函数 innerL()和 calcE()中的个别语句，在函数 innerL(i, oS)中做如下对应修改：

```
# 最优修改量，求两个向量的内积(核函数)
    # eta = 2.0 * oS.X[i, :]*oS.X[j, :].T - oS.X[i, :]*oS.X[i, :].T - oS.X[j, :]*oS.X[j, :].T
    eta = 2.0 * oS.K[i, j] - oS.K[i, i] - oS.K[j, j]
# 更新常数项 b1、b2 改为
    b1 = oS.b - Ei - oS.labelMat[i] * (oS.alphas[i] - alphaIold) * \
         oS.K[i, i] - oS.labelMat[j] * (oS.alphas[j] - alpahJold) * oS.K[i, j]
    b2 = oS.b - Ej - oS.labelMat[i] * (oS.alphas[i] - alphaIold) * \
         oS.K[i, j] - oS.labelMat[j] * (oS.alphas[j] - alpahJold) * oS.K[j, j]
```

在 calcEk(oS, k)中做如下修改：

```
# fXk = float(multiply(oS.alphas, oS.labelMat).T * (oS.X * oS.X[k, :].T)) + oS.b
    fXk = float(multiply(oS.alphas, oS.labelMat).T*oS.K[:, k] + oS.b)
```

3. 测试核函数

接下来测试一下核函数是否运行成功，这里使用参数 kl 的值为 1.3，测试代码如下：

```
def testRbf(k1 = 1.3):
    """
    Function：利用核函数进行分类的径向基测试函数
    Input：        k1：径向基函数的速度参数
    Output：输出打印信息
    """
    # 导入数据集
    dataArr, labelArr = loadDataSet('testSetRBF.txt')
    # 调用 Platt SMO 算法
    b, alphas = smoPK(dataArr, labelArr, 200, 0.00001, 10000, ('rbf', k1))
    # 初始化数据矩阵和标签向量
    datMat = mat(dataArr); labelMat = mat(labelArr).transpose()
    # 记录支持向量序号
    svInd = nonzero(alphas.A > 0)[0]
    # 读取支持向量
    sVs = datMat[svInd]
```

```
# 读取支持向量对应标签
labelSV = labelMat[svInd]
# 输出打印信息
print("there are %d Support Vectors" % shape(sVs)[0])
# 获取数据集行列值
m, n = shape(datMat)
# 初始化误差计数
errorCount = 0
# 遍历每一行，利用核函数对训练集进行分类
for i in range(m):
    # 利用核函数转换数据
    kernelEval = kernelTrans(sVs, datMat[i, :], ('rbf', k1))
    # 仅用支持向量预测分类
    predict = kernelEval.T * multiply(labelSV, alphas[svInd]) + b
    # 预测分类结果与标签不符则错误计数加 1
    if sign(predict) != sign(labelArr[i]): errorCount += 1
# 打印输出分类错误率
print("the training error rate is: %f" % (float(errorCount)/m))
# 导入测试数据集
dataArr, labelArr = loadDataSet('testSetRBF2.txt')
# 初始化误差计数
errorCount = 0
# 初始化数据矩阵和标签向量
datMat = mat(dataArr); labelMat = mat(labelArr).transpose()
# 获取数据集行列值
m, n = shape(datMat)
# 遍历每一行，利用核函数对测试集进行分类
for i in range(m):
    # 利用核函数转换数据
    kernelEval = kernelTrans(sVs, datMat[i, :], ('rbf', k1))
    # 仅用支持向量预测分类
    predict = kernelEval.T * multiply(labelSV, alphas[svInd]) + b
    # 预测分类结果与标签不符则错误计数加 1
    if sign(predict) != sign(labelArr[i]): errorCount += 1
# 打印输出分类错误率
print("the test error rate is: %f" % (float(errorCount)/m))
```

测试函数 def testRbf()只有一个参数 kl，表示径向基函数的速度参数。可以按照如下方式输出测试结果：

```
>>> reload(svmMLiA)
```

```
<module 'svmMLiA' from '你的程序路径'>
>>> svmMLiA.testRbf()
L==H
fullSet, iter: 0 i: 0, pairs changed 0
fullSet, iter: 0 i: 1, pairs changed 1
fullSet, iter: 0 i: 2, pairs changed 2
fullSet, iter: 0 i: 3, pairs changed 3
…
fullSet, iter: 6 i: 96, pairs changed 0
fullSet, iter: 6 i: 97, pairs changed 0
fullSet, iter: 6 i: 98, pairs changed 0
fullSet, iter: 6 i: 99, pairs changed 0
iteration number: 7
there are 27 Support Vectors
the training error rate is: 0.030000
the test error rate is: 0.040000
```

代码执行结果如图 9-9 所示。图中圈出了 k1=0.5 时程序选出的支持向量，从测试结果可以看出，选择出了 27 个支持向量，在训练集上的错误率为 3%，在测试集上的错误率为 4%。读者还可尝试使用不同的 kl 参数值，观察支持向量个数、错误率、训练错误的变化情况，尝试找到最优值。

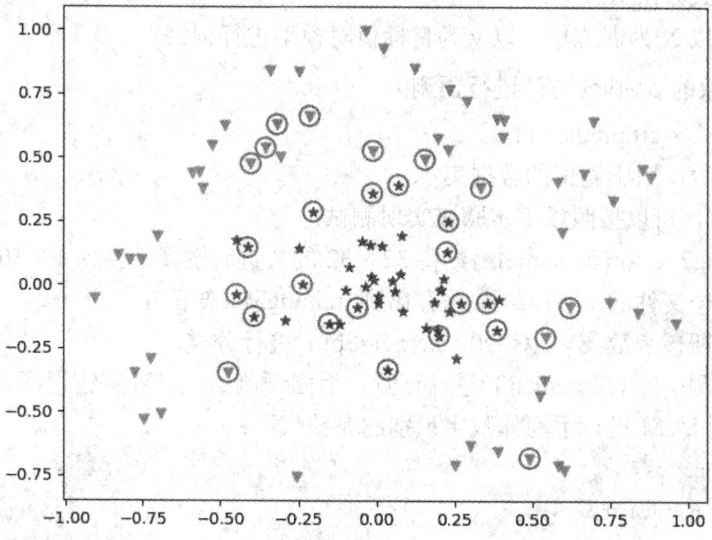

图 9-9 核函数分类效果图

9.3 案例十二 手写数字识别

接下来的实例操作中，我们将使用已有的机器学习库实现 SVM，其原理与前面章节一致，读者也可用前面章节中的函数来实现。

尽管在案例二中使用 KNN 识别手写数字效果不错，但这都是基于较大数量的训练样本才能实现的。而对于支持向量机，在样本数量相对较少的情况下，就能获得较好的效果。实验数据参考案例二。

下面代码中，我们使用 Python 的机器学习库 sklearn，通过高斯径向基核函数实现 SVM，主要通过 sklearn.svm 中的 SVC 类来实现，实现方法主要包括三个步骤：

1. 创建 SVC 对象并进行初始化

(1) 构造函数定义如下：

sklearn.svm.SVC(C=1.0, kernel='rbf', degree=3, gamma='auto', coef0=0.0, shrinking=True, probability=False, tol=0.001, cache_size=200, class_weight=None, verbose=False, max_iter=-1, decision_function_shape=None, random_state=None)

(2) 主要参数如下：

- C：C-SVC 的惩罚参数，C 的默认值是 1.0。C 越大，对误分类的惩罚越大，趋向于对训练集全分对的情况，这样对训练集测试时准确率很高，但泛化能力弱。C 越小，对误分类的惩罚减小，允许容错，将它们当成噪声点，泛化能力较强。
- kernel：核函数，默认是 rbf，可以是 linear, poly, rbf, sigmoid, precomputed。
- 更详细的说明可参见官方文档：

https://scikitlearn.org/stable/modules/generated/sklearn.svm.SVC.html#sklearn.svm.SVC

2. 调用对象的 fit 方法进行训练

(1) 函数格式：fit(X, y)。

(2) 说明：以 X 为训练集，以 y 为目标值对模型进行训练。

3. 调用对象的 predict 方法进行预测

(1) 函数格式：clf.predict(T)。

(2) 主要参数：用于测试的数据集 T。

针对本案例，可以按照以下步骤来实现测试：

(1) 通过 img2vector(filename)函数将 32 × 32 的二进制图像转换为 1 × 1024 向量。

(2) 将每一个文件的 1 × 1024 数据存储到 trainingMat 矩阵中。

(3) 调用高斯核函数 SVC(C=200, kernel='rbf') 进行分类。

(4) 通过预测函数 clf.predict(T)进行预测，返回预测结果，计算错误率。

以下是利用 SVM 进行手写体数字识别的完整代码：

```
import numpy as np
from os import listdir
from sklearn.svm import SVC

"""
将 32 × 32 的二进制图像转换为 1 × 1024 向量
Parameters:
    filename - 文件名
```

```
Returns:
    returnVect - 返回二进制图像的 1 × 1024 向量
"""
def img2vector(filename):
    # 创建 1 × 1024 零向量
    returnVect = np.zeros((1, 1024))
    # 打开文件
    fr = open(filename)
    # 按行读取
    for i in range(32):
        # 读一行数据
        lineStr = fr.readline()
        # 每一行的前 32 个元素依次添加到 returnVect 中
        for j in range(32):
            returnVect[0, 32 * i + j] = int(lineStr[j])
    # 返回转换后的 1 × 1024 向量
    return returnVect

"""
手写数字分类测试
"""
def handwritingClassTest():
    # 测试集的 Labels
    hwLabels = []
    # 返回 trainingDigits 目录下的文件名
    trainingFileList = listdir('trainingDigits')
    # 返回文件夹下文件的个数
    m = len(trainingFileList)
    # 初始化训练的 Mat 矩阵，测试集
    trainingMat = np.zeros((m, 1024))
    # 从文件名中解析出训练集的类别
    for i in range(m):
        # 获得文件的名字
        fileNameStr = trainingFileList[i]
        # 获得分类的数字
        classNumber = int(fileNameStr.split('_')[0])
        # 将获得的类别添加到 hwLabels 中
        hwLabels.append(classNumber)
        # 将每一个文件的 1 × 1024 数据存储到 trainingMat 矩阵中
```

```
        trainingMat[i, :] = img2vector('trainingDigits/%s' % (fileNameStr))
    clf = SVC(C=200, kernel='rbf')   # 使用高斯核函数
    clf.fit(trainingMat, hwLabels)
    # 返回 testDigits 目录下的文件列表
    testFileList = listdir('testDigits')
    # 错误检测计数
    errorCount = 0.0
    # 测试数据的数量
    mTest = len(testFileList)
    # 从文件中解析出测试集的类别并进行分类测试
    for i in range(mTest):
        # 获得文件的名字
        fileNameStr = testFileList[i]
        # 获得分类的数字
        classNumber = int(fileNameStr.split('_')[0])
        # 获得测试集的 1 × 1024 向量，用于训练
        vectorUnderTest = img2vector('testDigits/%s' % (fileNameStr))
        # 获得预测结果
        # classifierResult = classify0(vectorUnderTest, trainingMat, hwLabels, 3)
        classifierResult = clf.predict(vectorUnderTest)
        print("返回分类结果为%d\t 真实结果为%d" % (classifierResult, classNumber))
        if (classifierResult != classNumber):
            errorCount += 1.0
    print("总共错了%d 个数据\n 错误率为%f%%" % (errorCount, errorCount / mTest * 100))

if __name__ == '__main__':
    handwritingClassTest()
```

程序运行结果如图 9-10 所示。

```
返回分类结果为9    真实结果为9
返回分类结果为9    真实结果为9
返回分类结果为9    真实结果为9
返回分类结果为9    真实结果为9
返回分类结果为9    真实结果为9
返回分类结果为9    真实结果为9
返回分类结果为9    真实结果为9
返回分类结果为9    真实结果为9
返回分类结果为9    真实结果为9
总共错了9个数据
错误率为0.951374%

In[3]:
```

图 9-10　手写数字识别分类结果

本章小结

支持向量机是一种分类器，它试图通过求解一个二次优化问题来最大化分类间隔。支持向量机分为线性与非线性两大类。

线性支持向量机主要介绍了 platt 的 SMO 算法，通过简化版和完整版 SMO 算法介绍，由浅入深地讲解了算法思想。

非线性支持向量机通过核函数实现。核函数通过将低维数据映射到高维，将低维非线性问题转化成高维线性问题来解决。本章着重介绍了常用的高斯径向基核函数。

支持向量机的优点是泛化错误率低，计算开销不大，结果易理解。其缺点是对参数调节和核函数的选择敏感，如果原始分类器不加修改，则其仅适合于处理二分类问题。

思考题

请尝试使用支持向量机求解本书案例三中的鸢尾花分类问题。

第 10 章

人工神经网络

知识引入

人工神经网络(Artificial Neural Network，ANN)简称神经网络(NN)，是基于生物学中神经网络的基本原理，在理解和抽象了人脑结构和外界刺激响应机制后，以网络拓扑知识为理论基础，模拟人脑神经系统对复杂信息的处理机制的一种数学模型，是综合了神经科学、数学、思维科学、人工智能、统计学、物理学、计算机科学以及工程科学的一门技术。它主要用于解决线性不可分问题。神经网络由大量的节点(或称神经元)相互连接构成。每个节点代表一种特定的输出函数，称为激活函数(activation function)。每两个节点间的连接都具有一个通过该连接的信号的加权值，称之为权重(weight)，通过这种方式来模拟人类的记忆。网络的输出则取决于网络的结构、连接方式、权重和激活函数。而网络自身通常是对自然界某种算法或者函数的逼近，也可能是对一种逻辑策略的表达。

目前非常火热的深度学习模型，本质上就是一种人工神经网络。本章将针对人工神经网络的基本原理和实践应用进行简要介绍。

知识图谱

本章知识图谱如图 10-1 所示。

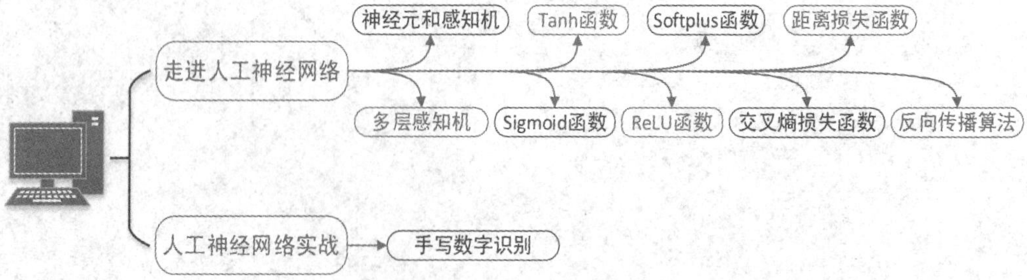

图 10-1　本章知识图谱

10.1　从感知机到多层感知机

神经网络是由具有适应性的简单单元组成的广泛并行互联的网络，它能够模拟生物神经系统对真实世界做出交互反应，其最基本组成是神经元模型。

10.1.1　神经元和感知机

前文中已经提到，人工神经网络是来源于生物神经网络的，我们先来看看生物神经网络的简化模型。

细胞体中的神经细胞膜上有各种受体和离子通道，细胞膜的受体可与相应的化学物质神经递质结合，引起离子通透性及膜内外电位差发生改变，产生相应的生理活动：兴奋或抑制。细胞突起是由细胞体延伸出来的细长部分，又可分为树突和轴突。其中树突可以接受刺激并将兴奋传入细胞体，每个神经元可以有一个或多个树突。轴突可以把兴奋从胞体传送到另一个神经元或其他组织，每个神经元只有一个轴突，如图 10-2 所示。

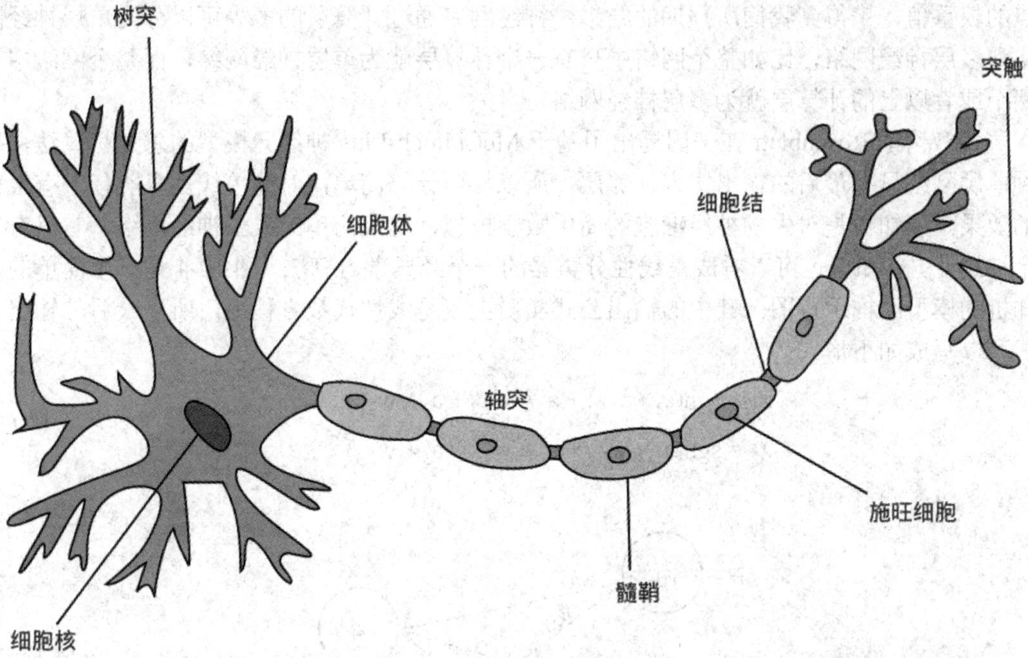

图 10-2　生物神经网络的简化模型

神经细胞的状态取决于从其他的神经细胞收到的输入信号量及突触的强度(抑制或加强)。当信号量总和超过了某个阈值时，细胞体就会兴奋，产生电脉冲。电脉冲沿着轴突并通过突触传递到其他神经元。

1943 年，McCulloch 和 Pitts 通过参考生物神经元结构，第一次提出了关于神经元模型 MP 如何工作的描述，神经元模型 MP 的简单结构示意如图 10-3 所示。

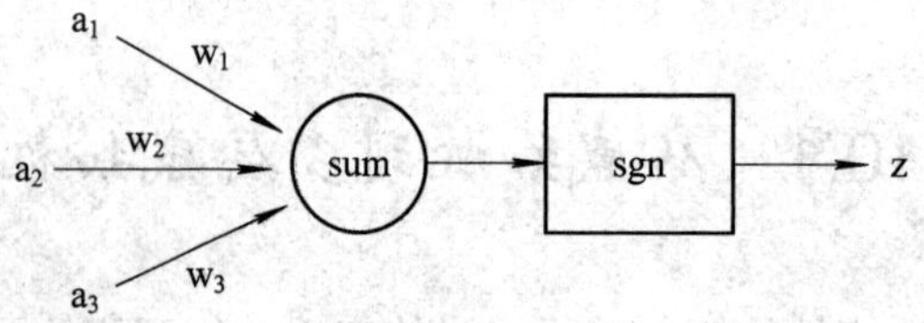

图 10-3　MP 神经元模型示意图

这个经典的神经元模型包含 3 个输入、1 个输出、2 个计算。其中输入的箭头称为连接，每个连接上有一个权重值。我们使用 a 来表示输入，w 来表示权重，箭头表示传递加权运算，z 表示输出，所以最后的输出为输入和权重的线性加权和再在外层叠加一个 sgn 函数(在 MP 模型中 sgn 函数为取符号函数，此函数的输入大于 0 则输出 1，反之则输出 0)。所以最后这个神经元的输出公式应该为

$$z = \mathrm{sgn}(a_1 * w_1 + a_2 * w_2 + a_3 * w_3) \tag{10-1}$$

最后我们对一个神经元进行扩展，可以将 sum 和 sgn 函数合并为函数 f，多个输出箭头表示可以连接后面多个神经元但是输出值完全一样。神经元在之后的神经网络中更多地被称为一个单元或者节点。

神经网络中的节点就是由一个个神经元节点组成的，最后我们需要优化这些网络中节点的权重值，来得到我们所预期的结果。神经网络通过计算层的多少可以分为单层神经网络和多层神经网络，比如整个网络中只有一个计算层就为单层神经网络，而整个网络中有两个或者以上的计算层就为多层神经网络。

1957 年，Rosenblatt 在美国提出了基于 McCulloch-Pitts 神经元模型的感知机算法，这种单层网络只有最后的输出层为计算层，所以权值计算简单，对简单线性分类任务有很好的效果。感知机是对生物神经细胞的简单数学模拟，是最简单的人工神经网络，它只有一个神经元。感知机也可以看成是线性分类器的一个经典学习算法。图 10-4 是一个简单的感知机的模型结构示意图。其中的输出公式实质上就是线性代数方程组，所以最后的输出公式可以写成如下形式：

$$\begin{aligned} z_1 &= \mathrm{sgn}(a_1 * w_{1,1} + a_2 * w_{1,2} + a_3 * w_{1,3}) \\ z_2 &= \mathrm{sgn}(a_1 * w_{2,1} + a_2 * w_{2,2} + a_3 * w_{2,3}) \end{aligned} \tag{10-2}$$

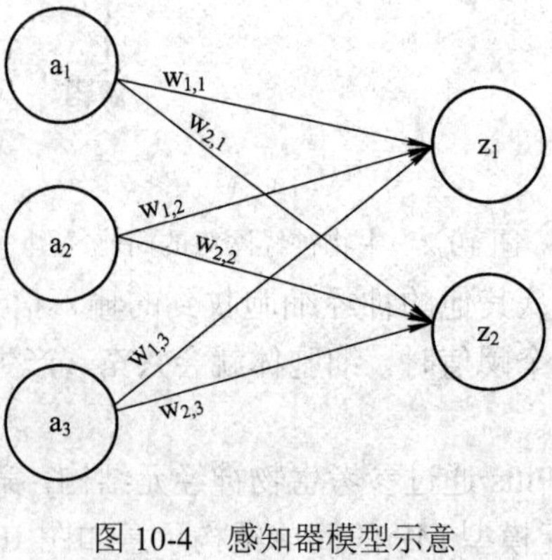

图 10-4　感知器模型示意

10.1.2　多层感知机

上一小节介绍的单层感知机虽然简单，实现方便，但局限性也非常明显：不能解决异或问题，或者说线性不可分问题。

如图 10-5 所示，逻辑与、逻辑与非以及逻辑或的问题都可以用一根直线将不同的两类分开，而对于最后一个逻辑异或问题却不能用一根直线进行类别划分。由此可见异或问题是线性不可分的，单层感知机就没办法解决“异或”问题。

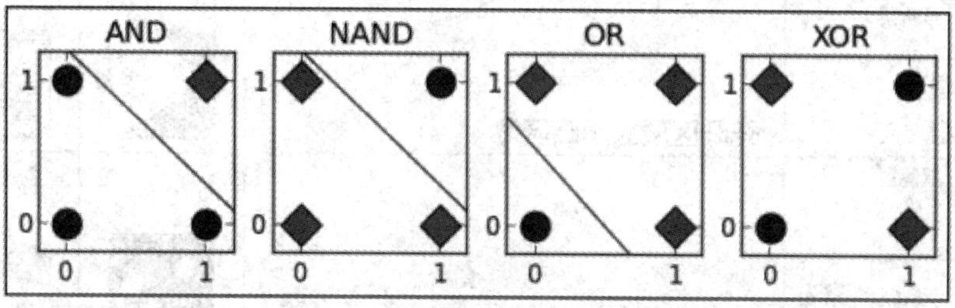

图 10-5　异或问题的线性不可分性

这个问题利用多层感知机就可以解决了。所谓多层感知机，就是在输入层和输出层之间加入一个或多个隐层，以形成能够将样本正确分类的凸域。图 10-6 实现了具有一个隐层的双层感知机。

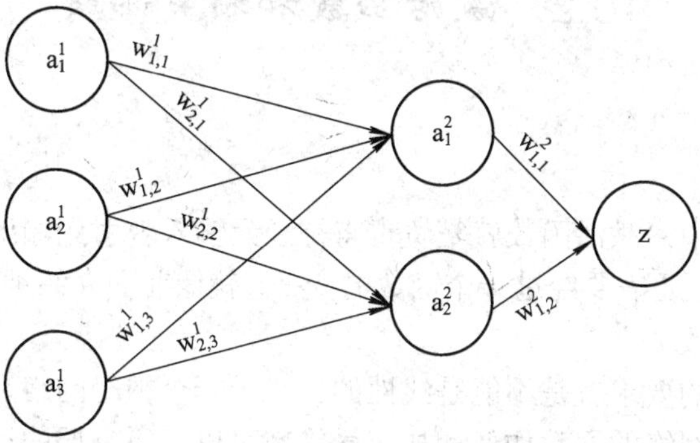

图 10-6　双层神经网络模型示意图

双层神经网络每一步的计算公式与上面介绍的单层神经网络没有太多区别，计算公式如下：

$$
\begin{aligned}
a_1^2 &= f(a_1^1 * w_{1,1}^1 + a_2^1 * w_{1,2}^1 + a_3^1 * w_{1,3}^1) \\
a_2^2 &= f(a_1^1 * w_{2,1}^1 + a_2^1 * w_{2,2}^1 + a_3^1 * w_{2,3}^1) \\
z &= f(a_1^2 * w_{1,1}^2 + a_2^2 * w_{1,2}^2)
\end{aligned}
\tag{10-3}
$$

这几个公式其实就是线性代数方程组，所以可以用矩阵乘法来表示上式，最后可以简化为如下形式：

$$
\begin{aligned}
f(\mathbf{a}^1 * \boldsymbol{\omega}^1) &= a^2 \\
f(\mathbf{a}^2 * \boldsymbol{\omega}^1) &= z
\end{aligned}
\tag{10-4}
$$

我们可以比较一下单层感知机和多层感知机的分类能力。由图 10-7 可以看出，随着隐层层数的增多，凸域将可以形成任意的形状，因此可以解决任何复杂的分类问题。实际上，Kolmogorov 理论指出，双隐层感知器就足以解决任何复杂的分类问题。

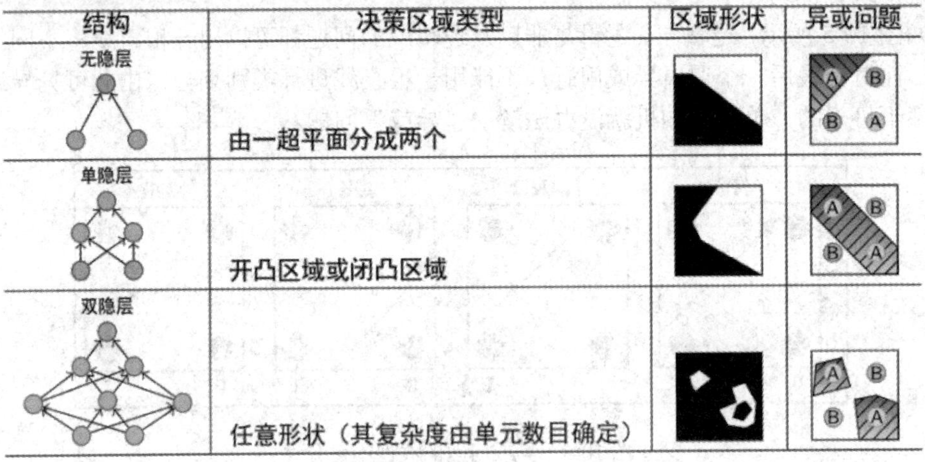

图 10-7　不同结构的感知机的分类能力比较

10.2　激活函数和损失函数

10.2.1　激活函数

在人工神经网络中，激活函数就是负责将神经元输入映射到输出端的函数。在神经元进行加权求和计算后，还需要经过一个函数的变换，就像前面介绍神经元时，最简单的 sgn 函数就是一个激活函数。

激活函数最重要的要求就是不能是线性的。对于一个神经网络，如果使用线性的激活函数，那么无论这个网络的层数如何增加，最终都可以把所有层的计算结合为一层的矩阵计算，本质上就成了一个感知器。

激活函数需要给神经元引入非线性因素，才能使得神经网络可以任意逼近任何非线性的情况，从而应用于多样的非线性模型中。常用的激活函数有很多，如 Sigmoid 函数、Tanh 函数、ReLU 函数和 Softplus 函数等，而且现在经常就会有新的激活函数被提出，以更好适应新型网络的需要。对于一个神经网络来说，选择合适的激活函数是十分重要的，下面将介绍几种较常用的激活函数。

1. Sigmoid 函数

在逻辑回归中我们介绍过 Sigmoid 函数，该函数是将取值为(-∞, +∞)的数映射到(0, 1)之间。Sigmoid 函数的公式表示见式(10-5)，其图形表示如图 10-8 所示。

$$g(z)=1+\frac{1}{1+e^{z}} \tag{10-5}$$

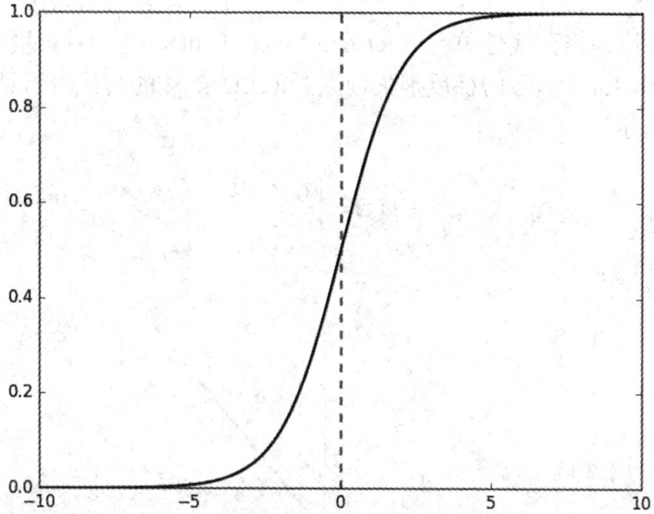

图 10-8　Sigmoid 函数

Sigmoid 函数也叫 Logistic 函数，用于隐藏层的输出，输出在(0, 1)之间，它可以将一个实数映射到(0, 1)的范围内，可以用来做二分类。Sigmoid 函数的应用通常在特征相差比较复杂或是相差不是特别大的时候效果比较好。

Sigmoid 函数的计算量大，反向传播求误差梯度时求导涉及到除法。反向传播的时候，也很容易出现梯度消失的情况，从而无法完成深度神经网络的训练。

2. Tanh 函数

Tanh 函数是将取值为(-∞, +∞)的数映射到(-1, 1)之间，其公式表示见式(10-6)，其图形表示如图 10-9 所示。

$$g(z)=\frac{e^{z}-e^{-z}}{e^{z}+e^{-z}} \tag{10-6}$$

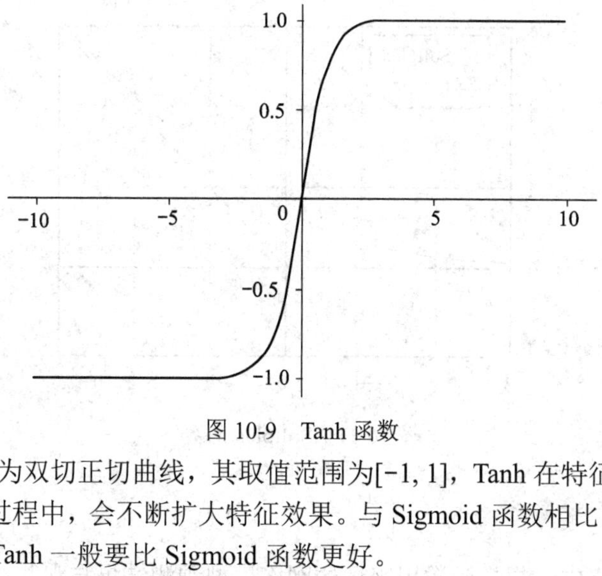

图 10-9　Tanh 函数

Tanh 曲线又称为双切正切曲线，其取值范围为[−1, 1]，Tanh 在特征相差明显的时候效果会好些，在循环过程中，会不断扩大特征效果。与 Sigmoid 函数相比，Tanh 是 0 均值的，因此实际应用中，Tanh 一般要比 Sigmoid 函数更好。

3. ReLU 函数

ReLU 函数又称为修正线性单元(Rectified Linear Unit)，是一种分段线性函数，它弥补了 Sigmoid 函数和 Tanh 函数的梯度消失问题。ReLU 函数的公式表示见式(10-7)，其图形表示如图 10-10 所示。

$$g(z)=\begin{cases} z, \ z>0 \\ 0, \ z\leqslant 0 \end{cases} \tag{10-7}$$

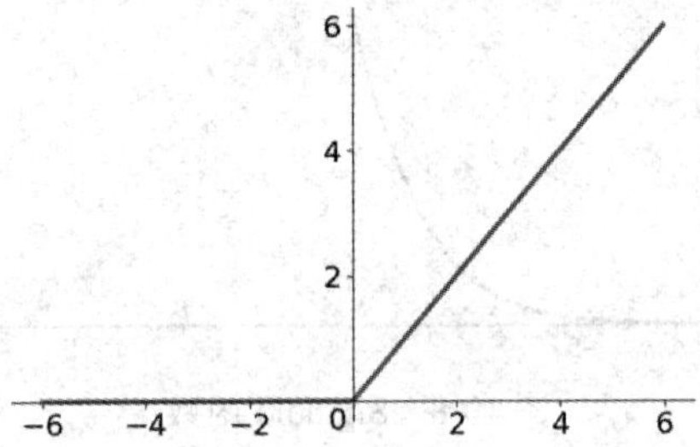

图 10-10　ReLU 函数

ReLU 函数的优点包括：在输入为正数的时候(对于大多数输入 z 空间来说)，不存在梯度消失问题；计算速度要快很多；ReLU 函数只有线性关系，不管是前向传播还是反向传播，都比 Sigmod 和 Tanh 要快很多(Sigmod 和 Tanh 要计算指数，计算速度会比较慢)。

ReLU 函数的缺点是当输入为负时梯度为 0，会产生梯度消失问题。

4. Softplus 函数

Softplus 函数相当于平滑了的 ReLU 函数，其公式表示见式(10-8)，其图形表示如图 10-11 所示，图中实线部分是 ReLU 曲线，虚线部分是 Softplus 曲线。

$$Y(x)=\ln(1+e^{x}) \tag{10-8}$$

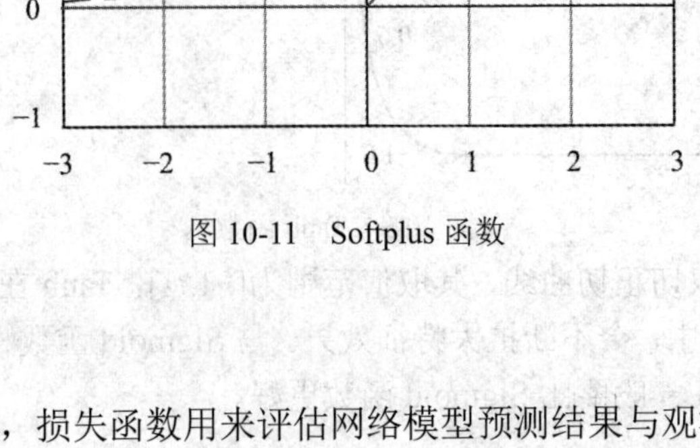

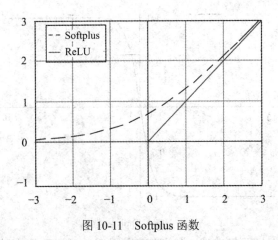

图 10-11　Softplus 函数

10.2.2　损失函数

在人工神经网络中，损失函数用来评估网络模型预测结果与观测结果间概率分布的差异。一个输入经过网络模型后输出的结果和实际这种输入应该产生的结果之间的差距需要通过一个损失函数来衡量。而损失函数的选取也同样需要考虑实际情况。对于一个分类任务来说，一般可以使用距离损失函数、交叉熵损失(Cross Entropy Loss)函数等；而回归任务中，一般有均方误差(MSE)、平均绝对误差(MAE)等损失函数。

1. 距离损失函数

距离损失函数的计算公式为

$$L(y,G(x))=\|y-G(x)\|^2=[y-G(x)]^2 \tag{10-9}$$

损失函数对应着最小平方误差，模型预测 G(x)和真实值 y 的距离越大，损失就越大，反之则越小。

2. 交叉熵损失函数

交叉熵损失函数的计算公式为

$$L(y,G(x))=-[y\ln G(x)+(1-y)\ln(1-G(x))] \tag{10-10}$$

其中，G(x)为概率向量。

交叉熵涉及到信息论的知识，感兴趣的读者可自行了解。

10.3 反向传播算法

对于含有隐藏层的多层神经网络来说，如何确定神经网络的权重参数一直是一个比较困难的事情。自从出现了反向传播(BackPropagation, BP)算法，这个问题才得到了一定程度的解决。反向传播是“误差反向传播”的简称，是一种与最优化方法(如梯度下降法)结合使用的，用来训练人工神经网络的常见方法。该方法对网络中所有权重计算损失函数的梯度，这个梯度会反馈给最优化方法，用来更新权值以最小化损失函数。反向传播要求人工神经元的激励函数可微。

反向传播算法主要由两个阶段组成：激励传播与权重更新。

1. 激励传播

在激励传播阶段，每次迭代中的传播环节包含两步：前向传播阶段和反向传播阶段。在前向传播阶段，将训练输入送入网络以获得激励响应；在反向传播阶段，将激励响应同训练输入对应的目标输出求差，从而获得输出层和隐藏层的响应误差。

2. 权重更新

在权重更新阶段，对于每个突触上的权重，首先将输入激励和响应误差相乘，从而获得权重的梯度；然后将这个梯度乘上一个比例因子并取反后加到权重上。这个比例将会影响到训练过程的速度和效果，因此称为“训练因子”。梯度的方向指明了误差扩大的方向，因此在更新权重的时候需要对其取反，从而减小权重引起的误差。

激励传播与权重更新可以反复循环迭代，直到网络对输入的响应达到满意的预定的目标范围为止。

总的来说，BP 算法利用梯度来更新结构中的参数，使得损失函数最小化。

由于本书的重点在模型的使用上，因此书中省略了这部分数学推导，有需要了解这部分数学过程的读者可以参考其他文献。

10.4　案例十三　手写数字识别

神经网络的实现其实是一个比较复杂的过程，但针对 Python 语言，已经有非常多的支持深度学习的框架都能够很好地支持神经网络模型，对于大多数只是需要解决实际问题的读者来说，如果不是需要针对理论本身进行研究，直接在项目中使用这些成熟的框架即可。本小节将利用飞桨框架实现案例二和案例十二出现过的手写数字识别案例，该案例的数据集已经被集成到框架案例库中了，读者正常安装了飞桨之后即可直接使用，另外也可以直接在百度提供的在线编程环境 AI Studio 中实现。关于飞桨框架的安装和基本使用方法请参见第 2 章相关内容。

使用飞桨完成手写数字识别任务的代码结构如图 10-12 所示，下面各小节中我们将详细介绍每个步骤的具体实现方法和优化思路。

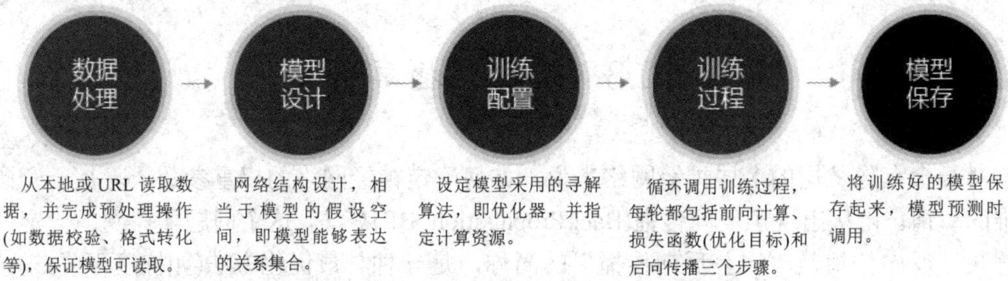
数据
处理
模型
设计
训练
配置
训练
过程
模型
保存
从本地或 URL 读取数据，并完成预处理操作(如数据校验、格式转化等)，保证模型可读取。
网络结构设计，相当于模型的假设空间，即模型能够表达的关系集合。
设定模型采用的寻解算法，即优化器，并指定计算资源。
循环调用训练过程，每轮都包括前向计算、损失函数(优化目标)和后向传播三个步骤。
将训练好的模型保存起来，模型预测时调用。

图 10-12　使用飞桨框架构建神经网络过程

10.4.1　数据准备

和别的案例一样，首先需要导入数据。飞桨中提供了自动加载 MINST 数据的模块 paddle.vision.datasets.MNIST，可以通过下面的方法加载训练集和测试集：

- 训练集：paddle.vision.datasets.MNIST(mode='train', transform=transform)
- 测试集：paddle.vision.datasets.MNIST(mode='test', transform=transform)

数据准备工作需要导入必要的包，准备训练集和测试集数据，以及做一些必要的数据处理，详细代码如下：

```
# 导入需要的包
import numpy as np
import paddle as paddle
import paddle.fluid as fluid
from PIL import Image
```

```
import matplotlib.pyplot as plt
import os
from paddle.fluid.dygraph import Linear

BUF_SIZE=512
BATCH_SIZE=50
# 用于训练的数据提供器，每次从缓存的数据项中随机读取批次大小的数据
train_reader = paddle.batch(paddle.reader.shuffle(paddle.dataset.mnist.train(),
                buf_size=BUF_SIZE,
                batch_size=BATCH_SIZE)
# 用于测试的数据提供器，每次从缓存的数据项中随机读取批次大小的数据
test_reader = paddle.batch(paddle.reader.shuffle(paddle.dataset.mnist.test(),
                buf_size=BUF_SIZE,
                batch_size=BATCH_SIZE)
```

10.4.2　网络配置

本案例定义了一个简单的三层网络，两个大小为 100 的隐层和一个大小为 10 的输出层。因为 MNIST 数据集是手写 0 到 9 的灰度图像，类别有 10 个，所以最后的输出大小是 10。输出层的激活函数是 Softmax，所以最后的输出层相当于一个分类器。加上一个输入层，最终的结构是：输入层→隐层→隐藏层→输出层，如图 10-13 所示。

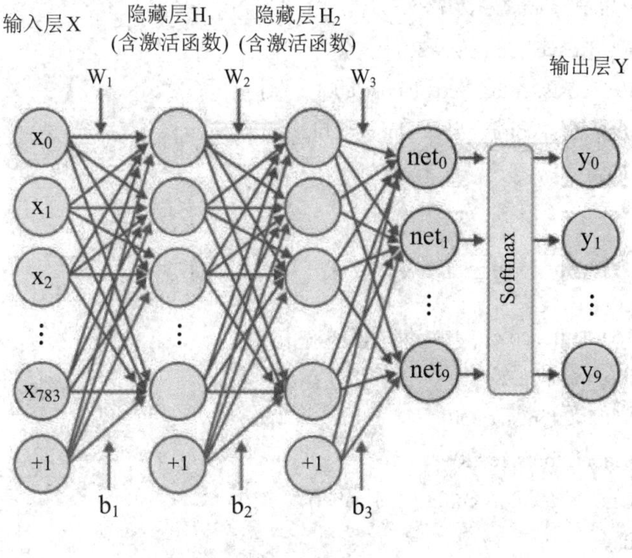

图 10-13　网络结构图

实现代码如下：

```
# 定义多层感知器
# 动态图定义多层感知器
```

```
class multilayer_perceptron(fluid.dygraph.Layer):
    def __init__(self):
        super(multilayer_perceptron, self).__init__()
        self.fc1 = Linear(input_dim=28*28, output_dim=100, act='relu')
        self.fc2 = Linear(input_dim=100, output_dim=100, act='relu')
        self.fc3 = Linear(input_dim=100, output_dim=10, act="softmax")
    def forward(self, input_):
        x = fluid.layers.reshape(input_, [input_.shape[0], -1])
        x = self.fc1(x)
        x = self.fc2(x)
        y = self.fc3(x)
        return y
```

10.4.3 模型训练

实现了网络搭建之后接下来就可以训练模型了。首先定义几个用于模型训练结果展示的函数，然后再利用动态图进行模型训练，同时将效果好的模型保存起来。详细代码如下。

(1) 结果展示函数代码：

```
# 绘制训练过程
def draw_train_process(title, iters, costs, accs, label_cost, lable_acc):
    plt.title(title, fontsize=24)
    plt.xlabel("iter", fontsize=20)
    plt.ylabel("cost/acc", fontsize=20)
    plt.plot(iters, costs, color='red', label=label_cost)
    plt.plot(iters, accs, color='green', label=lable_acc)
    plt.legend()
    plt.grid()
    plt.show()

def draw_process(title, color, iters, data, label):
    plt.title(title, fontsize=24)
    plt.xlabel("iter", fontsize=20)
    plt.ylabel(label, fontsize=20)
    plt.plot(iters, data, color=color, label=label)
    plt.legend()
    plt.grid()
    plt.show()
```

(2) 模型训练及保存代码：

```
# 用动态图进行训练
```

```
all_train_iter=0
all_train_iters=[]
all_train_costs=[]
all_train_accs=[]

best_test_acc = 0.0
with fluid.dygraph.guard():
    model=multilayer_perceptron()          # 模型实例化
    model.train()                          # 训练模式
    # adam 优化器，可调参数
    opt=fluid.optimizer.Adam(learning_rate=fluid.dygraph.ExponentialDecay(
            learning_rate=0.001,           # 学习率，可调参数
            decay_steps=4000,
            decay_rate=0.1,
            staircase=True, parameter_list=model.parameters())

    epochs_num=10                          # 迭代次数，可调参数
    for pass_num in range(epochs_num):
        lr = opt.current_step_lr()
        print("learning-rate:", lr)

        for batch_id, data in enumerate(train_reader()):
            images=np.array([x[0].reshape(1, 28, 28) for x in data], np.float32)
            labels = np.array([x[1] for x in data]).astype('int64')
            labels = labels[:, np.newaxis]

            image=fluid.dygraph.to_variable(images)
            label=fluid.dygraph.to_variable(labels)
            predict=model(image)                                 # 预测
            loss=fluid.layers.cross_entropy(predict, label)      # 使用交叉熵损失
            avg_loss=fluid.layers.mean(loss)                     # 获取 loss 值

            acc=fluid.layers.accuracy(predict, label)            # 计算精度
            avg_loss.backward()
            opt.minimize(avg_loss)
            model.clear_gradients()

            all_train_iter=all_train_iter+256
            all_train_iters.append(all_train_iter)
```

```
        all_train_costs.append(loss.numpy()[0])
        all_train_accs.append(acc.numpy()[0])
        # 每 50 个 batch 输出一次调试信息
        if batch_id!=0 and batch_id%50==0:
            print("train_pass:{}, batch_id:{}, train_loss:{}, train_acc:{}".format(
            pass_num, batch_id, avg_loss.numpy(), acc.numpy()))

    # 在测试集上验证效果
    with fluid.dygraph.guard():
        accs = []
        model.eval()                                          # 评估模式
        for batch_id, data in enumerate(test_reader()):       # 测试集
            images=np.array([x[0].reshape(1, 28, 28) for x in data], np.float32)
            labels = np.array([x[1] for x in data]).astype('int64')
            labels = labels[:,    np.newaxis]

            image=fluid.dygraph.to_variable(images)
            label=fluid.dygraph.to_variable(labels)

            predict=model(image)                              # 预测
            acc=fluid.layers.accuracy(predict, label)
            accs.append(acc.numpy()[0])
            avg_acc = np.mean(accs)

        if avg_acc >= best_test_acc:
            best_test_acc = avg_acc
            if pass_num > 10:
                fluid.save_dygraph(model.state_dict(),
                    './work/{}'.format(pass_num))             # 保存模型
            print('Test:%d, Accuracy:%0.5f,
                Best: %0.5f'%    (pass_num, avg_acc, best_test_acc))
print('模型训练并保存完成！')
print("best_test_acc", best_test_acc)
draw_train_process("training", all_train_iters, all_train_costs, all_train_accs,
                "trainning cost", "trainning acc")
draw_process("trainning loss", "red", all_train_iters, all_train_costs, "trainning loss")
draw_process("trainning acc", "green", all_train_iters, all_train_accs, "trainning acc")
```

运行上述代码可以看到图 10-14 所示的输出信息，其中包括一些调试信息，以及训练消耗、训练损失和训练准确率。

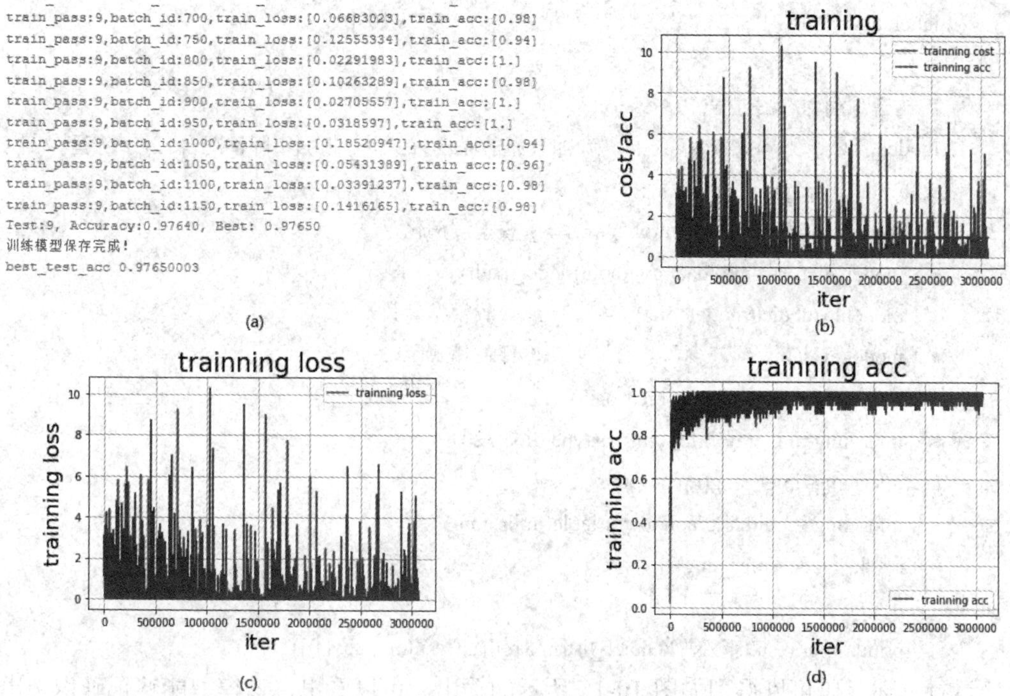
train_pass:9,batch_id:700,train_loss:[0.06683023],train_acc:[0.98]
train_pass:9,batch_id:750,train_loss:[0.12555334],train_acc:[0.94]
train_pass:9,batch_id:800,train_loss:[0.02291983],train_acc:[1.]
train_pass:9,batch_id:850,train_loss:[0.10263289],train_acc:[0.98]
train_pass:9,batch_id:900,train_loss:[0.02705557],train_acc:[1.]
train_pass:9,batch_id:950,train_loss:[0.0318597],train_acc:[1.]
train_pass:9,batch_id:1000,train_loss:[0.18520947],train_acc:[0.94]
train_pass:9,batch_id:1050,train_loss:[0.05431389],train_acc:[0.96]
train_pass:9,batch_id:1100,train_loss:[0.03391237],train_acc:[0.98]
train_pass:9,batch_id:1150,train_loss:[0.1416165],train_acc:[0.98]
Test:9, Accuracy:0.97640, Best: 0.97650
训练模型保存完成！
best_test_acc 0.97650003
(a)
training
trainning cost
trainning acc
cost/acc
iter
(b)
trainning loss
trainning loss
trainning loss
iter
(c)
trainning acc
trainning acc
trainning acc
iter
(d)
图 10-14　训练结果输出

10.4.4　模型使用

训练并保存好模型之后，就可以使用模型进行预测了。

在预测之前需要对图像进行预处理，首先进行灰度化，然后压缩图像使其大小为 28 × 28，接着将图像转换成一维向量，最后再对一维向量进行归一化处理。具体实现代码如下：

```
def load_image(file):
    # 将 RGB 转化为灰度图像，L 代表灰度图像，像素值在 0～255 之间
    im = Image.open(file).convert('L')
    # resize image with high-quality 图像大小为 28 × 28
    im = im.resize((28, 28), Image.ANTIALIAS)
    # 返回新形状的数组，把它变成一个 numpy 数组以匹配数据馈送格式
    im = np.array(im).reshape(1, 1, 28, 28).astype(np.float32)
    # print(im)
im = im / 255.0 * 2.0 - 1.0    # 归一化到[-1～1]之间
return im
```

然后使用 Matplotlib 工具显示这张图像并预测，代码如下：

```
infer_path='/home/aistudio/data/data2304/infer_3.png'    # 指定想要预测的图像
img = Image.open(infer_path)
plt.imshow(img)                                           # 根据数组绘制图像
plt.show()                                                # 显示图像
```

```
label_list = ["0", "1", "2", "3", "4", "5", "6", "7", "8", "9", "10"]


# 构建预测动态图过程
model_path = './work/24'              # 加载先前保存的模型，根据实际情况自己修改模型文件名
with fluid.dygraph.guard():
    model=multilayer_perceptron()          # 模型实例化
    model_dict, _=fluid.load_dygraph(model_path)
    model.load_dict(model_dict)            # 加载模型参数
    model.eval()                           # 评估模式
    infer_img = load_image(infer_path)
    infer_img=np.array(infer_img).astype('float32')
    infer_img=infer_img[np.newaxis, :, :, :]
    infer_img = fluid.dygraph.to_variable(infer_img)
    result=model(infer_img)

    print("infer results: %s" % label_list[np.argmax(result.numpy())])
```

运行上述代码可以得到如图 10-15 所示的输出，可以看出，该模型能够正确识别出图像上的内容为数字 3。

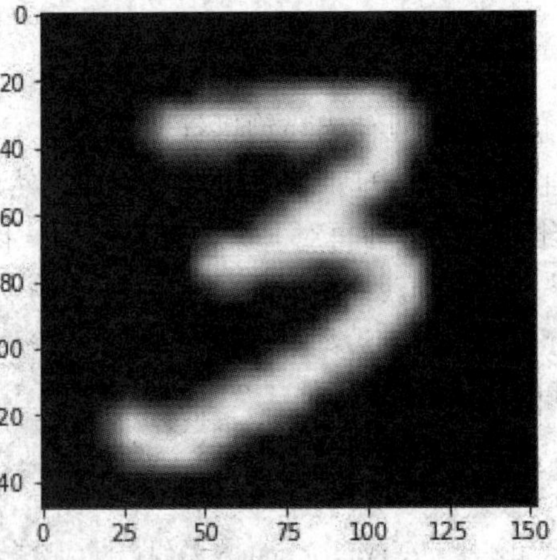

infer results: 3

图 10-15　预测结果

温馨提示：

上述案例是使用飞桨动态图的方式实现的手写数字识别，其代码的开源地址如下：

https://aistudio.baidu.com/aistudio/projectdetail/1240529

另外还提供了飞桨静态图方式识别的实现代码，其代码的开源地址如下：

https://aistudio.baidu.com/aistudio/projectdetail/1240478。

关于飞桨的静态图和动态图的更多信息，可以参考如下链接：

https://www.paddlepaddle.org.cn/tutorials/projectdetail/2134396

读者可以尝试调整模型的参数，看看在哪种参数情况下能够得到更好的结果。同时还可以尝试调整神经网络的结构，以达到更好的分类效果。

对于机器学习问题来说，很重要的一部分工作就是调参。调参就是 trial-and-error，没有其他捷径可以走，唯一的区别就是有些人是盲目地尝试，而有些人是思考之后再尝试。快速尝试，快速纠错，这是调参的关键。同时，经验也很重要，这需要在不断的代码调试过程中积累。

本章小结

人工神经网络(ANN)是仿照生物神经网络发展起来的一种机器学习模型，它是由简单神经元经过相互连接形成网状结构，通过调节各连接的权重值来改变连接的强度，从而实现感知判断的。反向传播算法的提出大大推动了神经网络的发展，是深度学习的基础。神经网络作为一种重要的机器学习的方法，在计算机视觉、自然语言处理等领域得到了广泛的应用。目前已经有很多的比较成熟的可以直接使用的神经网络工具库，包括谷歌出品的 TensorFlow、Facebook 出品的 PyTorch、百度出品的 PandlePandle 等，在实际项目中，如果不是有特别的要求，需要修改网络底层的算法，大多数情况下直接调用这些成熟的模型库即可。

思考题

请利用人工神经网络分类螺旋数据集。螺旋线数据集可以通过以下代码构建：

```
importnumpy as np
import pandas as pd
N = 100                                    # 每个类中的样本点
D = 2                                      # 维度
K = 3                                      # 类别个数
X = np.zeros((N*K, D))                     # 样本 input
y = np.zeros(N*K, dtype='uint8')           # 类别标签
for j in xrange(K):
ix = range(N*j, N*(j+1))
   r = np.linspace(0.0, 1, N)   # radius
   t = np.linspace(j*4, (j+1)*4, N) + np.random.randn(N)*0.2    # theta
   X[ix] = np.c_[r*np.sin(t), r*np.cos(t)]
y[ix] = j
# 可视化一下我们的样本点
plt.scatter(X[:, 0], X[:, 1], c=y, s=40, cmap=plt.cm.Spectral)<br>p; t.show()
```

第 11 章

K均值聚类

知识引入

有这样一个问题，在“双十一”期间，物流公司要给M城市的100个客户配送货物。客户分布在M市的各个地方，假设公司只有5辆货车，请问如何配送才能让客户尽快收到包裹？

这个问题可以用本章介绍的聚类方法将待配送的客户聚为5类，使得每个类别内部的客户距离相对较近，这样就可以为每个类别分配一辆配送车即可。

本章将介绍解决这个快递配送问题的具体实现方案。

知识图谱

本章知识图谱如图11-1所示。

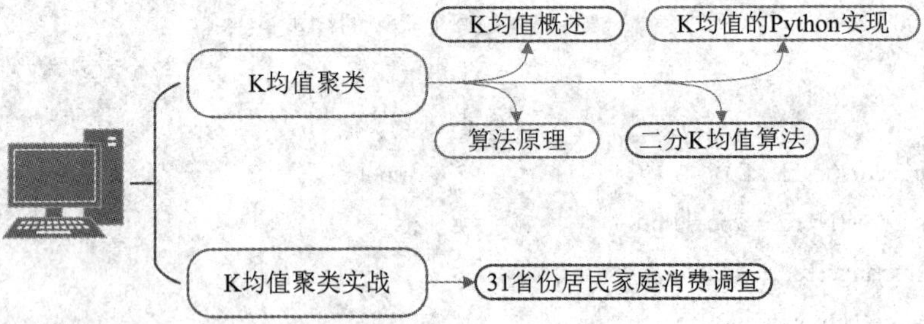

图 11-1　本章知识图谱

11.1　模型介绍

前面章节介绍的机器学习方法都是监督学习的方法，也就是说，给定的训练样本都是事先标注好类别的，知道训练样本本身属于哪一类的。但在实际生活中，要获得大量的有标注的样本本身就是比较困难的，因为样本的标注成本非常高。尽管现在有了一些诸如众包法等方式可以发动广大读者一起来进行数据标注，但仍然需要很高的成本。因此，我们需要针对没有标注的数据进行处理，而这样的问题就叫作无监督学习。聚类方法就是一种非常典型的无监督学习方法，而本章介绍的 K 均值聚类就是最简单的聚类算法。

11.1.1　模型概述

顾名思义，聚类就是指物以类聚，把具有相似特征的样本聚集在一起，形成一类。K 均值(K-means)是一种聚类算法，是发现给定数据集的 K 个簇的算法。簇个数 K 是由用户给定的，每个簇通过其质心(centroid)即簇中所有点的中心来描述。

K 均值聚类算法的主要工作流程如下：随机选择 K 个点作为初始质心(质心即簇中所有点的中心)，然后将数据集中的每个点分配到一个簇中。具体来讲，为每个点寻找距其最近的质心，并将其分配给该质心所对应的簇。这一步完成之后，每个簇的质心更新为该簇所有点的平均值。重复以上步骤，直到质心不发生变化。具体迭代过程如图 11-2 所示。

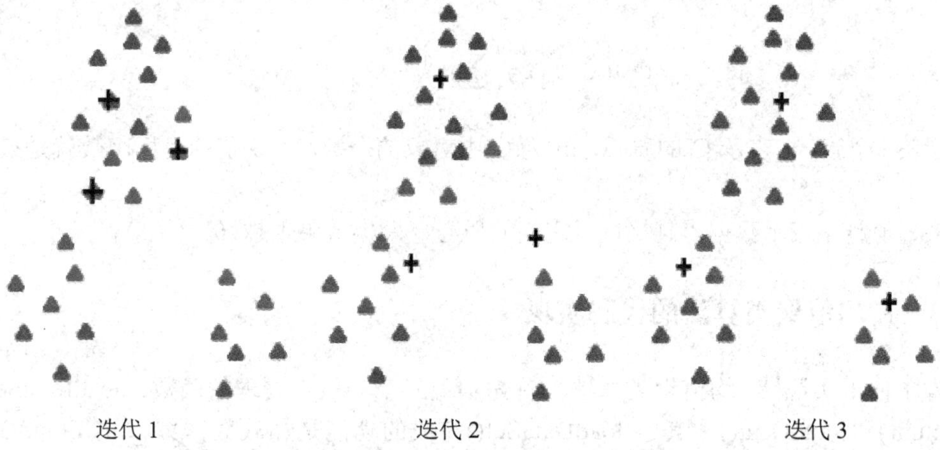

图 11-2　K 均值迭代过程

K 均值聚类属于无监督学习，无须准备训练集，原理简单，实现起来较为容易，结果可解释性较好；但在算法开始预测之前，需要手动设置 K 值，即估计数据大概的类别个数，不合理的 K 值会使结果缺乏解释性；可能收敛到局部最小值，在大规模数据集上收敛较慢；对于异常点、离群点敏感。

11.1.2　基本的 K 均值聚类算法

K 均值的基本算法如下：首先，随机选择 K 个初始质心，其中 K 即所期望的簇的个数。

每个点指派到最近的质心，而指派到一个质心的点即为一个簇。然后，根据指派到簇的点更新每个簇的质心。重复指派和更新步骤，直到簇不发生变化，或等价地，直到质心不发生变化。

算法实现的伪代码如下：

```
选择 k 个点作为初始质心(通常随机)
repeat
对每个质心计算距离，将每个点指派到最近的质心，形成 k 个簇
重新计算每个簇的质心
until 质心不发生变化
```

可以使用误差的平方和(Sum of the Squared Error，SSE)作为度量聚类质量的目标函数。我们计算每个数据点的误差，即它到最近质心的欧氏距离，然后计算误差的平方和。SSE 形式的定义如下：

$$SSE = \sum_{i=1}^{k}\sum_{x \in C_i} \text{dist}(c_i, x)^2 \tag{11-1}$$

其中，dist 是欧氏空间中两个对象之间的标准欧氏距离。若数据集为

$$D = \left\{x_1, x_2, \cdots, x_i, \cdots, x_N\right\} \tag{11-2}$$

其中 $x_i = \left\{x_i^{(1)}, x_i^{(2)}, x_i^{(3)}, \cdots, x_i^{(i)}, \cdots, x_i^{(N)}\right\}$， $x_i^{(i)}$ 为 x 的第 i 个特征取值，则：

$$\text{dist}(x_i,\ x_j) = \left(\sum_{l=1}^{n}\left|x_i^{(l)} - x_j^{(l)}\right|^2\right)^{\frac{1}{2}} \tag{11-3}$$

C_i 表示第 i 个簇，x_i 表示 C_i 的质心，m_i 为 C_i 中对象的个数，K 均值的目标函数就是最小化 SSE。

SSE 值越小表示数据点越接近于它们的质心，聚类效果也越好。

11.1.3 K 均值聚类算法的代码实现

为了便于实现 K 均值聚类算法，首先实现三个一般性处理的函数：loadDataSet()、distEclud()和 randCent()。其中 loadDataSet()完成的功能是加载数据集。distEclud()主要负责计算两个向量的欧氏距离(也可以采用其他距离来衡量，读者可以在我们提供的代码基础上自行改写)。randCent()负责为给定的数据集创建一个包含 K 个随机质心的集合，代码如下：

```python
import numpy as np


def loadDataSet(fileName):
    # 获取数据集
    dataMat = []
```

```
    fr = open(fileName)
    for line in fr.readlines():
        curLine = line.strip().split('\t')
        fltLine = list(map(float, curLine))
        dataMat.append(fltLine)
    return dataMat

def distEclud(vecA, vecB):
    # 根据式()计算 vecA、vecB 两点间的欧氏距离
    return sqrt(sum(power(vecA - vecB, 2)))

def randCent(dataSet, k):
# 随机生成 k 个质心
# 获取数据集特征数量，即列数
n = shape(dataSet)[1]
# 初始化一个 k 行 n 列的矩阵，元素为 0，用于存储质心
    centroids = mat(zeros((k, n)))
for j in range(n):
# 获取数据集第 j 列的最小值
        minJ = min(dataSet[:, j])
# 计算数据集第 j 列中最大值减最小值的差
        rangeJ = float(max(dataSet[:, j]) - minJ)
        # 随机生成 k 行 1 列的数组，元素在 0 到 1 之间，乘以 rangeJ 再加上 minJ，
        # 则可得随机生成的第 j 列中最小值与最大值之间的一个数
        centroids[:, j] = mat(minJ + rangeJ * random.rand(k, 1))
    return centroids
```

在上述支持函数完成后，就可以实现 K 均值聚类算法了，代码如下：

```
def kMeans(dataSet, k, distMeas=distEclud, createCent=randCent):
# kMeans 函数接受 4 个输入参数，数据集及簇的数目为必选参数，
# 计算距离默认为欧氏距离，创建初始质心默认为随机生成
# 获取数据集数量，即行数
m = shape(dataSet)[0]
# 初始化一个 m 行 2 列的矩阵，元素为 0，第一列存储当前最近质心，
# 第二列存储数据点与质心的距离平方
clusterAssment = mat(zeros((m, 2)))
# 创建 k 个初始质心
    centroids = createCent(dataSet, k)
    clusterChanged = True
```

```
    while clusterChanged:
        clusterChanged = False
        for i in range(m):
            # 循环 m 个数据，寻找距离第 i 个数据最近的质心
            # 初始化最近质心
            minIndex = -1
            # 初始化第 i 个数据与最近质心的最小距离为无穷大
            minDist = inf
            for j in range(k):
                # 循环 k 个质心，寻找离第 i 个数据最近的质心
                # 计算第 i 行数据与第 j 个质点的欧氏距离
                distJI = distMeas(centroids[j, :], dataSet[i, :])
                if distJI < minDist:
                    # 更新最近质心为第 j 个质点的质心
                    minIndex = j
                    # 更新第 i 个数据与最近的质心的最小距离
                    # 若其中存储的质心与此次结果不一样，则需迭代，直至没有质心的改变
                    minDist = distJI
                if clusterAssment[i, 0] != minIndex: clusterChanged = True
                # 更新 clusterAssment 数据
                clusterAssment[i, :] = minIndex, minDist**2
            for cent in range(k):
                # 获取属于第 cent 个质心的所有数据
                ptsInClust = dataSet[nonzero(clusterAssment[:, 0].A==cent)[0]]
                  # 计算属于第 cent 个质心的所有数据各列的平均值，更新第 cent 个质心
                  # centroids 为当前 k 个质心，clusterAssment 为各个数据所属质心及距离该
                  # 质心的距离平方
                centroids[cent, :] = mean(ptsInClust, axis=0)
    return centroids, clusterAssment
```

可以通过下面的函数对效果进行验证：

```
def plot(dataSet):
    """
函数说明：绘制原数据集
    :param dataSet:
    :return:
    """
    x = dataSet[:, 0].tolist()
    y = dataSet[:, 1].tolist()
```

```
    plt.scatter(x, y)
    plt.show()

def plotKMeans(dataSet, clusterAssment, cenroids):
    """
函数说明：绘制聚类后情况
    :param dataSet: 数据集
    :param clusterAssment: 聚类结果
    :param cenroids: 质心坐标
    :return:
    """
m = np.shape(dataSet)[0]
# 设置四种分类点(x0, y0) (x1, y1) (x2, y2) (x3, y3)的坐标
    x0 = dataSet[np.nonzero(clusterAssment[:, 0] == 0), 0][0].tolist()
    y0 = dataSet[np.nonzero(clusterAssment[:, 0] == 0), 1][0].tolist()
    x1 = dataSet[np.nonzero(clusterAssment[:, 0] == 1), 0][0].tolist()
    y1 = dataSet[np.nonzero(clusterAssment[:, 0] == 1), 1][0].tolist()
    x2 = dataSet[np.nonzero(clusterAssment[:, 0] == 2), 0][0].tolist()
    y2 = dataSet[np.nonzero(clusterAssment[:, 0] == 2), 1][0].tolist()
    x3 = dataSet[np.nonzero(clusterAssment[:, 0] == 3), 0][0].tolist()
    y3 = dataSet[np.nonzero(clusterAssment[:, 0] == 3), 1][0].tolist()
    # 设置四种分类点的颜色形状
    plt.scatter(x0, y0, color = 'red', marker='*')
    plt.scatter(x1, y1, color = 'yellow', marker='o')
    plt.scatter(x2, y2, color = 'blue', marker='s')
    plt.scatter(x3, y3, color = 'green', marker='^')
    for i in range(np.shape(cenroids)[0]):
        plt.scatter(cenroids[i, 0], cenroids[i, 1], color='k', marker='+', s=200)
    plt.show()

if __name__ == '__main__':
    dataSet = loadDataSet('testSet.txt')
    dataMat = np.mat(dataSet)
    plot(dataMat)
    cenroids, clusterAssment = kMeans(dataMat, 4)
    print(cenroids, clusterAssment)
    plotKMeans(dataMat, clusterAssment, cenroids)
```

程序运行结果如图 11-3 所示。

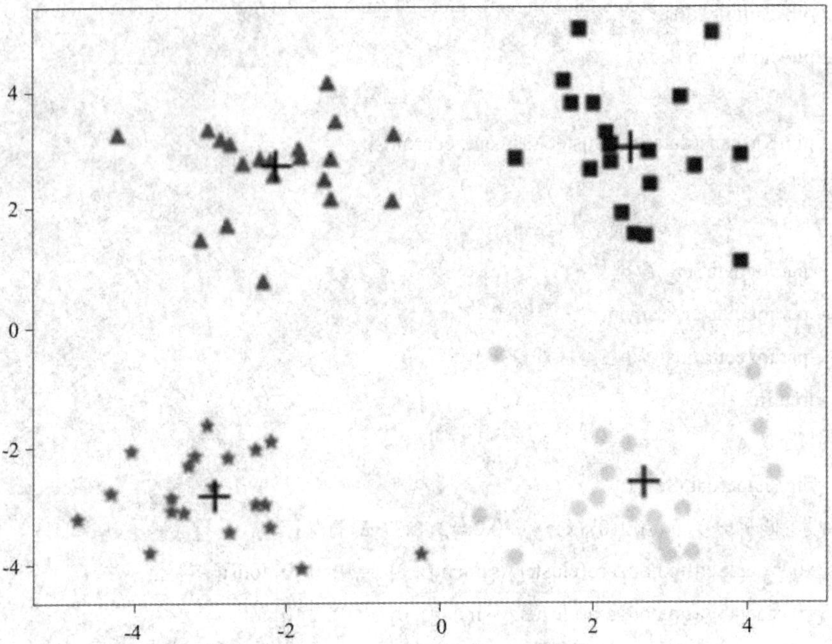

图 11-3　K 均值聚类结果图

可以看出，经过 3 次迭代后上图的聚类结果中有 4 个质心。

11.1.4　二分 K 均值算法

上文已经提到，选择适当的初始质心是基本 K 均值过程的关键步骤。常见的方法是随机选取初始质心，但是簇的质量常常很差。为了克服这个问题，有人提出了二分 K 均值算法。该算法是基本 K 均值算法的直接扩充，其基本思路如下：

首先，将所有点作为一个簇，然后在该簇上使用基本 K 均值算法，其中 K=2，从而将该簇一分为二。之后选择其中一个簇继续进行同样的划分，选择哪一个簇进行划分取决于对其的划分是否可以最大程度地降低 SSE 值。上述基于 SSE 的划分过程不断重复，直到得到用户指定的簇数目为止。

伪代码如下：

```
初始化簇表，使之包含由所有的点组成的簇
repeat
从簇表中取出一个簇(选取对其划分能最大程度降低 SSE 值的簇)
    {对选定的簇进行多次二分“试验”}
    for i=1 to  试验次数 do
    使用基本 K 均值，二分选定的簇
    end for
从二分试验中选择具有最小总 SSE 值的两个簇，将这两个簇添加到簇表中
until 簇表中包含 K 个簇
```

具体代码实现如下：

```
def biKmeans(dataSet, k, distMeas=distEclud):
# biKmeans 函数接受 3 个输入参数，数据集及簇的数目为必选参数，计算距离默认为欧氏距离
# 获取数据集数量，即行数
m = shape(dataSet)[0]
# 初始化一个 m 行 2 列的矩阵，元素为 0，第一列存储当前最近质心，第二列存储数据点与
# 质心的距离平方
clusterAssment = mat(zeros((m, 2)))
# 将所有点作为一个簇，计算数据集各列的平均值，作为初始簇的质心
centroid0 = mean(dataSet, axis=0).tolist()[0]
# centList 存储各个质心
centList = [centroid0]
for j in range(m):
    # 计算初始质心与各数据的距离平方
    clusterAssment[j, 1] = distMeas(mat(centroid0), dataSet[j, :])**2
    while (len(centList) < k):
        # 未达到指定簇的数目，则继续迭代
        lowestSSE = inf
        for i in range(len(centList)):
            # 循环簇的个数，寻找使 SSE 下降最快的簇的划分
                # 获取属于第 i 个质心的所有数据
            ptsInCurrCluster = dataSet[nonzero(clusterAssment[:, 0].A==i)[0], :]
                # 将第 i 个簇二分为 2 个簇
            centroidMat, splitClustAss = kMeans(ptsInCurrCluster, 2, distMeas)
                # 计算第 i 个簇二分为 2 个簇后的 SSE 值
            sseSplit=sum(splitClustAss[:, 1])
            sseNotSplit=sum(clusterAssment[nonzero(clusterAssment[:, 0].A!=i)[0], 1])
            if (sseSplit + sseNotSplit) < lowestSSE:
                # 若二分后总体 SSE 值下降，则更新簇的信息
            bestCentToSplit = i
                # 第 i 个簇二分后的质心
            bestNewCents = centroidMat
                # 第 i 个簇二分后的结果
            bestClustAss = splitClustAss.copy()
                # 更新当前 SSE 值
            lowestSSE = sseSplit + sseNotSplit
        # 更新簇的分配结果，将二分后第二个簇分配到新簇
```

```
                bestClustAss[nonzero(bestClustAss[:, 0].A == 1)[0], 0] = len(centList)
            # 更新簇的分配结果，将二分后第一个簇分配到被划分簇
                bestClustAss[nonzero(bestClustAss[:, 0].A==0)[0], 0]=bestCentToSplit
            # 更新簇的分配结果，更新未划分簇质心为二分后第一个簇的质心
            centList[bestCentToSplit] = bestNewCents[0, :].tolist()[0]
        # 更新簇的分配结果，添加新质心为二分后第二个簇的质心
        centList.append(bestNewCents[1, :].tolist()[0])
    clusterAssment[nonzero(clusterAssment[:, 0].A==\
    # 将被划分簇数据更新为划分后簇数据
    bestCentToSplit)[0], :]= bestClustAss
    return mat(centList), clusterAssment
```

程序运行结果如图 11-4 所示，从图中可以看出，分类结果有三个质心，数据集被分为三类，实现了分类功能。

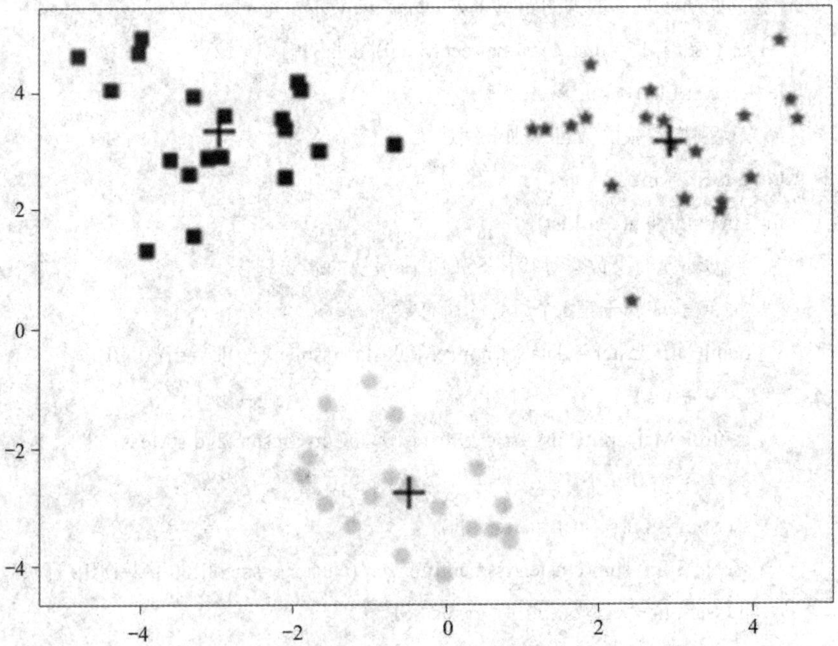

图 11-4　二分 K 均值结果图

11.2　案例十四　居民家庭消费调查

11.2.1　案例介绍

现有 1999 年全国 31 个省份城镇居民家庭平均每月消费性支出的主要类型数据，分别是食品、衣着、家庭设备用品及服务、医疗保健、交通和通讯、娱乐教育文化服务、居

住以及杂项商品和服务。请尝试利用已有数据，对 31 个省份进行聚类。数据集如图 11-5 所示。

```
北京,2959.19,730.79,749.41,513.34,467.87,1141.82,478.42,457.64
天津,2459.77,495.47,697.33,302.87,284.19,735.97,570.84,305.08
河北,1495.63,515.90,362.37,285.32,272.95,540.58,364.91,188.63
山西,1406.33,477.77,290.15,208.57,201.50,414.72,281.84,212.10
内蒙古,1303.97,524.29,254.83,192.17,249.81,463.09,287.87,192.96
辽宁,1730.84,553.90,246.91,279.81,239.18,445.20,330.24,163.86
吉林,1561.86,492.42,200.49,218.36,220.69,459.62,360.48,147.76
黑龙江,1410.11,510.71,211.88,277.11,224.65,376.82,317.61,152.85
上海,3712.31,550.74,893.37,346.93,527.00,1034.98,720.33,462.03
江苏,2207.58,449.37,572.40,211.92,302.09,585.23,429.77,252.54
浙江,2629.16,557.32,689.73,435.69,514.66,795.87,575.76,323.36
安徽,1844.78,430.29,271.28,126.33,250.56,513.18,314.00,151.39
福建,2709.46,428.11,334.12,160.77,405.14,461.67,535.13,232.29
江西,1563.78,303.65,233.81,107.90,209.70,393.99,509.39,160.12
山东,1675.75,613.32,550.71,219.79,272.59,599.43,371.62,211.84
河南,1427.65,431.79,288.55,208.14,217.00,337.76,421.31,165.32
湖南,1942.23,512.27,401.39,206.06,321.29,697.22,492.60,226.45
湖北,1783.43,511.88,282.84,201.01,237.60,617.74,523.52,182.52
广东,3055.17,353.23,564.56,356.27,811.88,873.06,1082.82,420.81
广西,2033.87,300.82,338.65,157.78,329.06,621.74,587.02,218.27
```

图 11-5　31 省份消费数据展示

11.2.2　案例实现

可以使用前面小节编写的 K 均值聚类算法函数进行聚类，也可以直接使用第三方库提供的算法模型，本案例将直接使用 sklearn 库中提供的相关类进行 K 均值聚类。

sklearn 库中的 cluster 模块中提供了 KMeans 类，该类可以实现 K 均值聚类，其构造函数如下：

```
sklearn.cluster.KMeans(n_clusters=8, init='k-means++', n_init=10, max_iter=300, tol=0.0001,
precompute_distances='auto', verbose=0, random_state=None, copy_x=True, n_jobs=None, algorithm='auto')
```

其中，主要参数的含义解释如下：

- n_clusters：可选，默认为 8，指要形成的簇的数目，即类的数量。
- n_init：默认为 10，指用不同种子运行 K 均值算法的次数。
- max_iter：默认 300，指单次运行的 K 均值算法的最大迭代次数。

返回 KMeans 对象的属性包括：

- cluster_centers_：数组类型，为各个簇中心的坐标。
- labels_：每个数据点的标签。
- inertia_：浮点型，数据样本到它们最接近的聚类中心的距离平方和。
- n_iter_：运行的迭代次数。

直接利用 sklearn 库实现本案例的具体代码如下：

```
import numpy as np
from sklearn.cluster import KMeans
```

```
# 数据集加载函数
def loadData(filePath):
    fr = open(filePath, 'r+')
    lines = fr.readlines()
    retData = []
    # 消费水平数据列表
    retCityName = []
    # 城市名称数据列表
    for line in lines:
        items = line.strip().split(", ")
        retCityName.append(items[0])
        retData.append([float(items[i]) for i in range(1, len(items))])
    return retData, retCityName

if __name__ == '__main__':
    data, cityName = loadData('city.txt')
    km = KMeans(n_clusters=2)
    label = km.fit_predict(data)
    # 聚类计算，获得标签
    expenses = np.sum(km.cluster_centers_, axis=1)
    CityCluster = [[], [], [], []]
    for i in range(len(cityName)):
        CityCluster[label[i]].append(cityName[i])
    for i in range(len(expenses)):
        print("消费水平: %.2f" % expenses[i])
        print(CityCluster[i])
```

聚成 2 类时(n_clusters=2)输出如图 11-6 所示。

```
消费水平: 4040.42
['河北', '山西', '内蒙古', '辽宁', '吉林', '黑龙江', '江苏', '安徽', '江西', '山东', '河南', '湖南',
消费水平: 6457.13
['北京', '天津', '上海', '浙江', '福建', '广东', '重庆', '西藏']
```

图 11-6　聚成 2 类时的分类结果

聚成 3 类时(n_clusters=3)输出如图 11-7 所示。

```
消费水平: 5113.54
['天津', '江苏', '浙江', '福建', '湖南', '广西', '海南', '重庆', '四川', '云南', '西藏']
消费水平: 3827.87
['河北', '山西', '内蒙古', '辽宁', '吉林', '黑龙江', '安徽', '江西', '山东', '河南', '湖北', '贵州', '陕西', '甘肃', '青海', '宁夏', '新疆']
消费水平: 7754.66
['北京', '上海', '广东']
```

图 11-7　聚成 3 类时的分类结果

11.3 案例十五 物流公司最佳配送路径问题

“双十一”期间，物流公司要给 M 城市的 100 个客户配送货物。假设公司只有 5 辆货车，客户的地理坐标在 testSet.txt 文件中，如何配送效率最高？

由于已给定了客户的地理坐标，因此可以使用 KMeans 算法将文件内的地址数据聚成 5 类。由于每类的客户地址相近，故可以分配给同一辆货车。下面给出详细的代码实现过程。

(1) 引入需要用到的库：

```
# 添加这句话使得绘制的图形能够直接在 Jupyter 里面显示出来
%matplotlib inline
from numpy import *
from matplotlib import pyplot as plt
```

(2) 创建计算两个向量的欧氏距离的函数 distEclud：

```
# 计算两个向量的欧式距离
def distEclud(vecA, vecB):
    return sqrt(sum(power(vecA - vecB, 2)))
```

(3) 初始化聚类中心点，此处选择样本中的前 k 个点作为初始聚类中心：

```
def initCenter(dataSet, k):
# 初始化聚类中心点
print('2.initialize cluster center...')
shape=dataSet.shape
# 列数
n = shape[1]
classCenter = array(zeros((k, n)))
# 取前 k 个数据点作为初始聚类中心
for j in range(n):
    firstK=dataSet[:k, j]
    lassCenter[:, j] = firstK
return classCenter
```

(4) 实现 KMeans 算法：

```
# 实现 KMeans 算法
def myKMeans(dataSet, k):
    # 行数
    m = len(dataSet)
    # 各簇中的数据点
    clusterPoints = array(zeros((m, 2)))
    # 各簇中心
```

```
    classCenter = initCenter(dataSet, k)
    # 簇变化标志，初始为 True(簇变化)
    clusterChanged = True
    print('3.recompute and reallocated...')
    # 重复计算，直到簇分配不再变化
    while clusterChanged:
        clusterChanged = False
        # 将每个数据点分配到最近的簇
        for i in range(m):
            minDist = inf
            minIndex = -1
            for j in range(k):
                # 计算两个向量的欧式距离
            distJI = distEclud(classCenter[j, :], dataSet[i, :])
        # 比较选择最小距离
            if distJI < minDist:
                minDist = distJI; minIndex = j
            if clusterPoints[i, 0] != minIndex:
                clusterChanged = True
            clusterPoints[i, :] = minIndex, minDist**2
        # 重新计算簇中心
        for cent in range(k):
            ptsInClust = dataSet[nonzero(clusterPoints[:, 0]==cent)[0]]
            classCenter[cent, :] = mean(ptsInClust, axis=0)
    return classCenter, clusterPoints
```

(5) 显示聚类结果：

```
# 显示聚类结果
def show(dataSet, k, classCenter, clusterPoints):
    print('4.load the map...')
    fig = plt.figure()
    rect=[0.1, 0.1, 1.0, 1.0]
    axprops = dict(xticks=[], yticks=[])
    ax0=fig.add_axes(rect, label='ax0', **axprops)
    imgP = plt.imread('city.png')
    ax0.imshow(imgP)
    ax1=fig.add_axes(rect, label='ax1', frameon=False)
print('5.show the clusters...')
# 对象数量
    numSamples = len(dataSet)
```

```
    mark = ['ok', '^b', 'om', 'og', 'sc']
    # 根据每个对象的坐标绘制点
    for i in range(numSamples):
        markIndex = int(clusterPoints[i, 0])%k
        ax1.plot(dataSet[i, 0], dataSet[i, 1], mark[markIndex])
    # 标记每个簇的中心点
    for i in range(k):
        markIndex = int(clusterPoints[i, 0])%k
        ax1.plot(classCenter[i, 0], classCenter[i, 1], '^r', markersize = 12)
    plt.show()
```

(6) 实现功能函数的调用。上面实现了一些具体功能函数，最后需要通过这些函数完成问题的处理，具体代码如下：

```
print('1.load dataset...')
dataSet=loadtxt('testSet.txt')
# 类的数量
k=5
classCenter, classPoints= myKMeans(dataSet, k)
show(dataSet, k, classCenter, classPoints)
```

上述代码的执行结果如图 11-8 所示。

```
1. load dataset...
2. initialize cluster center...
3. recompute and reallocated...
4. load the map...
5. show the clusters...
```

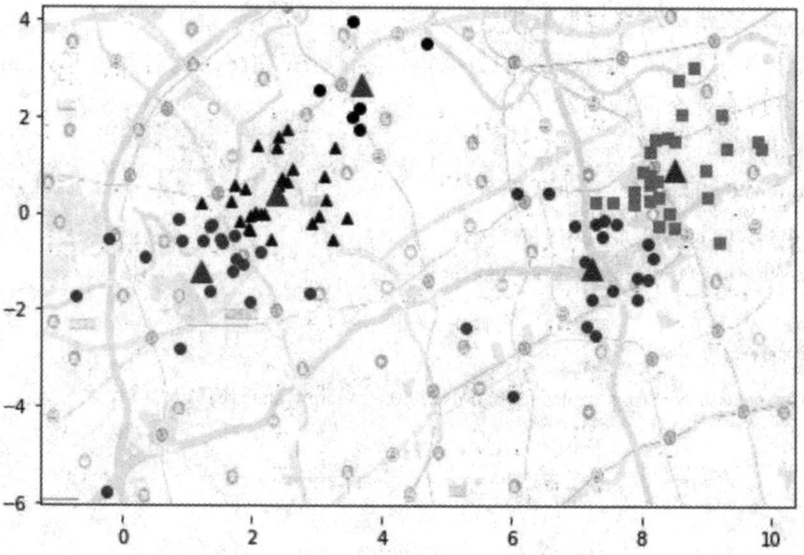

图 11-8　最佳路径结果图

想一想：

在上面的物流公司最佳配送路径问题的案例中：

(1) 可否使用余弦距离？该怎么修改？

(2) 随机选的种子，选哪个有区别吗？

(3) 你认为 K 值怎么确定？

本章小结

K 均值聚类算法是一种广泛使用的聚类算法，其中 K 是用户指定的需要创建簇的数目。算法以 K 个随机质心开始，计算每个点到质心的距离。每个点会被分配到距其最近的簇质心，然后基于新分配的到簇的点更新簇心。以上过程重复数次，直到簇心不再改变。

但这种算法容易受到初始簇心的影响。为了获得更好的聚类效果，可以使用二分 K 均值算法。二分 K 均值算法将所有点作为一个簇，然后在该簇上使用基本 K 均值算法，其中 K = 2，从而将该簇一分为二。之后选择其中一个簇继续进行同样的划分，选择哪一个簇进行划分取决于对其划分是否可以最大程度降低 SSE 值。重复该过程直到 K 个簇创建完成。

目前很多第三方机器学习库已经实现了 K 均值聚类算法，读者可以根据自己的实际需求，搞清楚相应库的使用方法，直接调用即可。

思考题

1. 现有 20 支球队的比赛信息，包括 2019 年国际排名，2018 年世界杯排名，2015 年亚洲杯排名。请聚类分析各球队状况。

2. 下面的代码可以生成半环形的数据集，尝试补充完整下列对其用 KMeans 进行聚类的代码。你发现有什么问题吗？

```
# 环形数据
import matplotlib.pyplot as plt
from sklearn.cluster import KMeans
from sklearn.datasets import make_moons

# 生成环形数据集
X, Y = make_moons(n_samples=200, noise=0.05, random_state=0)

# ============以下需要补全====================

# ============以上需要补全====================
```

```
# 绘制聚类结果图
plt.scatter(X[:, 0], X[:, 1], c=Y_pred, s=60, edgecolor='b')
plt.scatter(kmeans.cluster_centers_[:, 0], kmeans.cluster_centers_[:, 1],
    marker='x',   s=100, linewidth=2, edgecolor='k')
plt.xlabel("X")
plt.ylabel("Y")
```

第 12 章

财政收入影响因素分析及预测案例

知识引入

前文已经把机器学习应用研发的基本方法和实现思路做了具体的介绍，从本章开始，将通过对两个完整的机器学习应用案例的分析，介绍如何从实际问题入手，完成机器学习相关应用的研发。

知识图谱

本章知识图谱如图 12-1 所示。

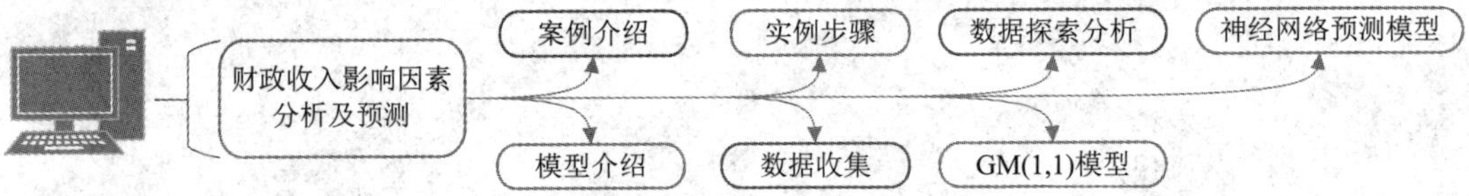

图 12-1　本章知识图谱

12.1 案例引入

本案例将研究我国某重要地区的财政收入与经济的关系，以得到市财政收入的关键影响因素。本案例所用的财政收入分为地方一般预算收入和政府性基金收入，使用的数据均来自于《某市统计年鉴》。本案例的最终目标是梳理影响地方财政收入的关键特征，分析影响地方财政收入的关键特征的选择模型，以及对某市的财政收入进行预测。

本案例使用了 GM(1, 1)模型和神经网络模型来实现对财政影响因素的分析与预测。下面将先补充介绍本案例用到的模型的基础知识，然后再介绍详细的案例实现步骤。

12.2 模型介绍

分析影响财政收入的因素，大多都是使用普通最小二乘法来对回归模型的系数进行估计，预测变量的选取则是使用逐步回归。然而，无论是最小二乘法还是逐步回归，都有其不足之处，它们一般都是局限于局部最优解而并不是全局最优解。如果预测变量过多，子集选择计算具有内在的不连续性，从而导致子集选择十分多变。Adaptive-Lasso 是近年来被广泛应用于参数估计和变量选择的方法之一，并且在确定的条件下，可以使用 Adaptive-Lasso 方法进行变量选择。本案例就使用 Adaptive-Lasso 方法来探究地方财政收入与经济的关系，方案中将选择参数估计与变量同时进行的一种正则化方法，该方法被定义为如下形式：

$$\hat{\beta}^{*(n)} = \operatorname{argmin}^2 \left\| y - \sum_{j=1}^{p} x_j \beta_j \right\|^2 + \lambda \sum_{j=1}^{p} \hat{\omega} \left| \beta_j \right| \tag{12-1}$$

其中，λ 为非负正则参数，$\lambda\sum_{j=1}^{p}\hat{\omega}\left|\beta_j\right|$ 为惩罚项。

由普通最小二乘法得出的系数为

$$\hat{\omega} = \frac{1}{\left|\hat{\beta}_j\right|^{\gamma}} \quad (\gamma>0),\ (j=1,\ 2,\ 3,\ \cdots,\ p,\ \hat{\beta}_j) \tag{12-2}$$

设变量 $X^{(0)} = \{X^{(0)}(i), (i = 1, 2, \cdots, n)\}$为一非负单调原始数据序列，建立灰色预测模型。首先对于 $X^{(1)}$可以建立下述一阶线性微分方程，即 GM(1, 1)模型：

$$\frac{dX^{(1)}}{dt} + aX^{(1)} = u \tag{12-3}$$

求解微分方程，得到预测模型如下：

$$\hat{X}^{(1)}(k+1) = \left[\hat{X}^{(1)}(0) - \frac{\hat{u}}{\hat{a}}\right] e^{-\hat{a}k} + \frac{\hat{u}}{\hat{a}} \tag{12-4}$$

GM(1, 1)模型得到的是一次累加量，将 GM(1, 1)模型所得数据 $\hat{X}^{(1)}(k+1)$经过累减还原

出 $\hat{X}^{(0)}(k+1)$，即灰色预测模型为

$$\hat{X}^{(1)}(k+1)=(e^{-\hat{a}}-1)\left[\hat{X}^{(0)}(n)-\frac{\hat{u}}{\hat{a}}\right]e^{-\hat{a}k} \tag{12-5}$$

温馨提示：

灰色预测是通过少量的、不完全的信息建立数学模型并最终做出预测的一种预测方法。该方法基于客观事物的过去和现在的发展规律，对未来的发展趋势和状况进行描述和分析，并形成科学的假设和判断。其中 GM(1, 1)模型就是灰色预测中的强力工具之一。该模型中，G 表示 Grey，M 表示 Model，括号中第一个 1 代表一阶微分方程，第二个 1 代表微分方程有一个变量。同理，灰色预测理论中 GM(1, 2)表示有两个变量的一阶微分方程灰色模型。关于灰色预测模型的数学推导较为复杂，此处不展开讲述，只介绍其代码实现方法。

利用模型进行预测之后，对建立的灰色预测模型进行精度检验，本案例使用后验差检验对模型精度进行检验，计算公式如下：

均值：

$$\bar{X}=\frac{1}{n}\sum_{k=1}^{n}x_k^{(0)} \tag{12-6}$$

标准差：

$$S_1=\sqrt{\frac{1}{n-1}\sum_{k=1}^{n}[x_k^{(0)}-\bar{X}]^2} \tag{12-7}$$

残差的均值：

$$\bar{E}=\frac{1}{n}\sum_{k=1}^{n}E(k) \tag{12-8}$$

残差的标准差：

$$S_2=\sqrt{\frac{1}{n-1}\sum_{k=2}^{n}[E(k)-\bar{E}]^2} \tag{12-9}$$

方差比：

$$C=\frac{S_2}{S_1} \tag{12-10}$$

最小残差概率：

$$P=P\left\{\left|E(k)-\bar{E}\right|<0.675S_1\right\} \tag{12-11}$$

预测精度等级对照如表 12-1 所述。

表 12-1　预测精度等级对照表

预测精度等级	P	C
好	＞0.95	＜0.35
合格	＞0.80	＜0.45
勉强合格	＞0.70	＜0.50
不合格	≤0.70	≥0.65

12.3　案例操作

12.3.1　案例步骤

基于机器学习的财政收入预测模型的主要实现步骤如图 12-2 所示。

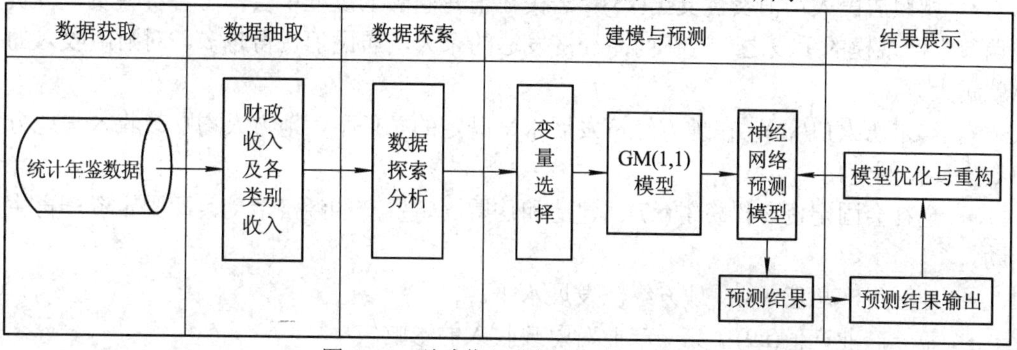

图 12-2　财政收入分析预测模型流程

由此构建该案例的实现步骤如下：

(1) 搜集某市财政收入以及各类别收入相关数据。

(2) 利用(1)形成的已完成数据预处理的建模数据建立 Adaptive-Lasso 变量选择模型。

(3) 在(2)的基础上建立单变量的灰色预测模型和人工神经网络预测模型。

(4) 利用(3)的预测值代入构建好的人工神经网络模型中，从而得到某市财政收入以及各类别收入的预测值。

12.3.2　案例实现

1. 数据收集和预处理

需要从地方统计局网站获取相关的财务信息与相关数据。

温馨提示：

本案例数据获取网站：http://www.cdstats.chengdu.gov.cn/sjck/cdnj/2006_0.htm

常用数据集获取网站还有：

中国国家统计局：http://www.stats.gov.cn/

Kaggle 官方网站：https://kaggle.com/datasets

Kesci 官方网站：https://www.kesci.com/

获取到数据之后还需要进行预处理。

影响财政收入(y)的因素有很多，在查阅大量文献的基础上，通过经济理论对财政收入的解释，考虑一些与能源消耗关系密切并且有线性关系的因素，初步选取以下因素为自变量，分析它们之间的关系：

- 社会从业人数(x1)：就业人数的上升伴随着居民消费水平的提高，从而间接增加财政收入。

- 在岗职工工资总额(x2)：在岗职工工资总额反映的是社会分配情况，主要影响财政收入中的个人所得税、房产税和潜在的消费能力。
- 社会消费品零售总额(x3)：代表社会整体消费情况，是可支配收入在经济生活中的体现。当社会消费品零售总额增长时，表明社会消费意愿强烈。
- 城镇居民人均可支配收入(x4)：居民收入越高，消费能力越强，同时意味着其工作积极性越高，创造出的财富越多，从而能带来财政收入的增长。
- 城镇居民人均消费性支出(x5)：居民在消费商品的过程中会产生各种税费，税费又是调节生产规模的手段之一。在商品经济发达的今天，居民消费得越多，对财政收入的贡献就越大。
- 年末总人口(x6)：在地方经济发展水平既定的条件下，地方人均财政收入与地方人口数呈反比例变化。
- 全社会固定资产投资额(x7)：建造和购置固定资产的经济活动，即固定资产再生产活动。
- 地区生产总值(x8)：地方经济发展水平。
- 第一产业产值(x9)：第一产业对财政收入的影响较小。
- 税收(x10)：政府财政收入的最重要的收入形式和来源。
- 居民消费价格指数(x11)：影响城乡居民的生活支出和国家的财政收入。
- 第三产业与第二产业产值比(x12)：反映产业结构。
- 居民消费水平(x13)：间接影响地方财政收入。

1) 描述分析

通过初步选取自变量，得到数据间相关关系之后，还需要对数据进行描述性统计分析，从而对于所获取的数据有整体上的认识。实现代码如下：

```
import numpy as np
import pandas as pd
inputfile = '../data/data1.csv'                                # 输入的数据文件
data = pd.read_csv(inputfile)                                  # 读取数据
r = [data.min(), data.max(), data.mean(), data.std()]  # 依次计算最小值、最大值、均值、标准差
r = pd.DataFrame(r, index = ['Min', 'Max', 'Mean', 'STD']).T   # 计算相关系数矩阵
np.round(r, 2)                                                 # 保留两位小数
```

通过上述的描述分析可以得到数据集的最小值、最大值、均值和标准差。我们发现财政收入的均值和标准差数值较大，从而可以说明某市各个年份之间的财政收入存在较大的差异。

2) 相关性分析

相关系数可以用来描述定量和变量之间的关系，初步判断因变量与解释变量之间是否具有线性相关性。利用原始数据求解相关系数，具体代码如下：

```
import numpy as np
import pandas as pd
inputfile = '../data/data1.csv'                  # 输入的数据文件
```

```
data = pd.read_csv(inputfile)                    # 读取数据
np.round(data.corr(method = 'pearson'), 2)       # 计算相关系数矩阵，保留两位小数
```

根据分析结果可以知道，居民消费价格指数(x11)与财政收入的线性关系不显著，而且呈现负相关，其余变量都与财政收入呈现高度的正相关。

2. 变量选择

根据相关性分析可以知道，并不是所有的影响因素对财政收入的贡献度都是相同的，因此本文使用 Adaptive-Lasso 算法对影响因素进行选择。具体代码实现如下所示：

```
import pandas as pd
inputfile = '../data/data1.csv'                          # 输入的数据文件
data = pd.read_csv(inputfile, engine='python')           # 读取数据

# 导入 Adaptive-Lasso 算法，要在较新的 Scikit-Learn 才有
from sklearn import linear_model
model = linear_model.Lasso(alpha=1)
model.fit(data.iloc[:, 0:13], data['y'])
model.coef_                                              # 各个特征的系数
print(model.coef_)
```

运行程序得到系数表，如表 12-2 所示。

表 12-2　影响因素系数表

x1	x2	x3	x4	x5	x6	x7
−0.0001	−0.2309	0.1375	−0.0401	0.076	0	0.3069
x8	x9	x10	x11	x12	x13	
0	0	0	0	0	0	

由表 12-2 可以看出，使用 Adaptive-Lasso 方法构建模型时，能够剔除存在共线性关系的变量。年末总人口(x6)、地区生产总值(x8)、第一产业产值(x9)、税收(x10)、居民消费价格指数(x11)、第三产业与第二产业产值比(x12)，以及居民消费水平(x13)等因素的系数为 0，即在模型建立的过程中，这几个变量被剔除了。由于某市存在流动人口与外来打工人口多的特性，年末总人口(x6)并不显著影响某市财政收入，居民消费价格指数(x11)与财政收入的相关性太小，可以忽略。由于农牧业在各项税收总额中所占比重过小，第一产业值(x9)对地方财政收入的贡献率极低，所以变量被剔除，体现了 Adaptive-Lasso 方法对多指标进行建模的优势。

综上所述，利用 Adaptive-lasso 方法识别影响财政收入的关键影响因素是社会从业人数(x1)、在岗职工工资总额(x2)、社会消费品零售总额(x3)、城镇居民人均可支配收入(x4)、城镇居民人均消费性支出(x5)和全社会固定资产投资额(x7)。

3. GM(1, 1)模型

建立 GM(1, 1)模型，编写 GM(1, 1)模型的灰色预测函数，具体代码如下：

```
def GM11(x0):
```

```
    x1 = x0.cumsum()                             # 1-AGO 序列
    z1 = (x1[:len(x1) - 1] + x1[1:]) / 2.0    # 紧邻均值(MEAN)生成序列
    z1 = z1.reshape((len(z1), 1))
    B = np.append(-z1, np.ones_like(z1), axis=1)
    Yn = x0[1:].reshape((len(x0) - 1, 1))
    [[a], [b]] = np.dot(np.dot(np.linalg.inv(np.dot(B.T, B)), B.T), Yn)       # 计算参数
    f = lambda k: (x0[0] - b / a) * np.exp(-a * (k - 1)) - (x0[0] - b / a) * np.exp(-a * (k - 2))
    delta = np.abs(x0 - np.array([f(i) for i in range(1, len(x0) + 1)]))
    C = delta.std() / x0.std()
    P = 1.0 * (np.abs(delta - delta.mean()) < 0.6745 * x0.std()).sum() / len(x0)
    return f, a, b, x0[0], C, P                 # 返回灰色预测函数、a、b、首项、方差比、小残差概率
```

通过 Adaptive-Lasso 方法识别影响财政收入的因素，建立灰色预测模型，本案例将通过建立灰色预测模型得到社会从业人数(x1)、在岗职工工资总额(x2)、社会消费品零售总额(x3)、城镇居民人均可支配收入(x4)、城镇居民人均消费性支出(x5)、全社会固定资产投资额(x7)，代码如下：

```
inputfile =   '../data/data1.csv'                         # 输入的数据文件
outfile = ' '../data/ data1_GM1.xls'
data = pd.read_csv(inputfile, engine='python')            # 读取数据
data.index = range(1998, 2018)

data.loc[2018] = None
data.loc[2019] = None
l = ['x1', 'x2', 'x3', 'x4', 'x5', 'x7', 'y']
P = []
C = []
for i in l:
    gm = GM11(data[i][:-2].to_numpy())                    # 调用 GM(1, 1)模型
    f = gm[0]                                             # 得到预测函数
    P = gm[-1]                                            # 得到小残差概率
    C = gm[-2]                                            # 得到方差比
    data[i][2018] = f(len(data) - 1)
    data[i][2019] = f(len(data))
    data[i] = data[i].round(2)
    # 做判断
    if (C < 0.35 and P > 0.95):
        print('对于{0}；预测精度等级：好；该模型 2018 年预测值为{1}；
            2019 年预测值为{2}' .format(i, data[i][2018], data[i][2019]))
    elif (C < 0.5 and P > 0.8):
        print('对于{0}；预测精度等级：合格；该模型 2018 年预测值为{1}；
```

```
            2019 年预测值为{2}'.format(i, data[i][2018], data[i][2019]))
        elif (C < 0.65 and P > 0.7):
            print('对于{0}；预测精度等级：勉强合格；该模型 2018 年预测值为{1}；
                2019 年预测值为{2}'.format(i, data[i][2018], data[i][2019]))
        else:
            print('对于{0}；预测精度等级：不合格；该模型 2018 年预测值为{1}；
                2019 年预测值为{2}'.format(i, data[i][2018], data[i][2019]))
    data[l].to_excel(outfile)
```

预测结果如图 12-3 所示。

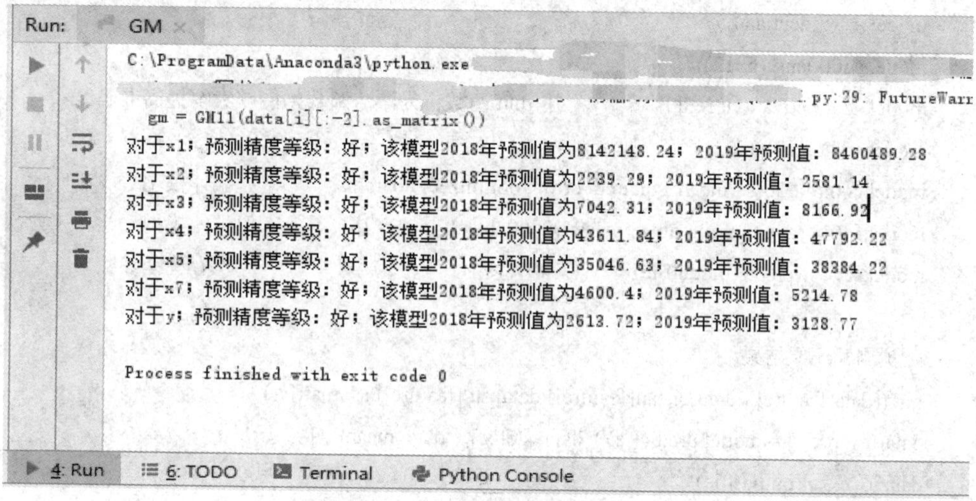

图 12-3　地方财政收入灰色预测结果

4. 神经网络预测模型

经过变量分析，本案例所选择的影响因素较多，数据较为复杂，GM(1, 1)模型只是进行了单一预测，预测精度较低，因此，下面将尝试使用神经网络预测模型来对地方财政收入进行预测，从而提高对财政收入的预测精度。

将数据零均值标准化后，编写网络预测算法。代入地方财政收入所建立的 3 层神经网络预测模型，得到某市财政收入 2018 年的预测值为 2114.62 亿元，2019 年的预测值为 2366.42 亿元。此处将直接使用 keras 库实现神经网络，实现代码如下：

```
import pandas as pd
from keras.models import Sequential
from keras.layers.core import Dense, Activation
import matplotlib.pyplot as plt

inputfile = '../data/data1.xls'
outputfile = '../data/revenue.xls'                # 神经网络预测后保存的结果
modelfile = '../data/1-net.model'                 # 模型保存路径
data = pd.read_excel(inputfile)                   # 读取数据
```

```
feature = ['x1', 'x2', 'x3', 'x4', 'x5', 'x7']                    # 特征所在列

data_train = data.loc[range(2002, 2018)].copy()                   # 取 2018 年前的数据建模
data_mean = data_train.mean()
data_std = data_train.std()
data_train = (data_train - data_mean)/data_std                    # 数据标准化
x_train = data_train[feature].as_matrix()                         # 特征数据
y_train = data_train['y'].as_matrix()                             # 标签数据

model = Sequential()                                              # 建立模型
model.add(Dense(6, 12))
model.add(Activation('relu'))         # 用 relu 函数作为激活函数，能够大幅提高准确度
model.add(Dense(12, 1))
model.compile(loss='mean_squared_error', optimizer='adam')                 # 编译模型
model.fit(x_train, y_train, nb_epoch = 10000, batch_size = 16)             # 训练模型，学习 1 万次
model.save_weights(modelfile)                                              # 保存模型参数

# 预测并还原结果
x = ((data[feature] - data_mean[feature])/data_std[feature]).as_matrix()
data[u'y_pred'] = model.predict(x) * data_std['y'] + data_mean['y']
data.to_excel(outputfile)
# 画出预测结果图
p = data[['y', 'y_pred']].plot(subplots = True, style=['b-o', 'r-*'])
plt.show()
```

预测结果如图 12-4 所示，其中 y 为真实值，y_pred 为预测值。

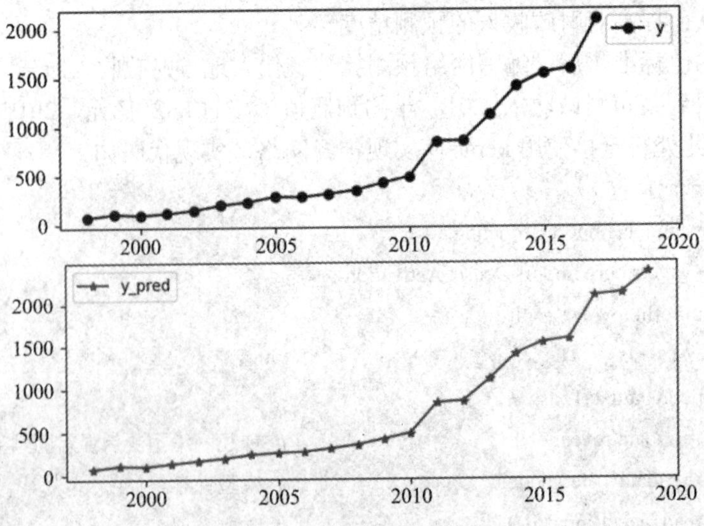

图 12-4 神经网络预测结果

温馨提示：

关于 Keras 的详细使用方法，可以参考官方文档：https://keras.io/zh/。

本 章 小 结

本章介绍了一个基于地方财政收入的数据对影响收入的因素进行分析和预测的案例。本案例使用的数据来源于某市的统计年鉴，最终目标是梳理影响地方财政收入的关键特征，分析影响地方财政收入的关键特征的选择模型，以及对某市的财政收入进行预测。最终使用了GM(1, 1)模型和神经网络模型来实现对财政影响因素的分析与预测。结果表明，GM(1, 1)模型只是进行了单一预测，预测精度较低，神经网络模型能一定程度上提高财政收入的预测精度。

思 考 题

根据上述的案例分析，读者可以通过下面两个小练习进一步巩固相关知识要点。

1. 使用灰色预测计算该地未来两年的增值税、营业税、企业所得税以及个人所得税。

2. 使用神经网络预测计算该地未来两年的增值税、营业税、企业所得税以及个人所得税。

实现小贴士：

(1) 对数据集进行预处理，处理缺失值、异常值等；

(2) 划分训练数据集及测试数据集；

(3) 使用训练数据集对模型进行训练；

(4) 使用测试数据集对所训练的模型进行测试。

第 13 章

偷税漏税行为识别分析案例

知识引入

前一章介绍了一个针对财政收入影响因素分析及预测的案例，分别用了不同的模型来验证效果。本章将继续介绍一个关于偷税漏税行为识别分析的综合应用案例。在本章基础上，读者可以进一步采用其他模型来处理同一个问题，只有不断地尝试多种方法之后，才能对该问题的解决方案做出客观的评价。

知识图谱

本章知识图谱如图 13-1 所示。

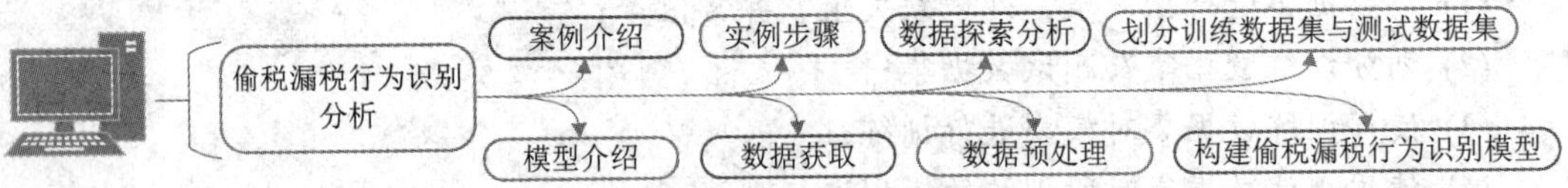

图 13-1　本章知识图谱

13.1　案例引入

企业偷税漏税现象偶有发生，严重影响了国家的经济基础，为了维护国家的权力与利益，应该加大对企业偷税漏税行为的防范。本案例将结合本书所使用的机器学习的思想，智能地识别企业偷税漏税行为，有效地打击企业偷税漏税行为，维护社会经济的正常秩序。

本案例以汽车销售行业为例，将提供汽车销售行业纳税人的各个属性和是否偷税漏税的标识，结合汽车销售行业纳税人的各个属性，总结衡量纳税人的经营特征，建立偷税漏税行为的识别模型，识别偷税漏税的纳税人。

13.2　模型介绍

本案例将使用 LM 神经网络对该问题进行求解，因此先对 LM 方法进行介绍。

LM(Levenberg-Marquardt，莱文贝格-马夸特)神经网络算法，是梯度下降法和高斯牛顿法相结合的方法，它综合了这两种算法的优点，在一定程度上克服了基本 BP 神经网络收敛速度慢和容易陷入局部最小点等问题。LM 神经网络算法参数沿着与误差梯度相反的方向移动，使误差函数减小，直到取得极小值。

设误差指标函数为

$$E(\mathbf{w}^k)=\frac{1}{2}\sum_{i=1}^{p}\|\mathbf{Y}_i-\mathbf{Y}_i'\|^2=\frac{1}{2}\sum_{i=1}^{p}e_i^2(\mathbf{w}^k) \tag{13-1}$$

其中：$\mathbf{Y}_i$ 为期望的网络输出向量，$\mathbf{Y}_i'$ 为实际的网络输出向量，p 为样本数目，$e_i^2(w^k)$ 为误差，$\mathbf{w}^k$ 表示第 k 次迭代的权值和阈值所组成的向量。新的权值和与之所组成的 $\mathbf{w}^{k+1}$ 为 $\mathbf{w}^{k+1}=\mathbf{w}^k+\Delta\mathbf{w}$。在 LM 方法中，权值增量 $\Delta\mathbf{w}$ 的计算公式如下：

$$\Delta\mathbf{w}=\left[\mathbf{J}^{T}(\mathbf{w})\mathbf{J}(\mathbf{w})+\mu\mathbf{I}\right]^{-1}\mathbf{J}^{T}(\mathbf{w})e(\mathbf{w}) \tag{13-2}$$

其中；$\mathbf{I}$ 为是单位矩阵；μ 为用户定义的学习率；$\mathbf{J}(\mathbf{w})$为 Jacobian 矩阵。

$$\mathbf{J}(\mathbf{w})=\begin{bmatrix}\frac{\partial e_1(\mathbf{w})}{\partial(w_1)} & \frac{\partial e_1(\mathbf{w})}{\partial(w_2)} & \cdots & \frac{\partial e_1(\mathbf{w})}{\partial(w_n)}\\ \frac{\partial e_2(\mathbf{w})}{\partial(w_1)} & \frac{\partial e_2(\mathbf{w})}{\partial(w_2)} & \cdots & \frac{\partial e_2(\mathbf{w})}{\partial(w_n)}\\ \vdots & \vdots & \ddots & \vdots\\ \frac{\partial e_N(\mathbf{w})}{\partial(w_1)} & \frac{\partial e_N(\mathbf{w})}{\partial(w_2)} & \cdots & \frac{\partial e_N(\mathbf{w})}{\partial(w_n)}\end{bmatrix} \tag{13-2}$$

LM 算法的计算步骤如下：

(1) 给出训练误差允许值 ε、常数 μ_0 和 $\beta(0 < \beta < 1)$，并且初始化权值和阈值向量，令 $k = 0$，$\mu = \mu_0$。

(2) 计算网络输出及误差指标函数 $E(\mathbf{w}^k)$。

(3) 计算 Jacobian 矩阵 $\mathbf{J}(\mathbf{w})$。

(4) 计算 $\Delta\mathbf{w}$。

(5) 若 $E(\mathbf{w}^k) < \varepsilon$，则转到(7)。

(6) 以 $\mathbf{w}^{k+1} = \mathbf{w}^k + \Delta\mathbf{w}$ 为权值和阈值向量，计算误差指标函数 $E(\mathbf{w}^{k+1})$，若 $E(\mathbf{w}^{k+1}) < E(\mathbf{w}^k)$，则令 $k = k + 1$，$\mu = \mu / \beta$，转到步骤(4)。

(7) 算法结束。

13.3 案例操作

13.3.1 案例步骤

汽车销售行业偷税漏税行为识别模型工作流程如图 13-2 所示，其主要包括以下步骤：

(1) 收集某地区汽车销售行业的销售情况和纳税情况。数据集中应该提供汽车销售行业纳税人的各个属性与是否偷税漏税的标识。

(2) 对数据集进行数据探索，查看是否有缺失值、异常值等。

(3) 利用(2)中的探索结果对数据进行清洗，并且随机选择 80%的数据集作为后续模型的训练样本，选择 20%的数据集作为后续模型的测试样本。

(4) 利用 CART 决策树和神经网络分别建立汽车销售行业预测模型并对模型进行训练。

(5) 利用(4)中训练的模型以及(3)中的测试数据集对模型进行评估测试。

(6) 对识别结果进行输出。

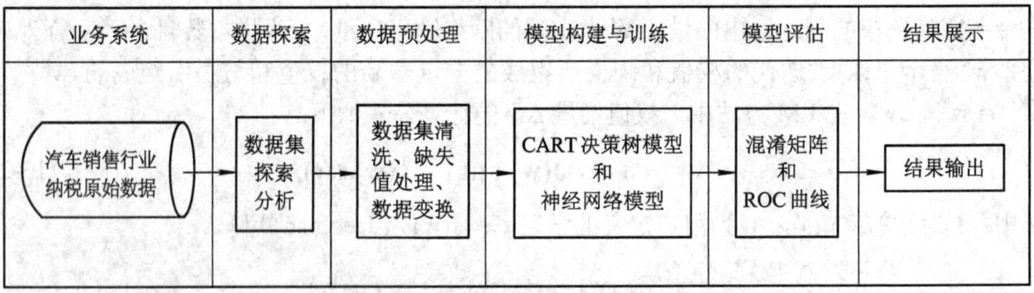

图 13-2 偷税漏税行为识别分析

13.3.2 案例实现

1. 数据获取

本案例为了尽可能覆盖各种偷税漏税方式，收集了不同纳税类别的所有偷税漏税用户和正常用户的纳税情况，以及偷税漏税用户的偷税漏税关键数据指标，共计 124 条数据。本案例获取到的数据集如图 13-3 所示。

销售类型	销售模式	汽车销售平均毛利	维修毛利	企业维修收入占销售收入比重	增值税税负	存货周转率	成本费用利润率	整体理论税负	整体税负控制数	办牌率	单台办牌手续费收入	代办保险率	保费返还率	输出
国产轿车	4S 店	0.0635	0.3241	0.0879	0.084	8.5241	0.0018	0.0166	0.0147	0.4	0.02	0.7155	0.15	正常
国产轿车	4S 店	0.052	0.2577	0.1394	0.0298	5.2782	−0.0013	0.0032	0.0137	0.3307	0.02	0.2697	0.137	正常
国产轿车	4S 店	0.0173	0.1965	0.1025	0.0067	19.8356	0.0014	0.008	0.0061	0.2256	0.02	0.2445	0.13	正常
国产轿车	一级代理商	0.0501	0	0	0	1.0673	−0.3596	−0.1673	0	0	0	0	0	异常
进口轿车	4S 店	0.0564	0.0034	0.0066	0.0017	12.847	−0.0014	0.0123	0.0095	0.0039	0.08	0.0117	0.187	正常
进口轿车	4S 店	0.0484	0.6814	0.0064	0.0031	15.2445	0.0012	0.0063	0.0089	0.1837	0.04	0.0942	0.27	正常
进口轿车	4S 店	0.052	0.3868	0.0348	0.0054	16.8715	0.0054	0.0103	0.0108	0.2456	0.05	0.5684	0.14	正常
大客车	一级代理商	−1.0646	0	0	0.077	2	−0.2905	−0.181	0	0	0	0	0	异常
国产轿车	二级及二级以下代理商	0.0341	−1.2062	0.0025	0.007	9.6142	−0.1295	0.0413	0.0053	0.7485	0.07	0.307	0.036	异常
国产轿车	二级及二级以下代理商	0.0312	0.2364	0.0406	0.0081	21.3944	0.0092	0.0112	0.0067	0.6621	0.06	0.339	0.131	正常
国产轿车	4S 店	0.0489	0.4763	0.0851	0	10.9974	0.2156	0.0136	0.0145	0	0	0	0	正常
国产轿车	4S 店	0.0638	0.457	0.1521	0.0175	3.5134	0.1022	0.0239	0.021	0	0	0	0	正常
国产轿车	4S 店	0.025	0.5117	0.0332	0.0107	18.3744	0.5642	0.0071	0.007	0	0	0	0	正常
国产轿车	4S 店	0.0354	0.3237	0.0505	0	8.1862	−0.0001	0.0002	0.0085	0	0	0	0	正常
国产轿车	4S 店	0.0204	0.4578	0.0568	0	9.8039	0.0002	0.0046	0.0077	0	0	0	0	正常

图 13-3 汽车销售行业纳税情况汇总

2. 数据探索分析

观察所获得的数据，可以知道样本数据包含 15 个特征属性，分别为 14 个输入特征和 1 个输出特征，有纳税人基本信息和经营指标数据。数据探索分析能够及早发现数据是否存在较大差异，并且对数据整体情况有基本的认识。实现代码如下：

```
import pandas as pd
import matplotlib.pyplot as plt
# 读取数据
inputfile = '../data/汽车销售行业偷税漏税行为识别.xls'
data=pd.read_excel(inputfile, index_col='纳税人编号')
# print(data)
plt.rcParams['font.sans-serif'] = ['SimHei']   # 设置中文标签正常
plt.rcParams['axes.unicode_minus'] = False
# 数据探索
data.describe()
fig, axes = plt.subplots(1, 2)
fig.set_size_inches(12, 4, )
ax0, ax1 = axes.flat
a=data['销售类型'].value_counts().plot(kind='barh', ax=ax0, title='销售类型分布情况',)
a.xaxis.get_label()
a.yaxis.get_label()
a.legend(loc='upper right')
for label in ([a.title] + a.get_xticklabels() + a.get_yticklabels()):
    b = data['销售模式'].value_counts().plot(kind='barh', ax=ax1, title='销售模式分布情况')
b.xaxis.get_label()
b.yaxis.get_label()
b.legend(loc='upper right')
for label in ([b.title] + b.get_xticklabels() + b.get_yticklabels()):
        print(data.describe().T)
        plt.show()
```

程序运行结果如图 13-4 和图 13-5 所示。

	纳税人编号	汽车销售平均毛利	维修毛利	企业维修收入占销售收入比重	增值税税负	存货周转率	成本费用利润率	整体理论税负	整体税负控制数	办牌率	单台办牌手续费收入	代办保险率
count	124.000000	124.000000	124.000000	124.000000	124.000000	124.000000	124.000000	124.000000	124.000000	124.000000	124.000000	124.000000
mean	62.500000	0.023709	0.154894	0.068717	0.008287	11.036540	0.174839	0.010435	0.006961	0.146077	0.016387	0.169976
std	35.939764	0.103790	0.414387	0.158254	0.013389	12.984948	1.121757	0.032753	0.008926	0.236064	0.032510	0.336220
min	1.000000	-1.064600	-3.125500	0.000000	0.000000	0.000000	-1.000000	-0.181000	-0.007000	0.000000	0.000000	0.000000
25%	31.750000	0.003150	0.000000	0.000000	0.000475	2.459350	-0.004075	0.000725	0.000000	0.000000	0.000000	0.000000
50%	62.500000	0.025100	0.156700	0.025950	0.004800	8.421250	0.000500	0.009100	0.006000	0.000000	0.000000	0.000000
75%	93.250000	0.049425	0.398925	0.079550	0.008800	15.199725	0.009425	0.015925	0.011425	0.272325	0.020000	0.138500
max	124.000000	0.177400	1.000000	1.000000	0.077000	96.746100	9.827200	0.159300	0.057000	0.877500	0.200000	1.529700

图 13-4　数据描述结果展示

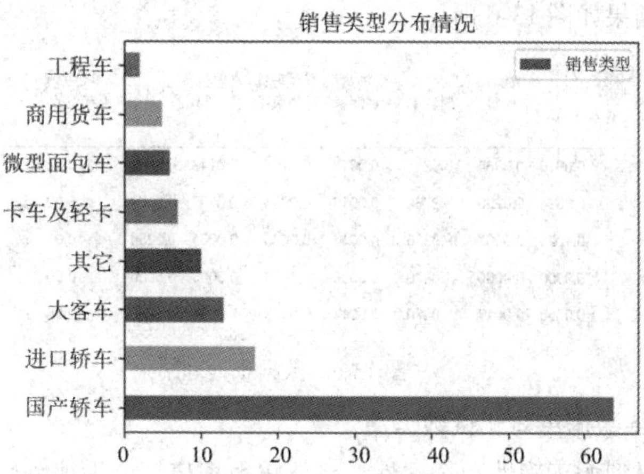

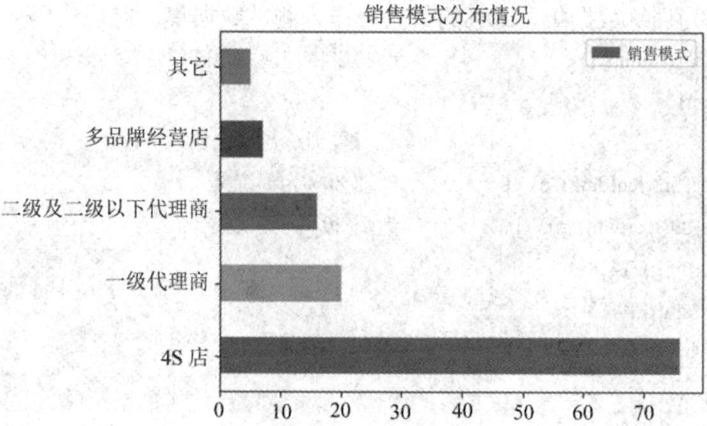

图 13-5　数据探索结果展示

根据数据的分布情况可以看出，销售类型主要是国产轿车和进口轿车，销售模式主要是 4S 店和一级代理商。

3. 数据预处理

通过数据探索可以知道数据里存在缺失值和异常值，需要进行预处理。数据预处理代码如下：

```
data=pd.merge(data, pd.get_dummies(data[u'销售模式']), left_index=True,
              right_index=True)
data=pd.merge(data, pd.get_dummies(data[u'销售类型']), left_index=True,
              right_index=True)
data['type']=pd.get_dummies(data[u'输出'])[u'正常']
data = data.iloc[:, 3:]
del data[u'输出']
from random import shuffle
data_2 = data
data[:5]
```

程序运行结果如图 13-6 所示。

	汽车销售平均毛利	维修毛利	企业维修收入占销售收入比重	增值税税负	存货周转率	成本费用利润率	整体理论税负	整体税负控制数	办牌率	单台办牌手续费收入	...	多品牌经营店	其它	卡车及轻卡	商用货车	国产轿车	大客车	工程车
0	0.0635	0.3241	0.0879	0.0084	8.5241	0.0018	0.0166	0.0147	0.4000	0.02	...	0	0	0	0	1	0	0
1	0.0520	0.2577	0.1394	0.0298	5.2782	-0.0013	0.0032	0.0137	0.3307	0.02	...	0	0	0	0	1	0	0
2	0.0173	0.1965	0.1025	0.0067	19.8356	0.0014	0.0080	0.0061	0.2256	0.02	...	0	0	0	0	1	0	0
3	0.0501	0.0000	0.0000	0.0000	1.0673	-0.3596	-0.1673	0.0000	0.0000	0.00	...	0	0	0	0	1	0	0
4	0.0564	0.0034	0.0066	0.0017	12.8470	-0.0014	0.0123	0.0095	0.0039	0.08	...	0	0	0	0	0	0	0

图 13-6　数据预处理结果

4. 划分训练数据集与测试数据集

为了保证模型的正确性和合理性，需要将数据集划分为训练数据集和测试数据集。将80%的数据集作为训练数据集，20%的数据集作为测试数据集，实现代码如下：

```
data = data.to_numpy()                    # 将表格转换为矩阵
shuffle(data)
p = 0.8                                   # 设置训练数据比例
train = data[:int(len(data)*p), :]        # 前 80%为训练集
test = data[int(len(data)*p):, :]         # 后 20%为测试集
train_x = train[:, :14]
train_y = train[:, 14]
test_x = test[:, :14]
test_y = test[:, 14]
```

5. 构建偷税漏税行为识别模型

接下来将使用分类预测模型实现偷税漏税的自动识别，此处使用 CART 决策树和 LM 神经网络两种模型来实现，可以对其结果进行对比。

1) 建立 CART 决策树分类模型

具体代码如下：

```
from sklearn.metrics import confusion_matrix
# 混淆矩阵函数
def cm_plot(y, yp):
    cm = confusion_matrix(y, yp)
    # 绘制混淆矩阵
    plt.matshow(cm, cmap=plt.cm.Greens)
    plt.colorbar()
    for x in range(len(cm)):
        for y in range(len(cm)):
            plt.annotate(cm[x, y], xy=(x, y), horizontalalignment='center',
                verticalalignment='center')
    plt.ylabel('True label')
```

```
    plt.xlabel('Predicted label')
    return plt

# 构建 CART 决策树模型
from sklearn.tree import DecisionTreeClassifier          # 导入决策树模型
treefile = '..\数据集\cartree.pkl'                        # 模型输出名字
tree = DecisionTreeClassifier()                          # 建立决策树模型
tree.fit(train_x, train_y)                               # 训练，除了最后一列
# 保存模型
import pickle
with open(treefile, 'wb') as f:
    pickle.dump(tree, f)
cm_plot(train_y, tree.predict(train_x)).show()           # 显示混淆矩阵可视化结果
```

训练结果如图 13-7 所示。

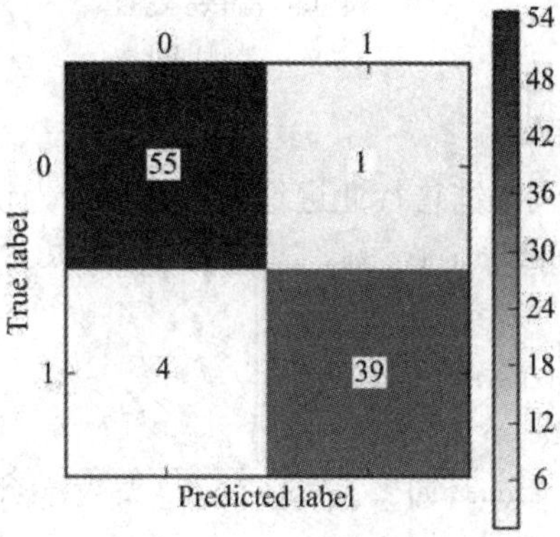

图 13-7　CART 模型训练结果

由图 13-7 所示结果可以看出，准确分类的样本数为 55 + 39 = 94，由此可知模型准确率为 94 / (94 + 4 + 1) = 94.95%。

2) 评估决策树分类模型

我们使用 ROC 曲线对 CART 模型进行评价，具体代码如下：

```
# 模型评价
from sklearn.metrics import roc_curve                         # 导入 ROC 曲线函数
fpr, tpr, thresholds = roc_curve(train_y, tree.predict_proba(train_x)[:, 1], pos_label=1)

plt.plot(fpr, tpr, linewidth=2, label='ROC of CARt')          # 绘制 ROC 曲线
plt.xlabel('False Positive Rate')                             # 坐标轴标签
plt.ylabel('True Positive Rate')
plt.xlim(0, 1.05)                # 设定边界范围
plt.ylim(0, 1.05)
```

```
plt.legend(loc=4)                  # 设定图例位置
plt.show()                         # 显示绘图结果
```

决策树分类模型 ROC 评估曲线如图 13-8 所示。

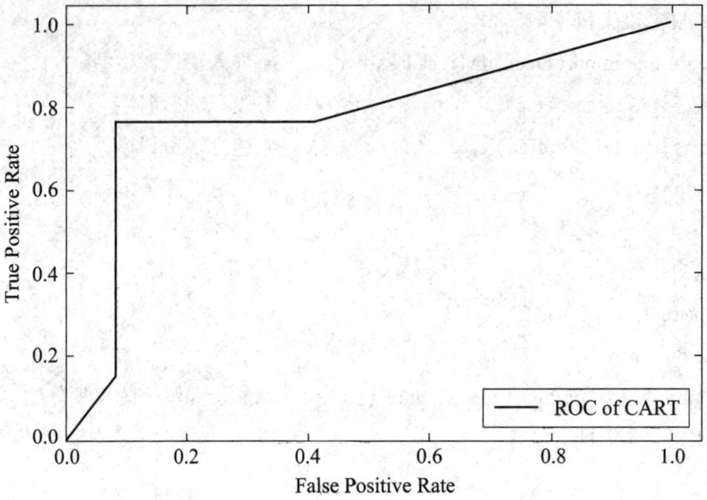

图 13-8　模型评估

3) 建立 LM 神经网络模型

利用 LM 神经网络，对汽车销售行业进行偷税漏税行为识别分析，实现代码如下：

```
from sklearn.metrics import roc_curve                      # 导入 ROC 曲线函数
import pandas as pd
import matplotlib.pyplot as plt
from random import shuffle
from keras.models import Sequential                        # 导入神经网络初始函数
from keras.layers.core import Dense, Activation            # 导入神经网络网络层函数及激活函数
# 读取数据
inputfile='../汽车销售行业偷税漏税行为识别.xls'     # 此处需要替换为文件的实际位置
data=pd.read_excel(inputfile, index_col='纳税人编号')
p = 0.2
data= data.as_matrix()
train_x, test_x, train_y, test_y = data(data[:, :14], data[:, 14], test_size=p)
net_file = 'net.model'                                     # 构建神经网络模型存储路径
net = Sequential()                                         # 建立神经网络
net.add(Dense(10, input_shape=(14)))       # 添加输入层(14 节点)到隐藏层(10 节点)的连接
net.add(Activation('relu'))                # 隐藏层使用 relu 激活函数
net.add(Dense(1, input_shape=(10, )))      # 添加隐藏层(10 节点)到输出层(1 节点)的连接
net.add(Activation('sigmoid'))             # 输出层使用 sigmoid 激活函数
net.compile(loss='binary_crossentropy', optimizer='adam', class_mode='binary')  # 编译模型，使用
                                                                                # adam 方法求解
net.fit(train_x, train_y, nb_epoch=1000, batch_size=10)             # 训练模型循环 1000 次
```

```
net.save_weights(net_file)                                        # 保存模型
predict_result = net.predict_classes(train_x).reshape(len(train_x))    # 预测结果
# 混淆矩阵函数
def cm_plot(y, yp):
    from sklearn.metrics import confusion_matrix
    cm = confusion_matrix(y, yp)
    .matshow(cm, cmap=plt.cm.Greens)
    plt.colorbar()
    for x in range(len(cm)):
        for y in range(len(cm)):
            plt.annotate(cm[x, y], xy=(x, y), horizontalalignment='center',
                verticalalignment='center')
    plt.ylabel('True label')
    plt.xlabel('Predicted label')
    return plt
```

程序运行结果如图 13-9 所示。

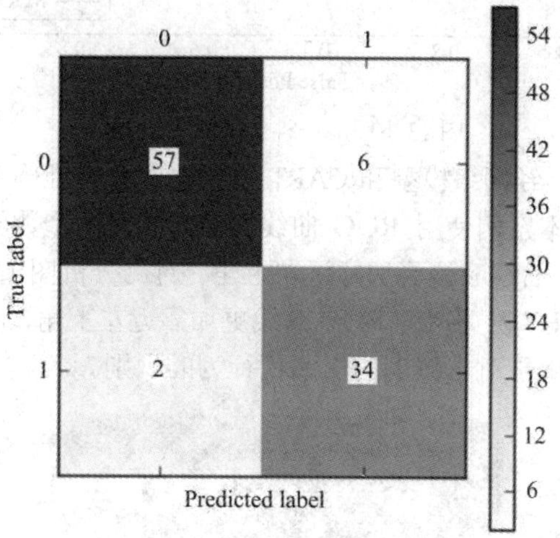

图 13-9　LM 神经网络预测结果

由图 13-9 结果可以看出，准确分类的人数为 57 + 34 = 91，由此可知模型准确率为 91/(91 + 6 + 2) = 91.92%。

4) 评估 LM 神经网络模型

评估 LM 神经网络模型的主要代码如下：

```
# 绘制 LM 神经网络模型的 ROC 曲线
from sklearn.metrics import roc_curve   # 导入 ROC 曲线函数
predict_result = net.predict(test_x).reshape(len(test_x))   # 预测结果
fpr, tpr, thresholds = roc_curve(test_y, predict_result, pos_label=1)

plt.plot(fpr, tpr, linewidth=2, label='ROC of LM')   # 绘制 ROC 曲线
```

```
plt.xlabel('False Positive Rate')  # 坐标轴标签
plt.ylabel('True Positive Rate')
plt.xlim(0, 1.05)  # 设定边界范围
plt.ylim(0, 1.05)
plt.legend(loc=4)  # 设定图例位置
plt.show()  # 显示绘图结果
```

ROC 曲线评估结果如图 13-10 所示。

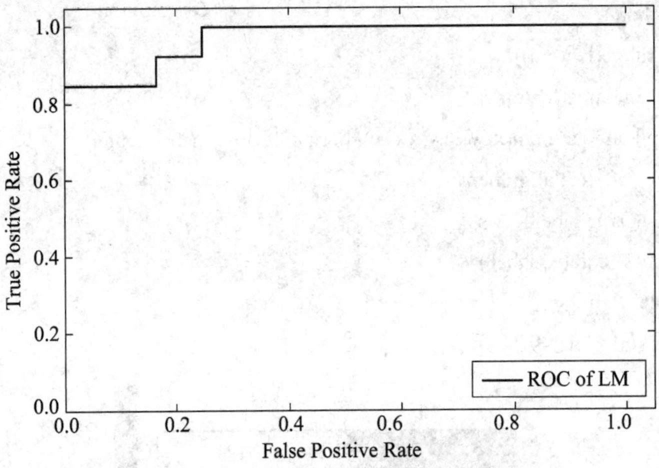

图 13-10　LM 神经网络模型评估

对于训练集，LM 神经网络模型和 CART 决策树的分类准确率都比较高。为了进一步评估模型分类的效果，本案例使用 ROC 曲线评估方法对两个数学模型进行了评价。优秀的分类器所对应的 ROC 曲线应该更加靠近左上角。对比分析图 13-8 和图 13-10，LM 神经网络的 ROC 曲线比 CART 决策树的 ROC 曲线更加靠近左上角，说明 LM 神经网络模型的分类性能更好，更加适用于对本案例的偷漏税行为的识别。

本章小结

本章介绍了一个通过汽车销售数据对纳税人偷税漏税行为进行识别的案例。本案例以汽车销售行业为例，根据事先提供的汽车销售行业纳税人的各个属性和是否具有偷税漏税的标识，结合纳税人的经营特征，建立偷税漏税行为的识别模型，识别纳税人是否有偷税漏税行为。本案例利用 LM 神经网络模型以及 CART 决策树模型对偷税漏税行为进行识别，从数据预处理和数据分析到最终的行为识别，完整地介绍了案例的实现过程。

思考题

本章利用 LM 神经网络模型以及 CART 决策树模型对偷税漏税行为进行了识别，请读者尝试结合本书前面章节内容提出其他的算法，重新构建偷税漏税行为识别模型。

附录 A Python 的安装与环境配置

目前，Python 有两个版本供大家选择使用，即 Python 2.x 和 Python 3.x。Python 3.x 是对 Python 2.x 的一个较大更新。由于 Python 2.x 在设计的时候并没有考虑到向下相容，因此许多针对 Python 2.x 设计的函数、语法或者库，都无法在 Python 3.x 中正常执行。并且 Python 核心团队计划在 2020 年停止对 Python 2.x 的支持。因此本书建议大家使用 Python 3.x。接下来，我们将以 Python 3.x 为例详细讲解其安装方法。这里将介绍两种 Python 安装方式。

若读者仅需要使用 Python 编译环境，可采用 A.1 节的官方安装方式。

若读者需要利用 Python 进行数据分析或机器学习算法研究，需要使用到各种 Python 库，例如 Numpy、Scipy、Pandas、Scikit-Learn 等，可使用 A.2 节介绍的 Anaconda 安装方法，同时完成 Python 及各种库的安装，这样非常方便。

A.1 Python 的官方安装

Python 的官方安装过程需要首先从 Python 官方网站下载相应的安装包，然后再进行安装和配置。下面将详细介绍 Python 的安装过程。

A.1.1 Python 的官方下载

下面是通过 Python 官方网站下载相应版本的安装包的详细操作过程：

Step1：在浏览器里输入 Python 官网地址：https://www.python.org/，然后打开该网站，如图 A-1 所示。

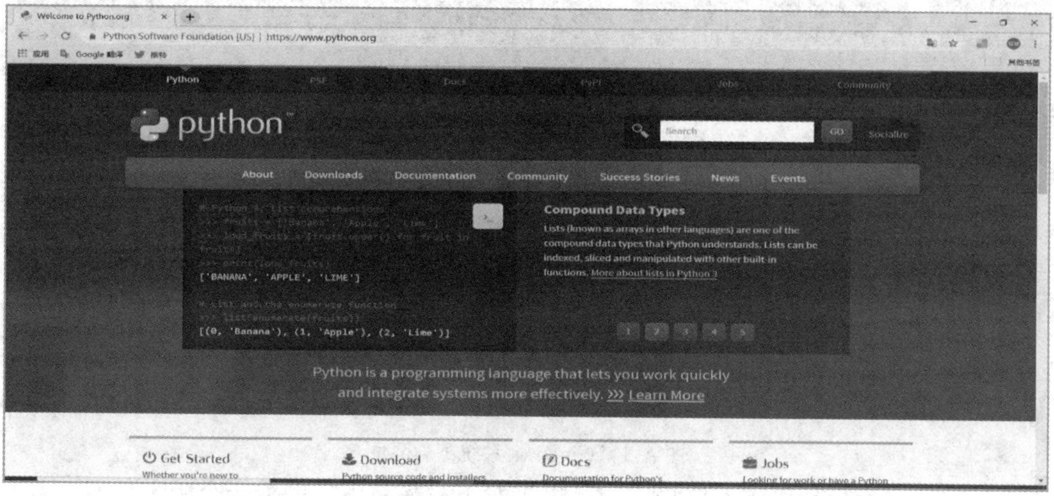

图 A-1 Python 官网

Step2：单击网页中的【Downloads】按钮，进入如图 A-2 所示的界面。

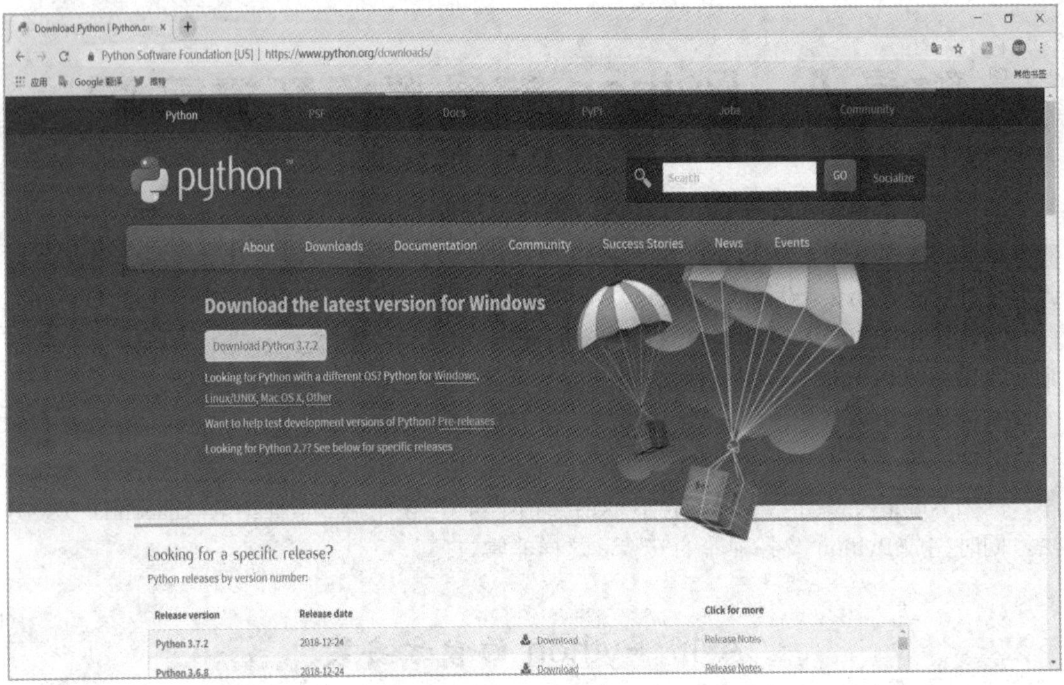

图 A-2　Python 下载界面

Step3：选择自己的操作系统(本书以 Windows 操作系统为例)，单击【Windows】，进入图 A-3 所示的界面。

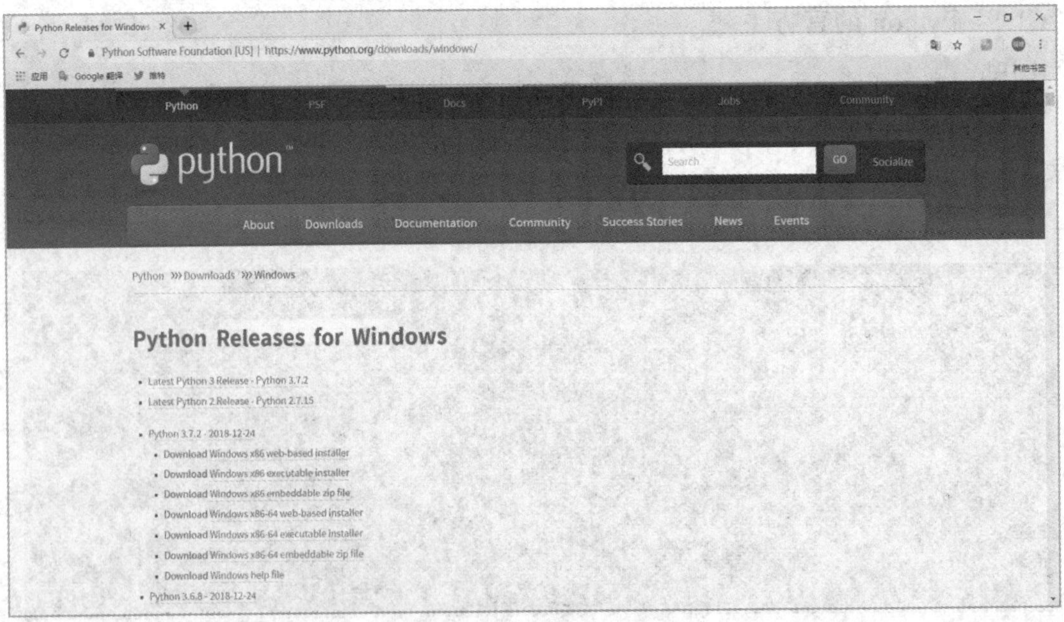

图 A-3　Windows 系统下载界面

Step4：由于最新版本不够稳定，所以推荐下载最新版本的前一个版本使用。点击

【Download Windows x86-64 executable installer】，下载所需要的版本，如图 A-4 所示。

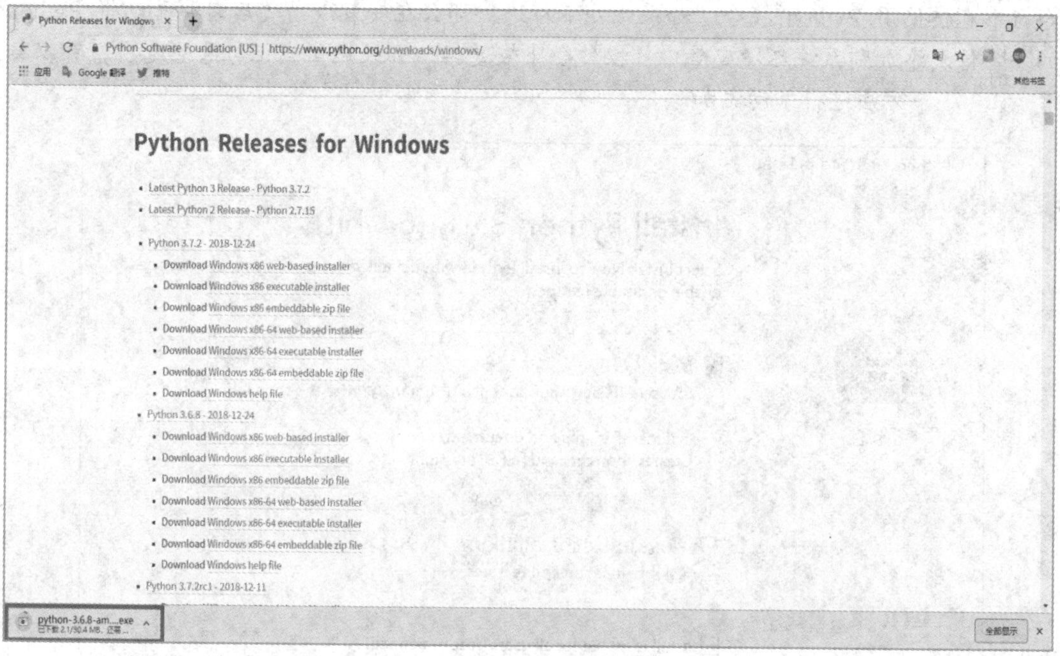

图 A-4　下载界面

Step5：等待几分钟后，软件下载成功，打开所在文件夹，找到 Python 安装图标，图标如图 A-5 所示。

图 A-5　Python 安装包图标

A.1.2　Python 的官方安装

从官方网站下载好 Python 的安装包之后，可以通过以下步骤进行安装：

Step1：双击前面下载的文件，或者在该文件上右击，在弹出的快捷菜单中点击【打开】选项，就会出现如图 A-6 所示的安装界面。(如果该电脑曾经安装过 Python，看到的安装界面中的第一个选项将是【Upgrade Now】)

温馨提示：

强烈建议读者在安装的时候，勾选图 A-6 中箭头指向的选项“Add Python 3.6 to PATH”！

该选项的含义是将Python的安装信息添加到系统环境变量中，这样比较方便以后在系统命令行中直接使用Python指令。如果此处不勾选，那么在安装成功之后需要手动将Python的安装信息添加到系统环境变量中，操作会比较复杂。如果确实忘记勾选此选项，可以参考A.1.3小节方法进行手动添加。

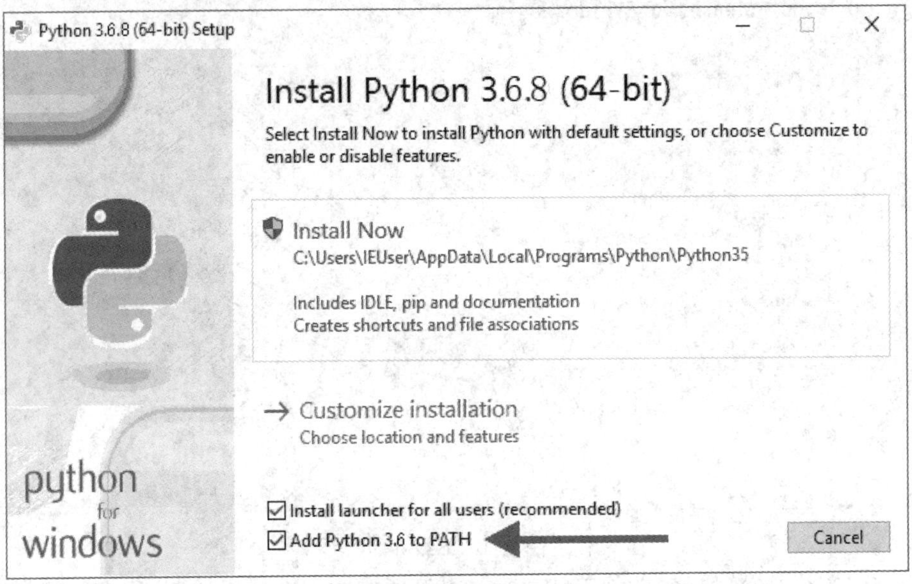

图 A-6　安装界面一

Step2：普通用户选择第一项【Install Now】，然后根据提示直接单击【Next】按钮即可成功安装。但为了更加全面地说明整个安装过程，此处选择自定义安装并对后续步骤进行说明，所以选择点击【Customize installation】，出现新界面如图A-7所示。

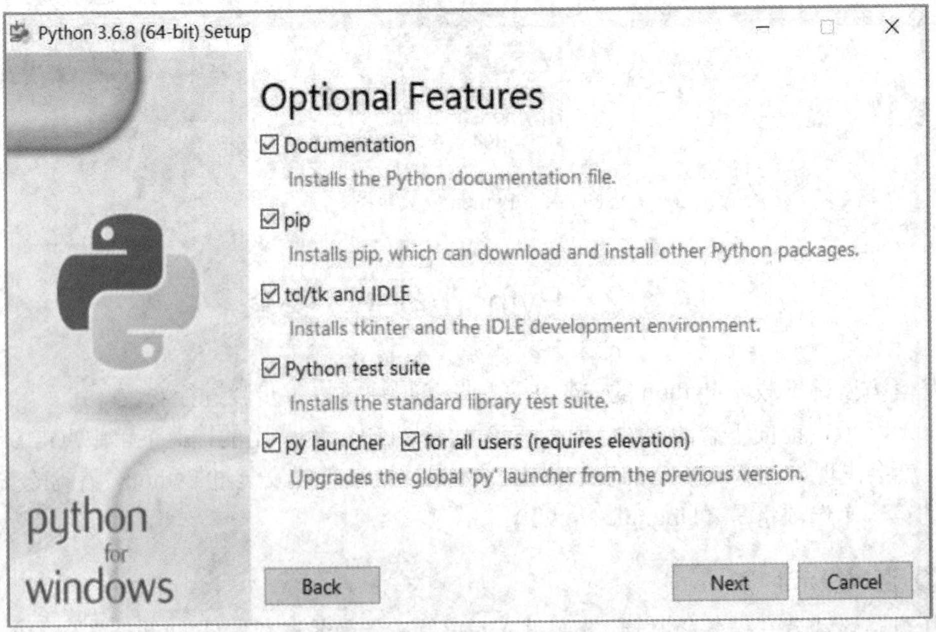

图 A-7　安装界面二

Step3：勾选所有复选框，然后点击【Next】按钮，进入下一个界面，如图 A-8 所示。在此界面中对一些高级安装选项进行配置，通常可以根据如图 A-8 结果进行选择，也可以根据自己的需求更改软件所安装的路径，本书不更改安装的路径。

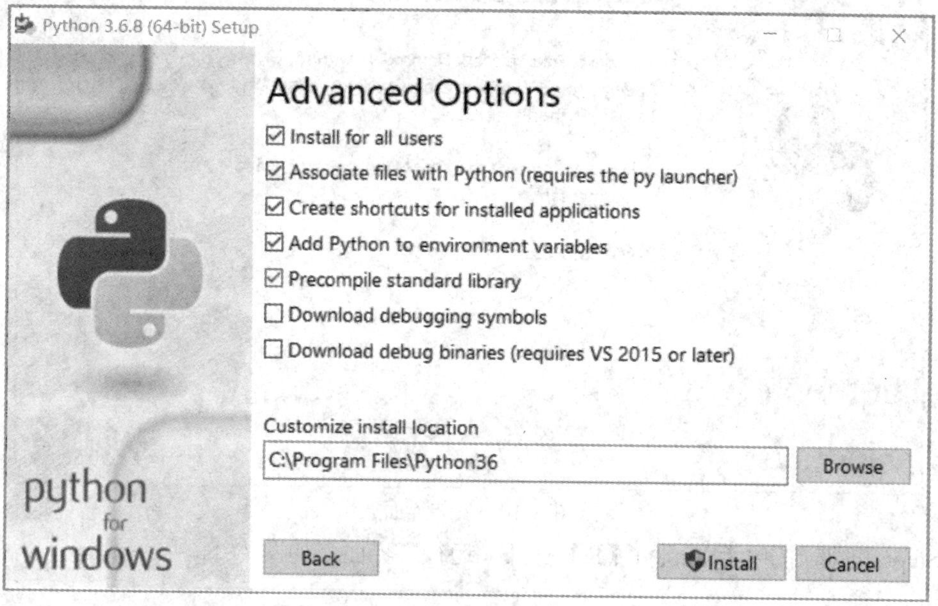

图 A-8　安装界面三

Step4：点击【Install】按钮，进入安装步骤，并且显示安装进度，如图 A-9 所示。

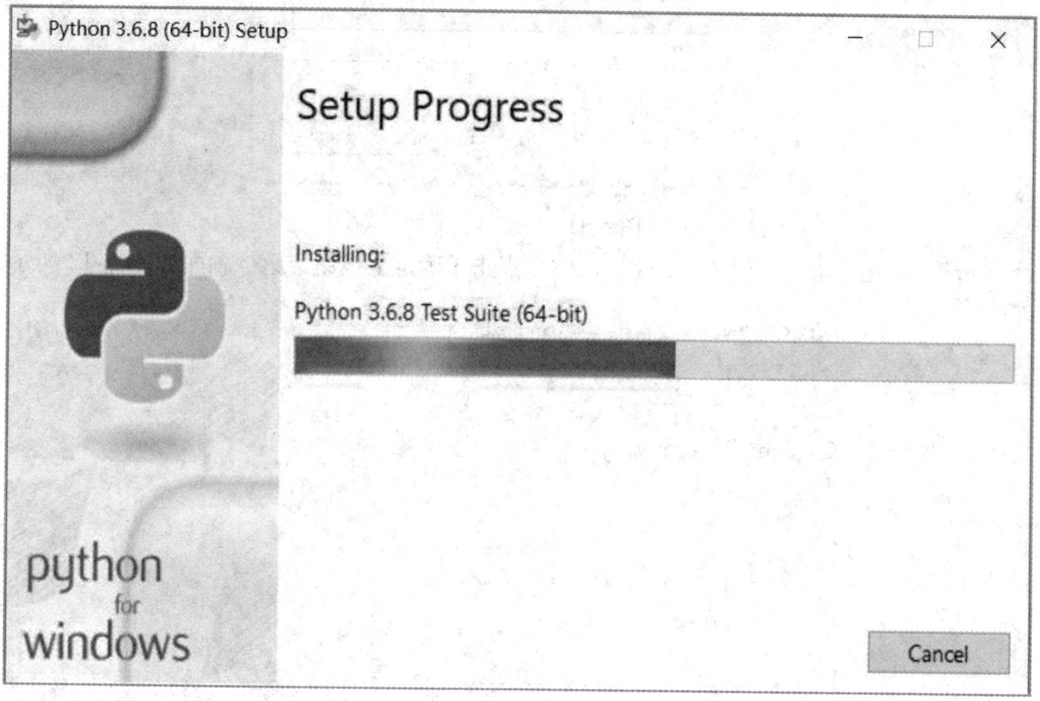

图 A-9　安装界面四

Step5：等待几分钟后安装完成，出现图 A-10 所示的界面，单击【Close】按钮，即可完成安装。

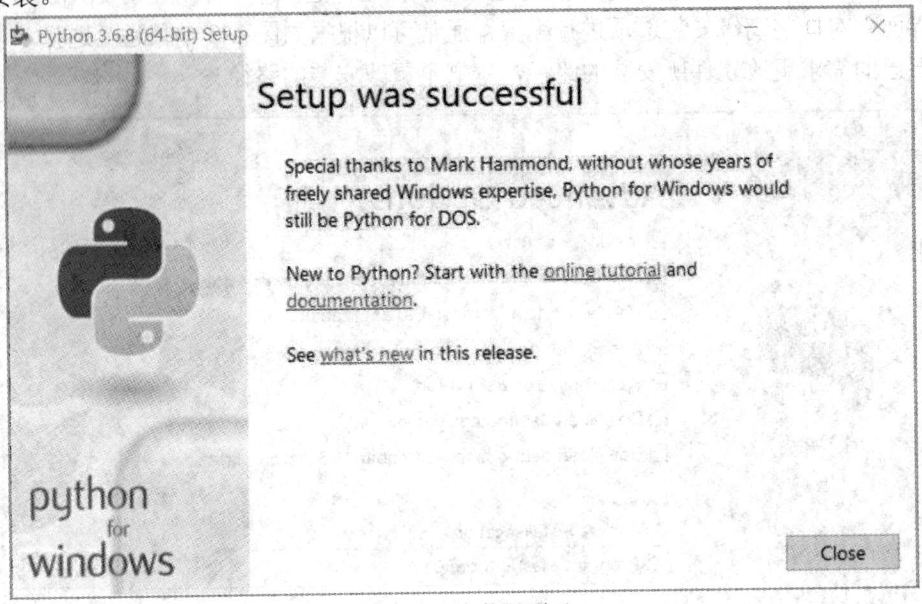

图 A-10　安装界面五

Step6：同时按住【Win】+【R】打开“运行”界面，如图 A-11 所示。

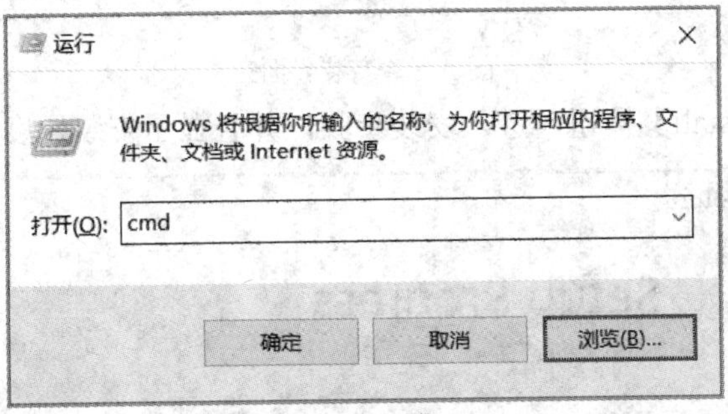

图 A-11　“运行”界面

Step7：在运行框里面输入“cmd”，然后点击【确定】按钮。运行画面如图 A-12 所示。

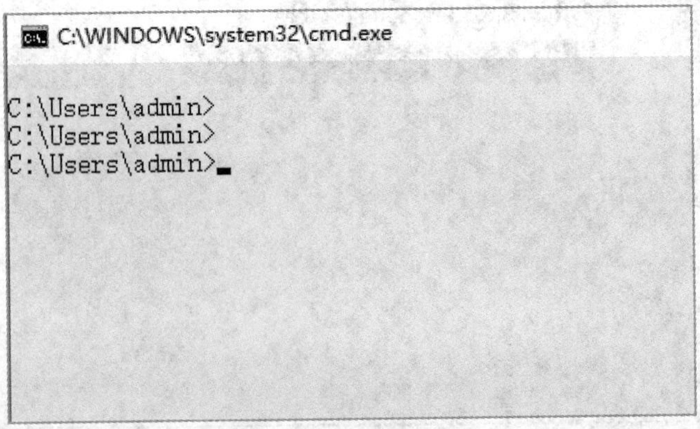

图 A-12　cmd 运行界面

Step8：输入“Python”，出现图 A-13 所示界面，说明 Python 安装成功。

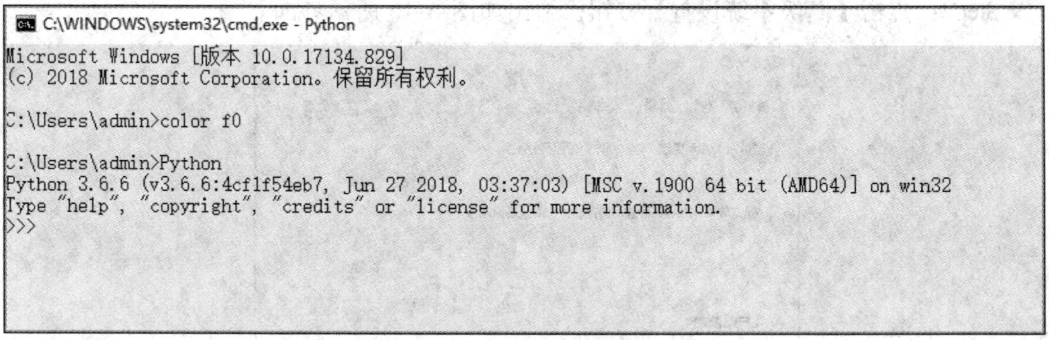

图 A-13　Python 安装检测

A.1.3　手动配置环境变量

Python 的安装实际上就是普通的一个 Windows 应用程序的安装，如果完全按照上述步骤进行操作，一般情况下都能够正常完成安装。如果安装完成后，在 cmd 上运行 Python 时出现“Python 不是内部命令”的错误提示，这是因为在安装的过程中没有勾选添加环境变量选项所致，此时就需要手动设置环境变量。如果不设置环境变量，在后续的使用过程中容易出错，导致 Python 在使用过程中出现错误环境。

设置 Python 环境变量的具体步骤如下所述。

Step1：在桌面找到【此电脑】并右键点击，从弹出的快捷菜单中选择【属性】命令，出现图 A-14 所示的界面。

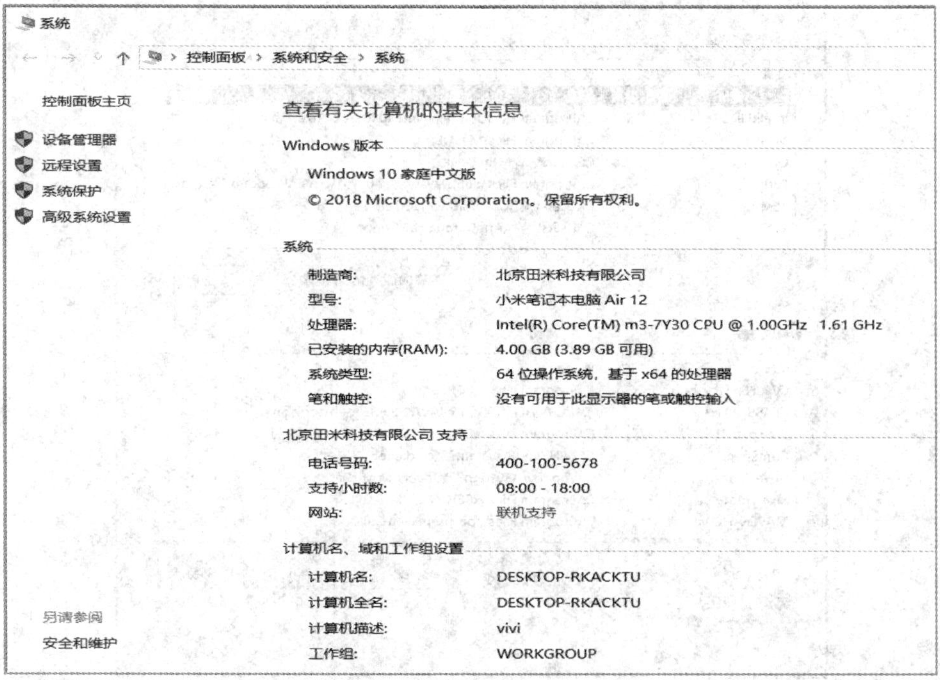

图 A-14　计算机属性界面

Step2：点击【高级系统设置】按钮，弹出如图 A-15 所示界面。

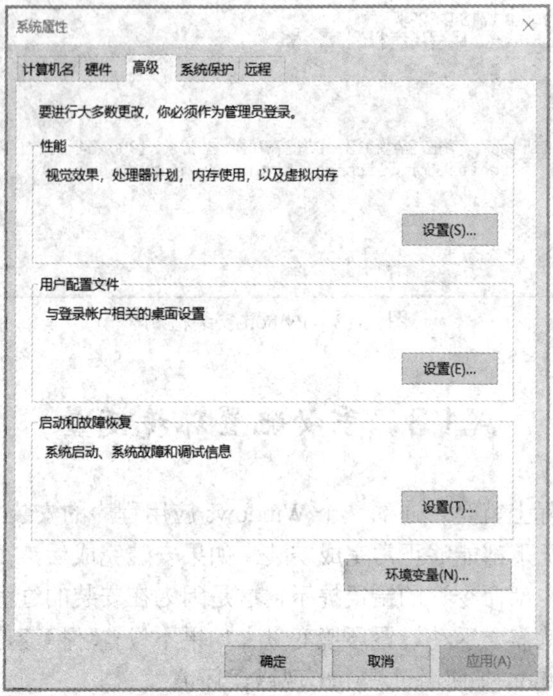

图 A-15　高级系统设置界面

Step3：点击【环境变量(N)…】按钮，弹出图 A-16 所示界面。

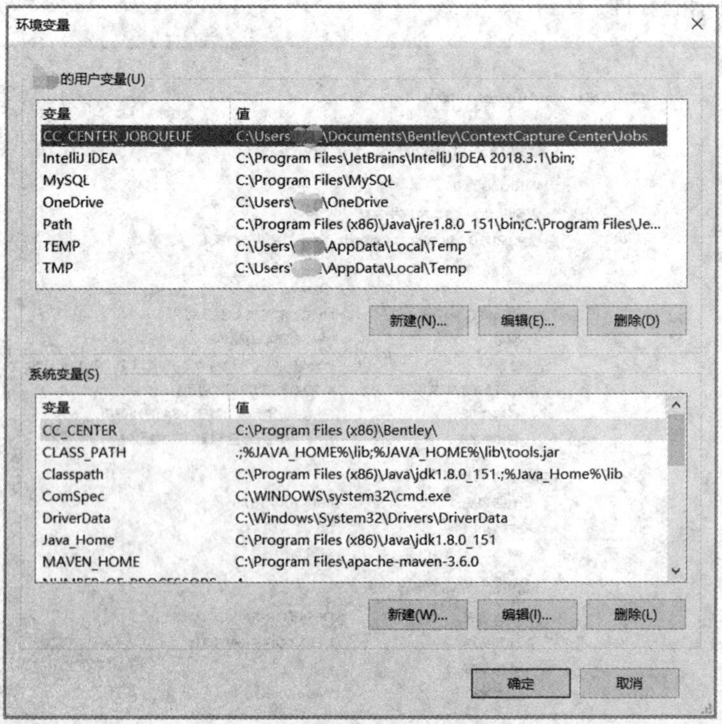

图 A-16　环境变量设置界面

Step4：在图 A-16 下方的【系统变量(S)】列表框中找到变量【Path】选项(如图 A-17 所示)并且双击，或选中 Path 这一行，点击下面的【编辑】按钮，将会弹出图 A-18 所示的编辑环境变量的界面。

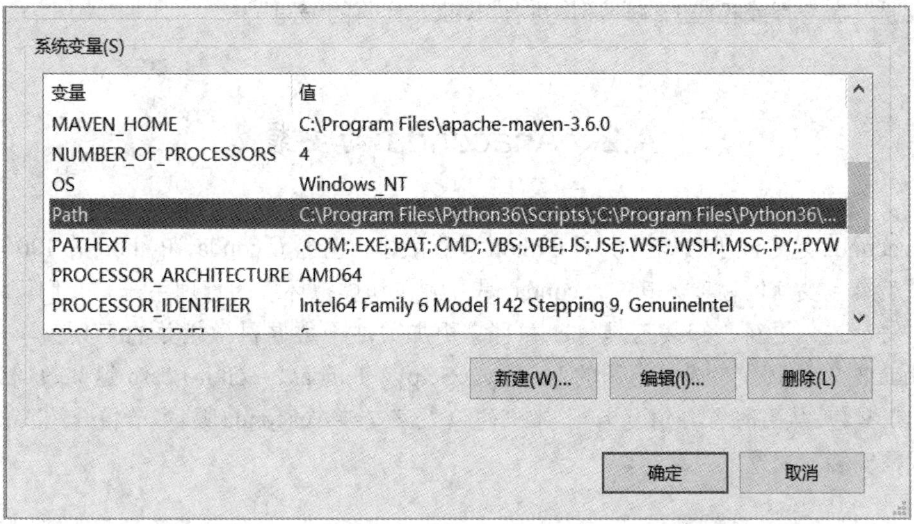

图 A-17　在系统环境变量中找到 Path 并双击进行编辑

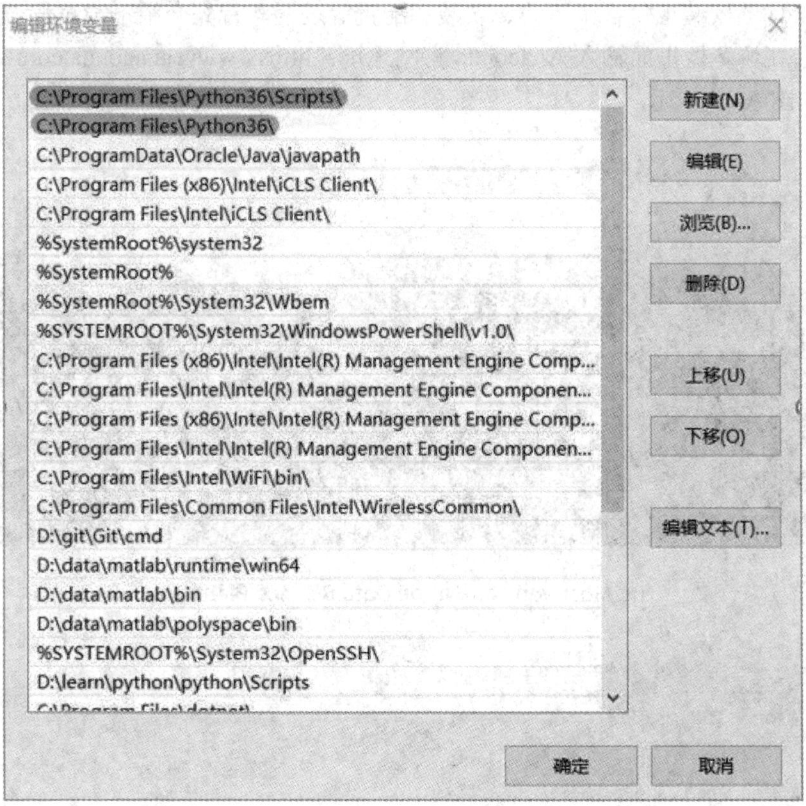

图 A-18　环境变量设置界面

Step5：在图 A-18 中，点击【新建】按钮，输入 Python 路径并回车，环境变量即设置成功。

至此，手动将 Python 安装信息添加到环境变量的方法就介绍完了，如果一切顺利的话，就可以通过命令行或相应的编译环境进行 Python 代码的编写了。

A.2 Anaconda 的安装

Anaconda 是专注于数据分析的 Python 发行版本，包含了 conda、Python 等 190 多个科学计算工具包及其依赖项。其中，conda 是开源包和虚拟环境的管理系统。我们可以使用 conda 来安装、更新、卸载工具包，并且它更加关注于数据科学相关的工具包，在安装 Anaconda 时，就预先集成了常用的 Numpy、Scipy、Pandas、Scikit-Learn 这些数据分析中常用的工具包。从省时省心角度出发，本书建议大家安装 Anaconda 版。本节将介绍 Anaconda 的下载、安装、配置以及运行。

A.2.1 Anaconda 的下载

Anaconda 的安装也包含了下载、安装和配置等过程，首先介绍下载过程。

Step1：在浏览器里面输入 Anaconda 官网地址：https://www.anaconda.com/，然后打开该网站，如图 A-19 所示。

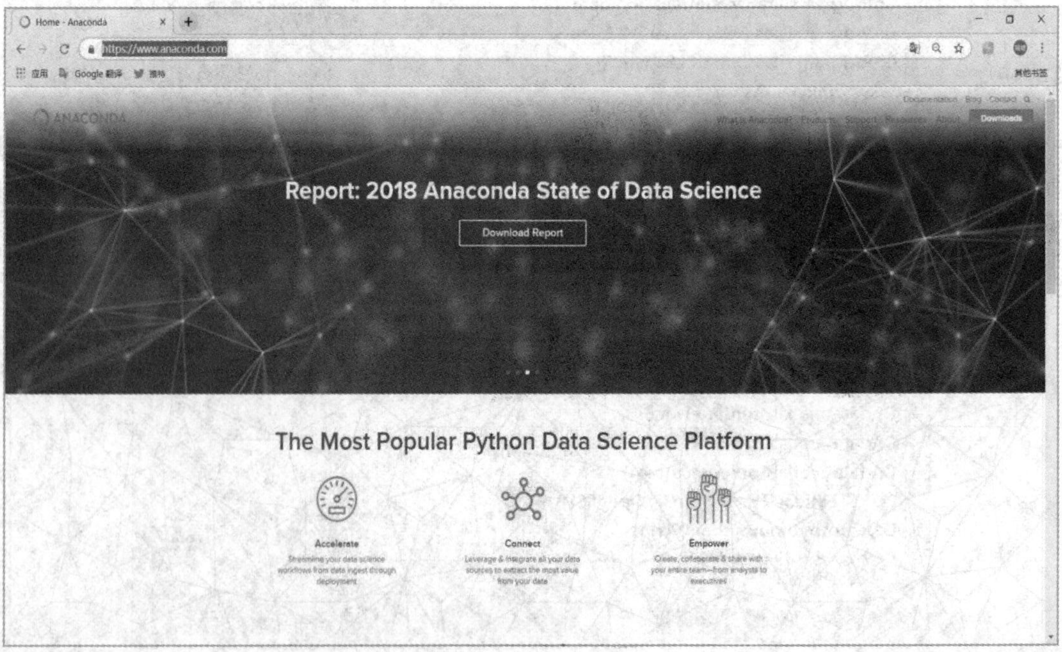

图 A-19　Anaconda 官网

Step2：单击网页中的【Downloads】按钮，进入如图 A-20 所示的界面。

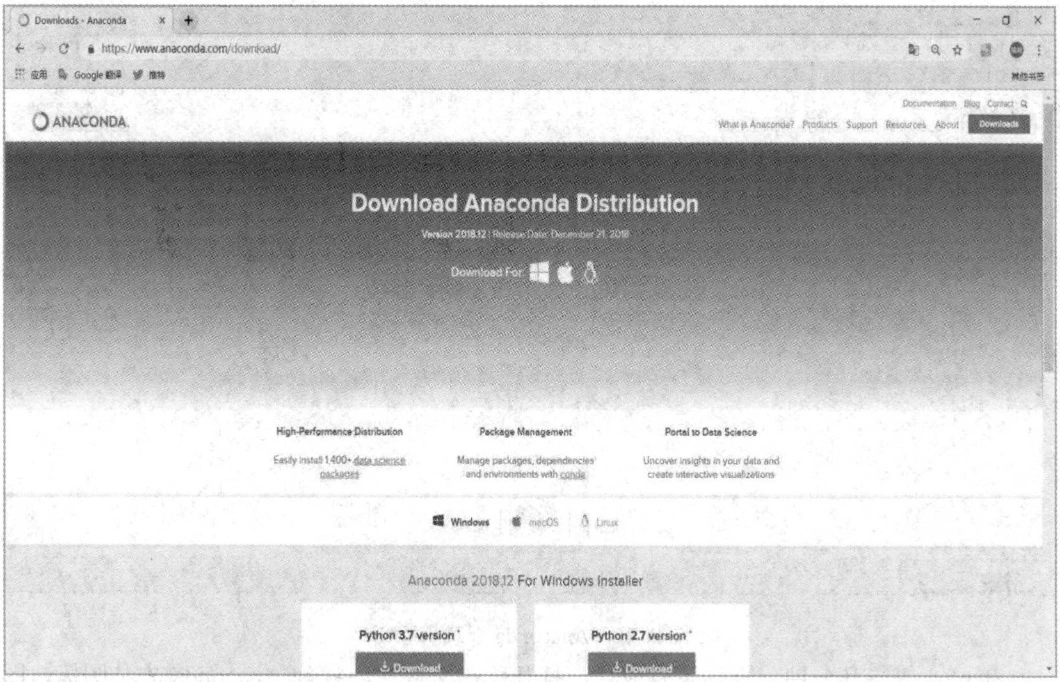

图 A-20　Anaconda 下载界面

Step3：选择自己的操作系统(本书以 Windows 操作系统为例)，单击【Windows】按钮，进入图 A-21 所示的界面。

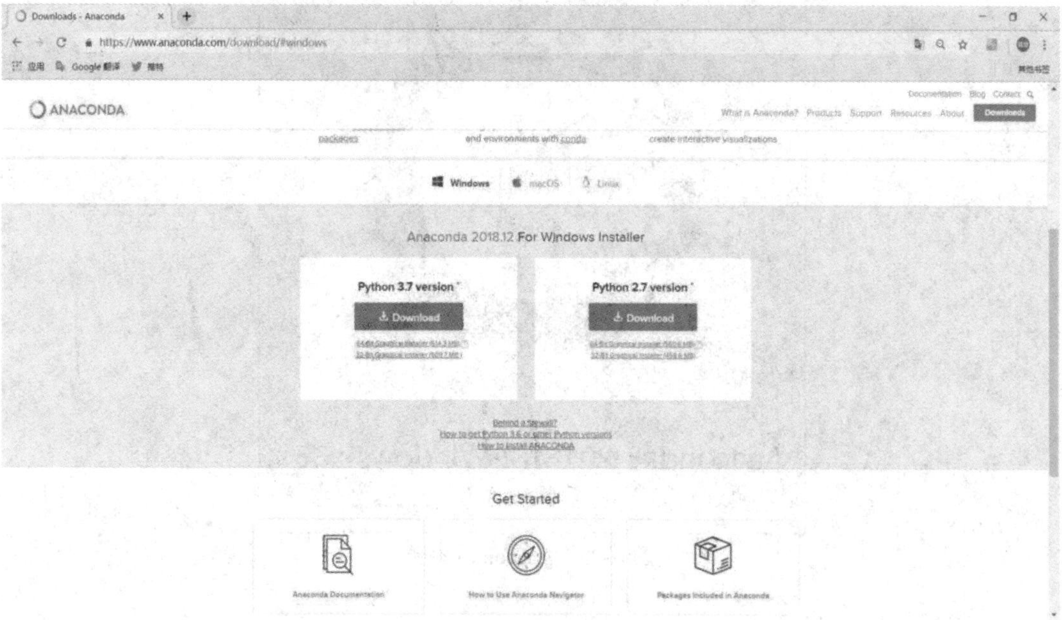

图 A-21　Windows 系统下载界面

Step4：本文选择 Python 3.7 version 版本，然后点击【Download】按钮，开始下载

Anaconda，界面如图 A-22 所示。

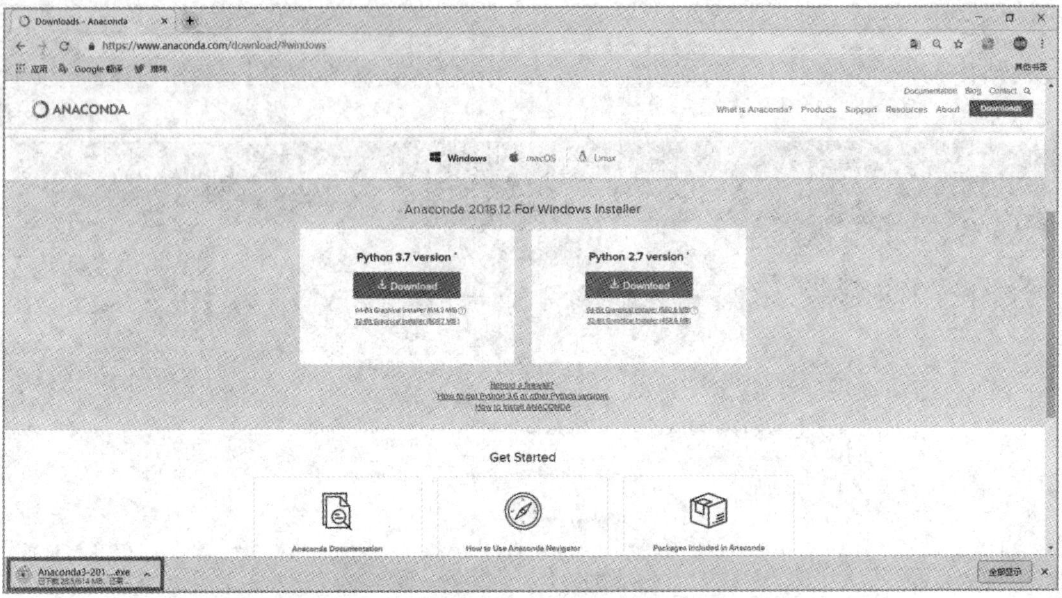

图 A-22　Anaconda 下载示意图

Step5：等待几分钟，软件下载成功，打开所在文件夹，找到 Anaconda 安装图标，图标如图 A-23 所示。

图 A-23　Anaconda 图标

A.2.2　Anaconda 的安装

Anaconda 的安装过程和普通的 Windows 程序的安装过程非常类似，介绍如下：

Step1：双击图 A-23 所示的图标，或者右击该文件，在弹出的快捷菜单中选择【打开】选项，就会出现如图 A-24 的安装界面。

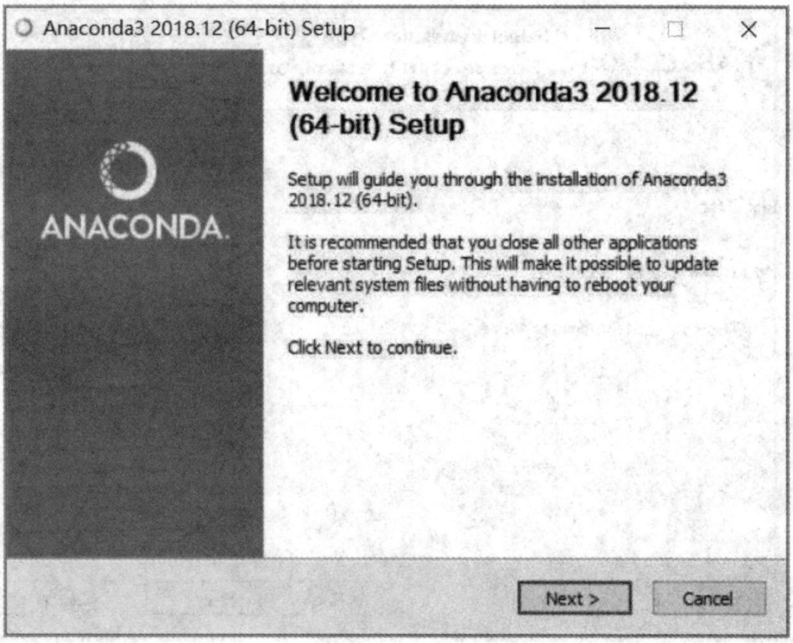

图 A-24　安装界面一

Step2：点击【Next>】按钮，出现界面如图 A-25 所示。

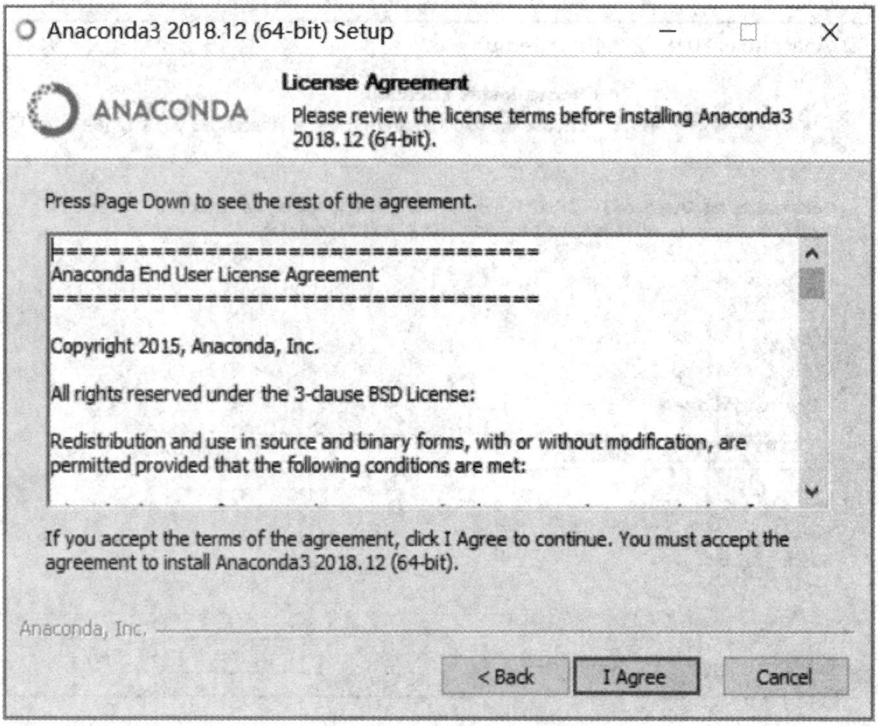

图 A-25　安装界面二

Step3：点击【I Agree】按钮同意使用协议，出现界面如图 A-26 所示。

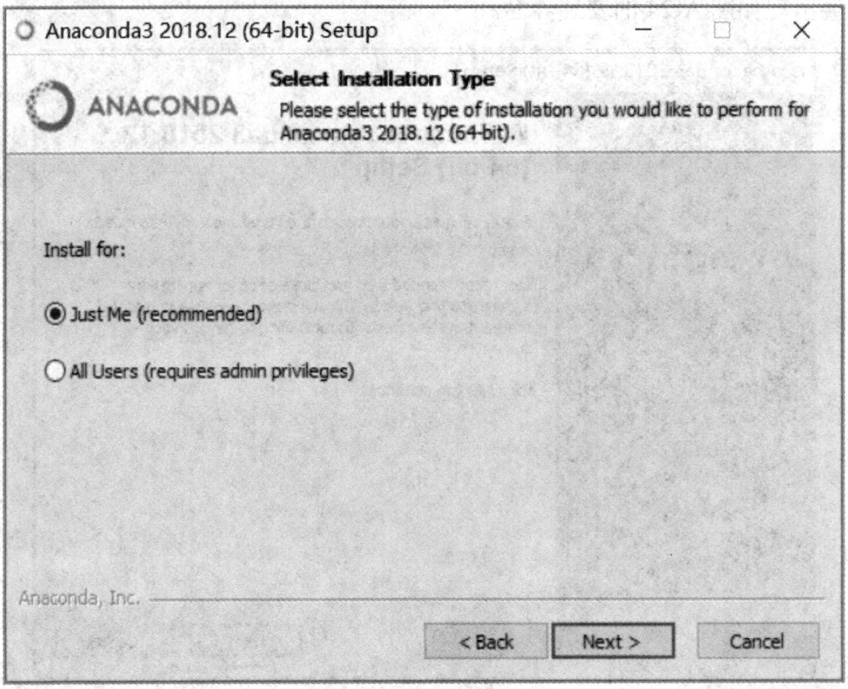

图 A-26　安装界面三

Step4：选择【All Users】选项，然后点击【Next>】按钮，出现界面如图 A-27 所示。

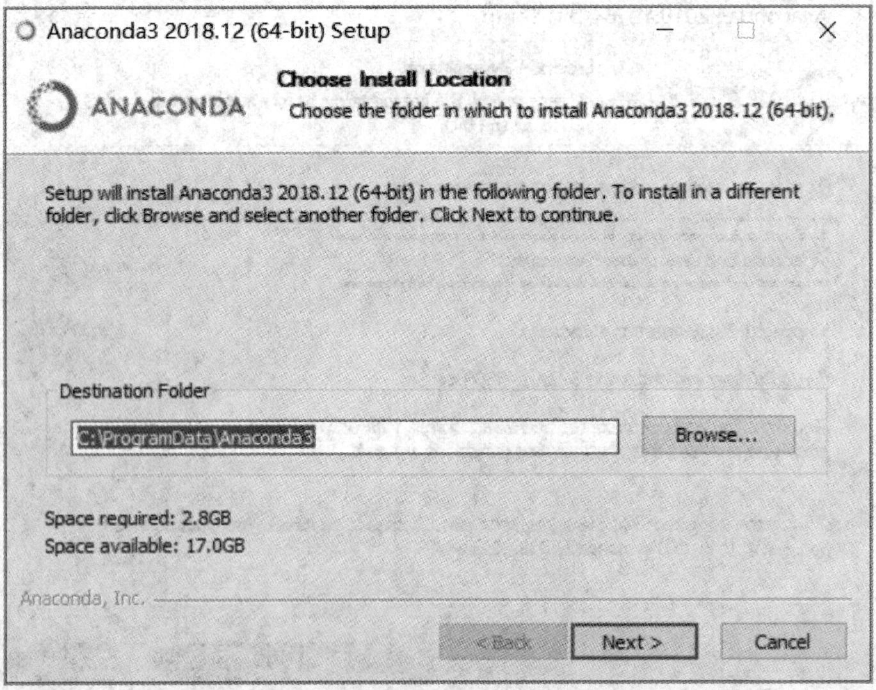

图 A-27　安装界面四

Step5：点击【Browse…】按钮选择软件安装的位置，然后点击【Next>】按钮，出现界面如图 A-28 所示。

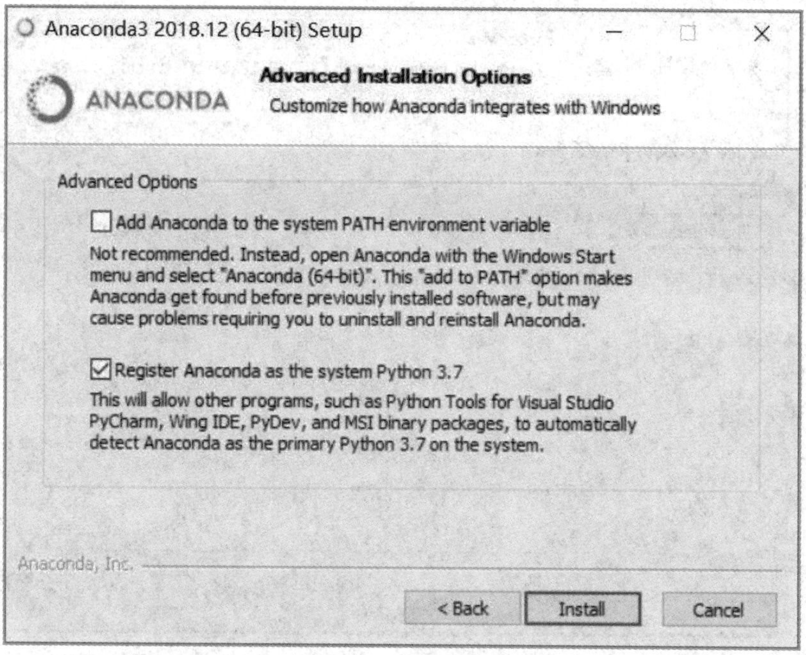

图 A-28　安装界面五

Step6：选择添加环境变量到系统中，界面如图 A-29 所示。强烈建议勾选此选项，否则需要参考 A.2.3 小节手动进行环境变量配置。

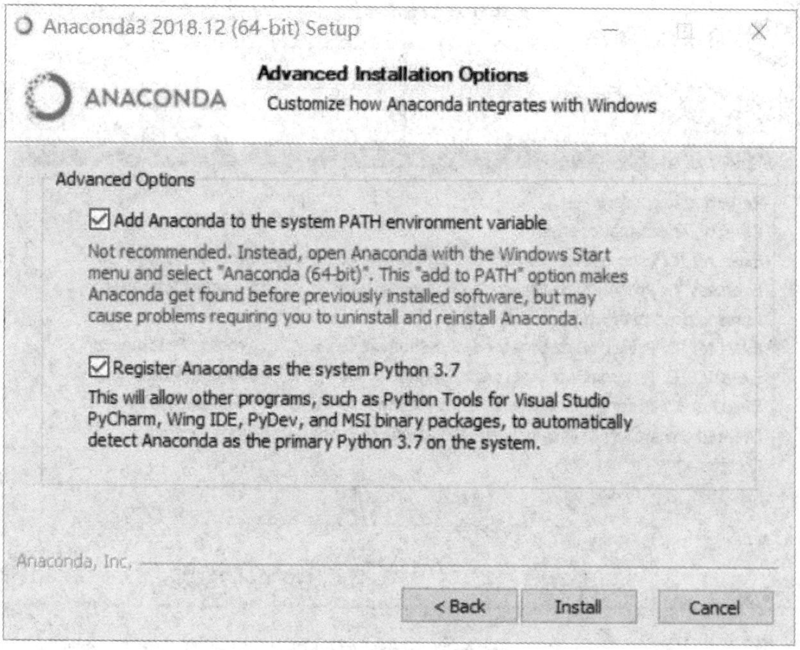

图 A-29　安装界面六

Step7：点击【Install】按钮，开始安装 Anaconda，界面如图 A-30 所示。

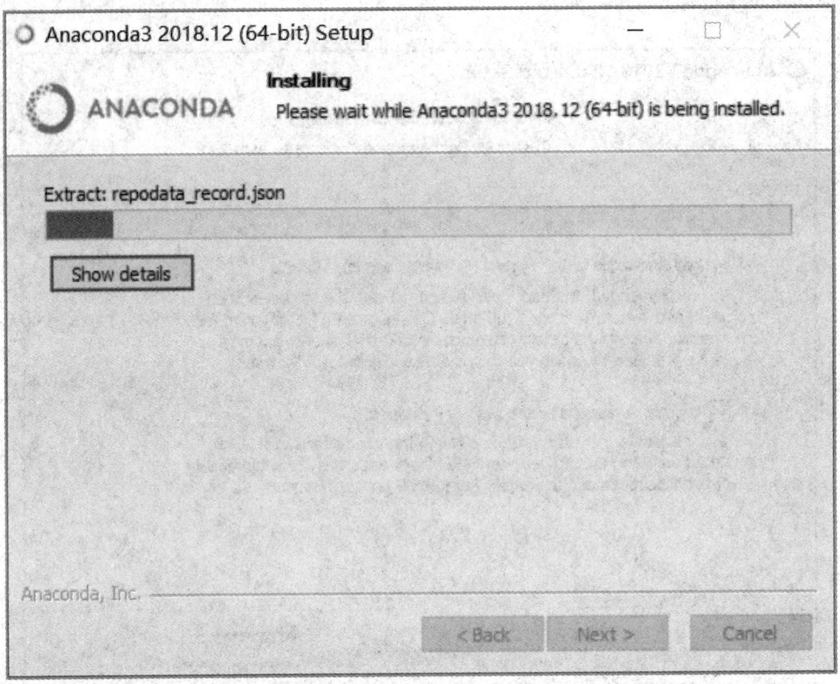

图 A-30　安装界面七

Step8：安装完成之后，界面如图 A-31 所示。

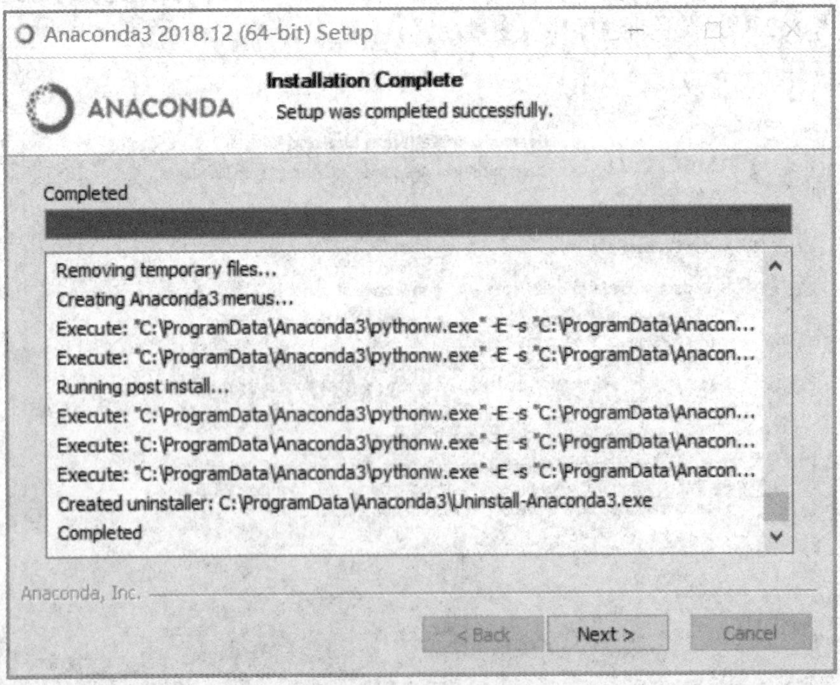

图 A-31　安装界面八

Step9：点击【Next】按钮，弹出界面如图 A-32 所示。

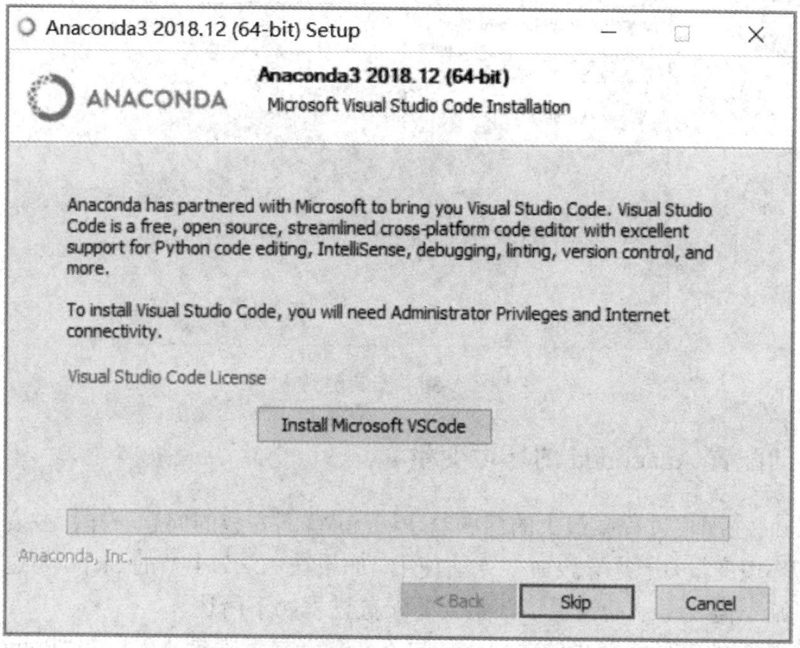

图 A-32　安装界面九

Step10：这一步为我们提供了安装 VS Code 的机会，VS Code 是一款很好用的编辑器，可以选择安装。本书就不一一赘述了，选择【Skip】跳过此步骤，完成安装，弹出界面如图 A-33 所示。

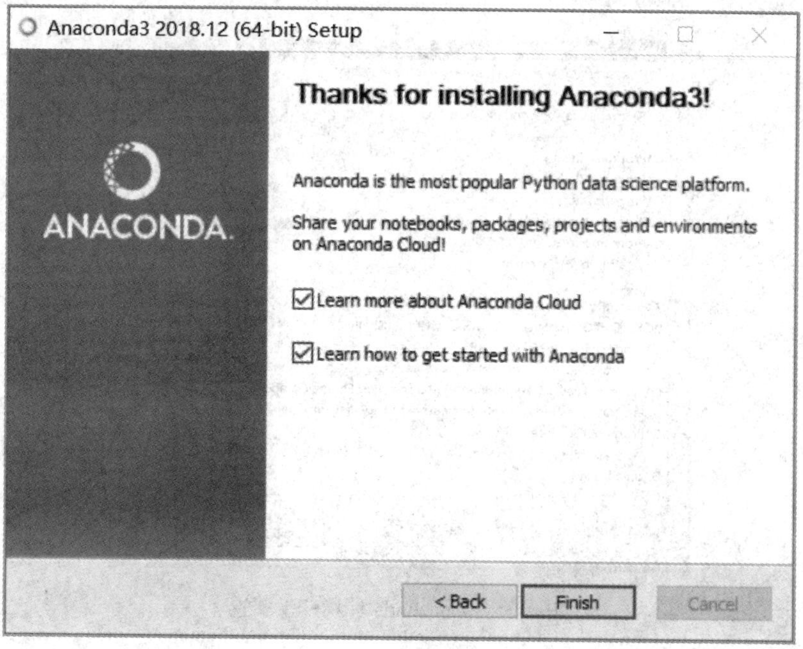

图 A-33　安装界面十

Step11：点击【Finish】按钮完成安装。完成安装之后，打开 cmd，然后输入“conda”，如果出现图 A-34 所示界面，说明已经安装成功。

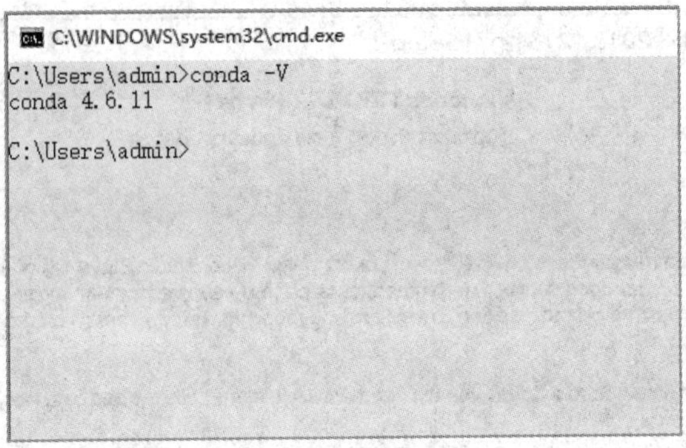

图 A-34　安装检测

A.2.3　手动配置 Anaconda 的环境变量

Anaconda 在配置过程中最大的问题与 Python 官网安装的问题一样，在安装向导中没有勾选添加环境变量，于是导致命令无法使用。如果在 A.2.2 小节的 Step6 勾选了自动添加环境变量，则不需要再手动设置了。主要的配置过程如下所述。

Step1：找到编辑环境变量的窗口，如果不清楚请参考附录 A.1.1 的“Python 的配置”的 Step1～Step4。

Step2：在图 A-35 中，点击【新建】按钮，输入 Anaconda 路径并回车，环境变量即设置成功。

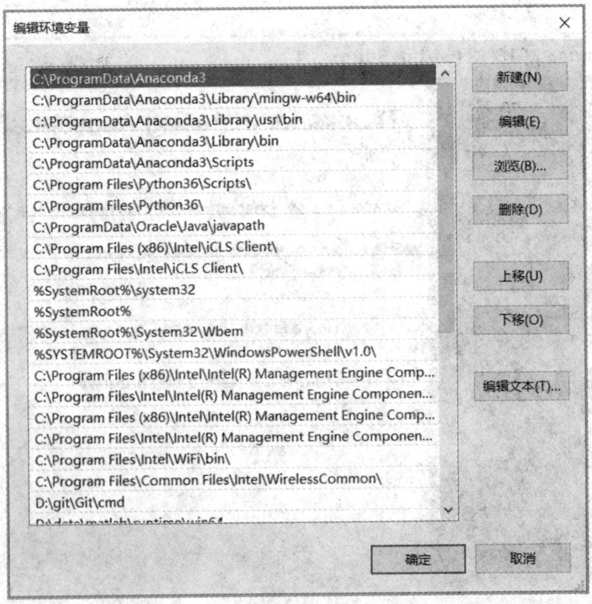

图 A-35　Anaconda 环境变量配置

A.2.4　Anaconda 的运行

和其他 Windows 应用程序一样，Anaconda 安装和配置好之后就可以运行了，详细步骤如下。

Step1：打开【开始】菜单，如图 A-36 所示。

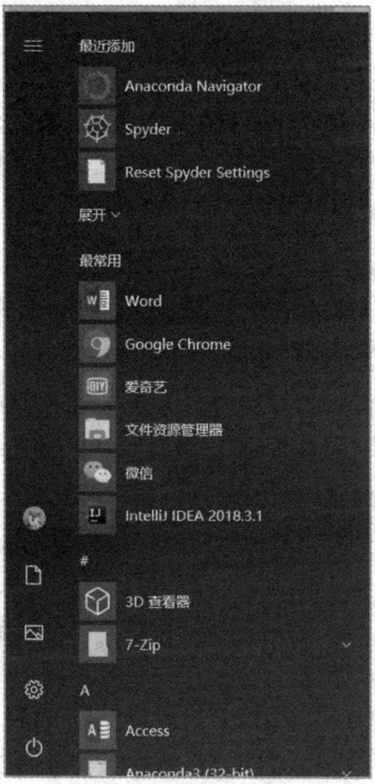

图 A-36　开始菜单界面

Step2：双击【Anaconda Navigator】，即可以运行 Anaconda，如图 A-37 所示界面。

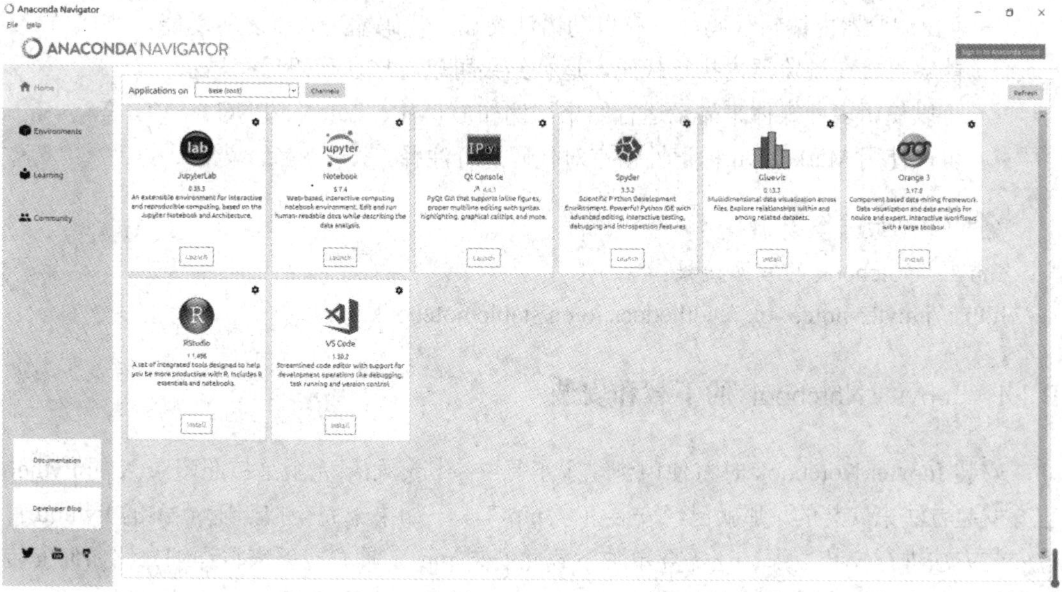

图 A-37　Anaconda 运行界面

附录 B　Python 开发工具的安装

本书主要使用 Jupyter Notebook(有时将其简称为 Jupyter)和 PyCharm 两种开发工具。

Jupyter 支持数据科学领域多种常见的语言，如 Python、R、Scala、Julia 等，用户能够使用 Markdown 标记语言标注代码，并将逻辑和思考写在其中，这和 Python 内部注释部分不同。Jupyter 常用于数据清洗、数据转换、统计建模和机器学习，它能够用图显示单元代码的输出，相比 PyCharm，Jupyter 更为轻便。

PyCharm 是一个功能完备的代码编辑器。它具有齐全的代码编辑选项，集成了众多人性化的工具(如 github、maven 等)。除此之外，PyCharm 还能进行服务端开发。

读者可根据自身需求选择安装类型。下面将详细介绍两种工具的安装、配置以及运行。

B.1　Jupyter Notebook 的安装

Jupyter Notebook 是一种基于网页的用于交互计算的应用程序。其主要功能有：

- 可在浏览器内编辑代码，具有自动语法突显、代码缩进、制表等功能。
- 能够直接在浏览器内执行代码，运行结果可以直接在代码后面显示。
- 可以使用多种媒体来显示运行结果，例如 HTML、LateX、PNG、SVG 等。
- 可以使用 Markdown 标记性语言对代码进行注释。

小贴士：

Jupyter Notebook 的官网链接：

https://jupyter-notebook.readthedocs.io/en/stable/notebook.html

B.1.1　Jupyter Notebook 的下载和安装

安装 Jupyter Notebook 时将使用到一个工具——pip，如果完全是按照附录 A 的 Python 官方安装方法来安装的，那就已经安装好了 pip 工具。如果未完全按照附录 A 的 Python 官方安装方法进行安装，那么还需要单独下载并安装 pip 工具。接下来将详细介绍如何安装 pip 工具，并通过 pip 命令安装 Jupyter Notebook。其具体步骤如下：

Step1：打开网站 https://pypi.org/project/pip/，界面如图 B-1 所示。

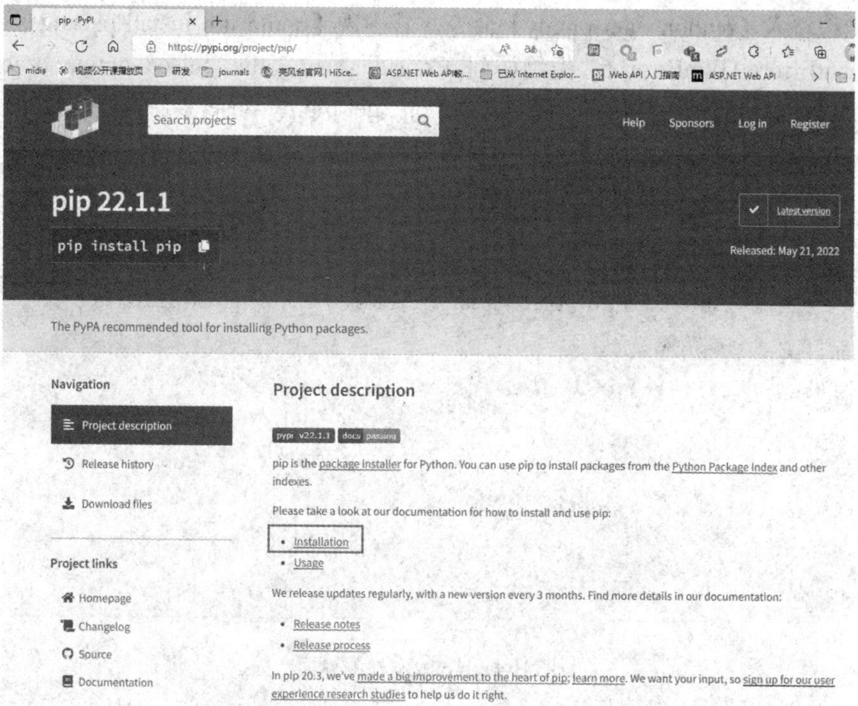

图 B-1　pip 官网

Step2：点击【Installation】，弹出界面如图 B-2 所示。

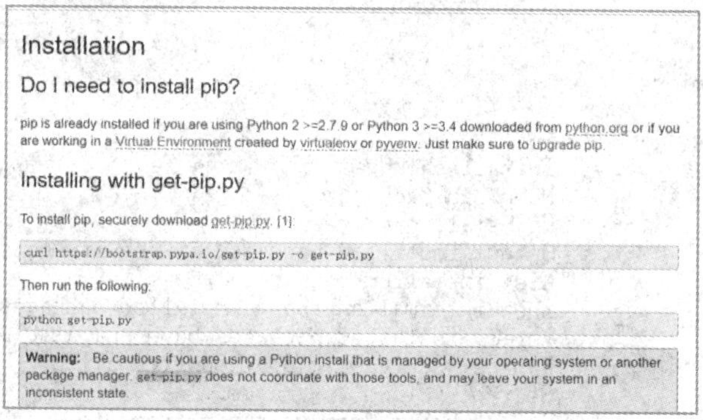

图 B-2　get-pip.py 下载界面

Step3：打开【cmd】先后输入“curl https://bootstrap.pypa.io/get-pip.py -o get-pip.py”和“python get-pip.py”，如图 B-3 所示。

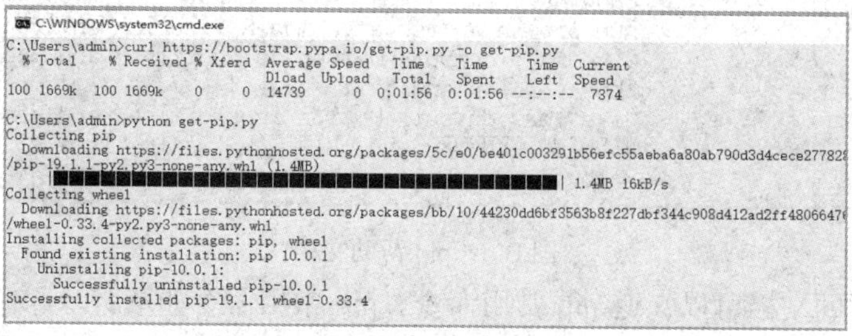

图 B-3　cmd 界面

Step4：输入【python .\get-pip.py】命令，若出现【could not install packages due to an EnvironmentError: [WinError 5] 拒绝访问 Consider using the '--user' option or check the permissions】的报错信息，则可以使用【python .\get-pip.py --user】解决。

Step5：使用【pip --version】检测 pip 的版本信息，如图 B-4 所示。

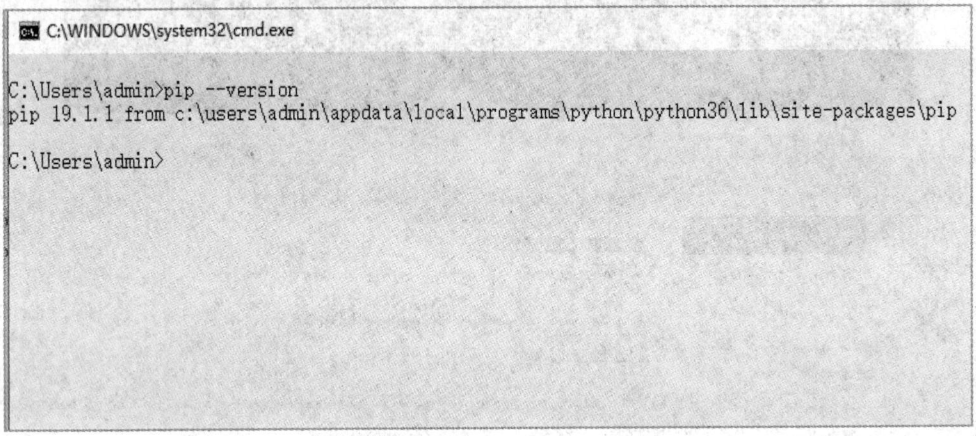

```
C:\WINDOWS\system32\cmd.exe

C:\Users\admin>pip --version
pip 19.1.1 from c:\users\admin\appdata\local\programs\python\python36\lib\site-packages\pip

C:\Users\admin>
```

图 B-4　pip 版本检测界面

Step6：查看 Python 的帮助文档，打开 cmd，输入 pip，如图 B-5 所示。

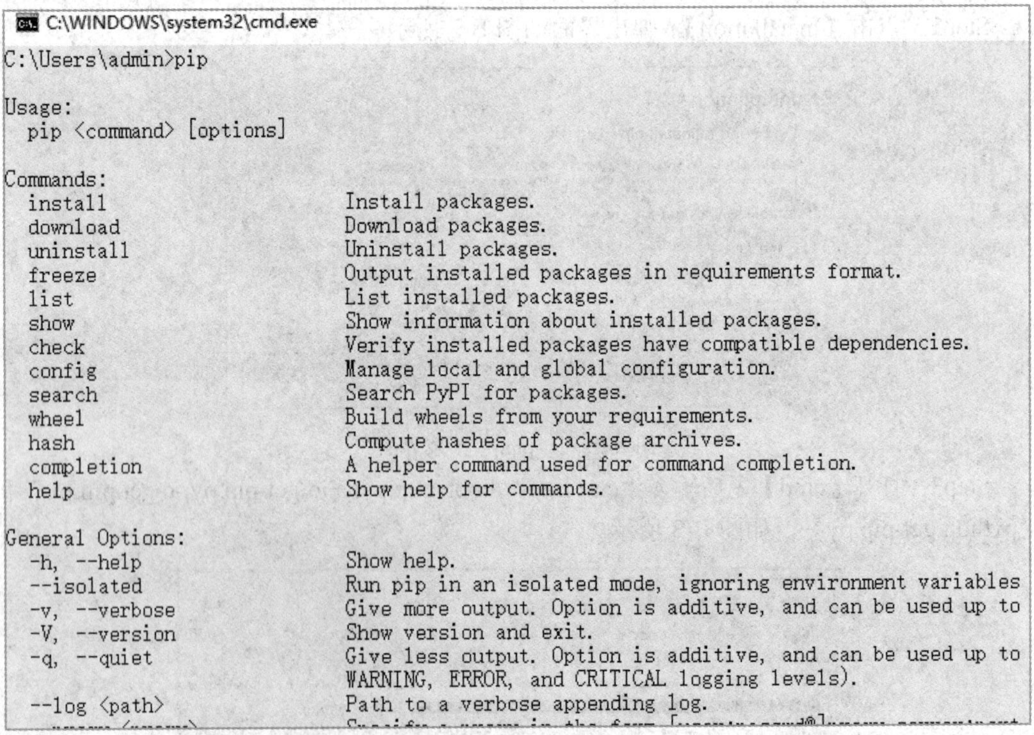

```
C:\WINDOWS\system32\cmd.exe
C:\Users\admin>pip

Usage:
  pip <command> [options]

Commands:
  install                     Install packages.
  download                    Download packages.
  uninstall                   Uninstall packages.
  freeze                      Output installed packages in requirements format.
  list                        List installed packages.
  show                        Show information about installed packages.
  check                       Verify installed packages have compatible dependencies.
  config                      Manage local and global configuration.
  search                      Search PyPI for packages.
  wheel                       Build wheels from your requirements.
  hash                        Compute hashes of package archives.
  completion                  A helper command used for command completion.
  help                        Show help for commands.

General Options:
  -h, --help                  Show help.
  --isolated                  Run pip in an isolated mode, ignoring environment variables
  -v, --verbose               Give more output. Option is additive, and can be used up to
  -V, --version               Show version and exit.
  -q, --quiet                 Give less output. Option is additive, and can be used up to
                              WARNING, ERROR, and CRITICAL logging levels).
  --log <path>                Path to a verbose appending log.
```

图 B-5　pip 帮助文档

根据 pip 帮助文档可以知道 pip 常用命令。pip 常用命令如下所示，代码中的【xxx】即为待安装的包的名称。

```
# 安装包
pip install xxx

# 升级包，可以使用 -U 或者 --upgrade
pip install -U xxx

# 卸载包
pip uninstall xxx

# 列出已经安装的包
pip list
```

Step 7：至此，pip 已经安装好了，可以直接在 cmd 中使用【pip install jupyter】命令进行 Jupyter Notebook 的安装，pip 命令将自动下载 Jupyter Notebook 的安装包并进行安装，安装成功的界面如图 B-6 所示。

温馨提示：

此处只介绍了通过 pip 工具进行 Jupyter Notebook 安装的方法，实际上 Python 中的所有第三方包都可以通过 pip 进行安装，安装方法完全类似。正文中的各大案例也广泛使用了第三方包（或称为库），读者在实现的时候如果发现提示不存在要调用的包，请自行利用此处介绍的方法，通过 pip 指令进行手动安装，正文中不再赘述第三方包的安装方法。

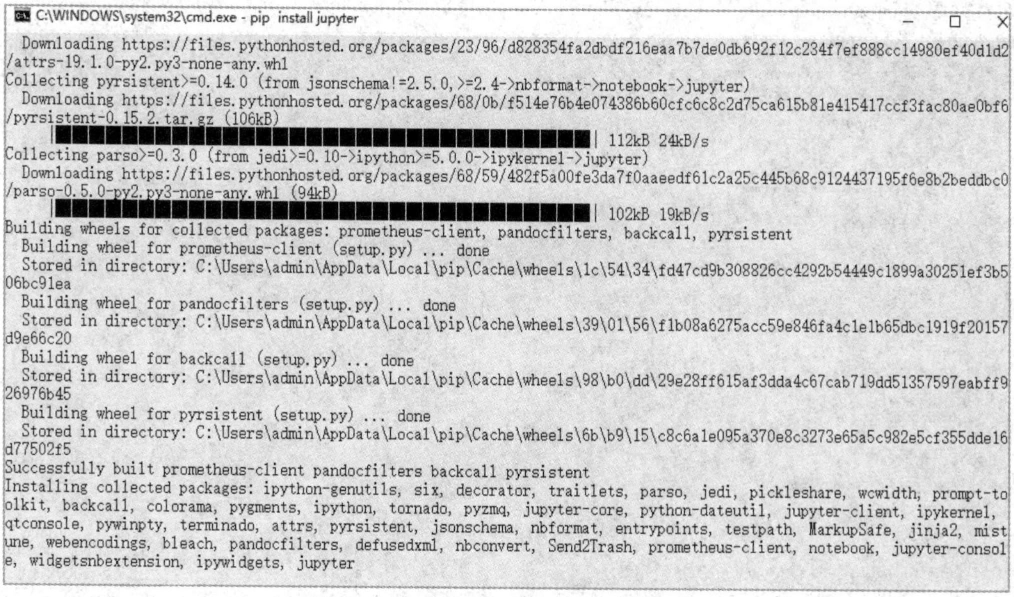

```
C:\WINDOWS\system32\cmd.exe - pip  install jupyter
  Downloading https://files.pythonhosted.org/packages/23/96/d828354fa2dbdf216eaa7b7de0db692f12c234f7ef888cc14980ef40d1d2
/attrs-19.1.0-py2.py3-none-any.whl
Collecting pyrsistent>=0.14.0 (from jsonschema!=2.5.0,>=2.4->nbformat->notebook->jupyter)
  Downloading https://files.pythonhosted.org/packages/68/0b/f514e76b4e074386b60cfc6c8c2d75ca615b81e415417ccf3fac80ae0bf6
/pyrsistent-0.15.2.tar.gz (106kB)
    |████████████████████████████████| 112kB 24kB/s
Collecting parso>=0.3.0 (from jedi>=0.10->ipython>=5.0.0->ipykernel->jupyter)
  Downloading https://files.pythonhosted.org/packages/68/59/482f5a00fe3da7f0aaeedf61c2a25c445b68c9124437195f6e8b2beddbc0
/parso-0.5.0-py2.py3-none-any.whl (94kB)
    |████████████████████████████████| 102kB 19kB/s
Building wheels for collected packages: prometheus-client, pandocfilters, backcall, pyrsistent
  Building wheel for prometheus-client (setup.py) ... done
  Stored in directory: C:\Users\admin\AppData\Local\pip\Cache\wheels\1c\54\34\fd47cd9b308826cc4292b54449c1899a30251ef3b5
06bc91ea
  Building wheel for pandocfilters (setup.py) ... done
  Stored in directory: C:\Users\admin\AppData\Local\pip\Cache\wheels\39\01\56\f1b08a6275acc59e846fa4c1e1b65dbc1919f20157
d9e66c20
  Building wheel for backcall (setup.py) ... done
  Stored in directory: C:\Users\admin\AppData\Local\pip\Cache\wheels\98\b0\dd\29e28ff615af3dda4c67cab719dd51357597eabff9
26976b45
  Building wheel for pyrsistent (setup.py) ... done
  Stored in directory: C:\Users\admin\AppData\Local\pip\Cache\wheels\6b\b9\15\c8c6a1e095a370e8c3273e65a5c982e5cf355dde16
d77502f5
Successfully built prometheus-client pandocfilters backcall pyrsistent
Installing collected packages: ipython-genutils, six, decorator, traitlets, parso, jedi, pickleshare, wcwidth, prompt-to
olkit, backcall, colorama, pygments, ipython, tornado, pyzmq, jupyter-core, python-dateutil, jupyter-client, ipykernel,
qtconsole, pywinpty, terminado, attrs, pyrsistent, jsonschema, nbformat, entrypoints, testpath, MarkupSafe, jinja2, mist
une, webencodings, bleach, pandocfilters, defusedxml, nbconvert, Send2Trash, prometheus-client, notebook, jupyter-consol
e, widgetsnbextension, ipywidgets, jupyter
```

图 B-6　安装 Jupyter Notebook 成功界面

B.1.2　Jupyter Notebook 的运行

Jupyter Notebook 的运行很简单，根据上述方法打开“cmd”的界面，然后使用 cd 命令进入想要存储源文件的地址，然后直接在“cmd”中输入“jupyter notebook”就可以直接运行 Jupyter Notebook。运行 Jupyter Notebook 之后会产生两个界面，一个是如图 B-7 所示的控制台界面，另一个是图 B-8 所示的网页界面。其中控制台界面是代码的真实执行窗口，运行过程中不允许手动关闭和干预，而网页界面是用户编程的界面，可以在其中输入 Python 源代码。

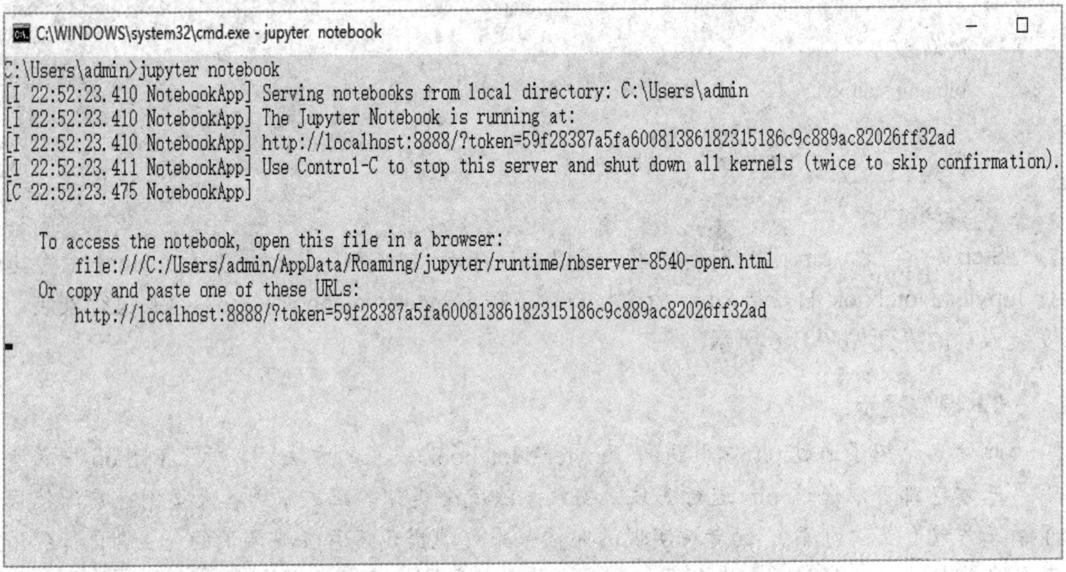

图 B-7　Jupyter Notebook 的 cmd 运行界面

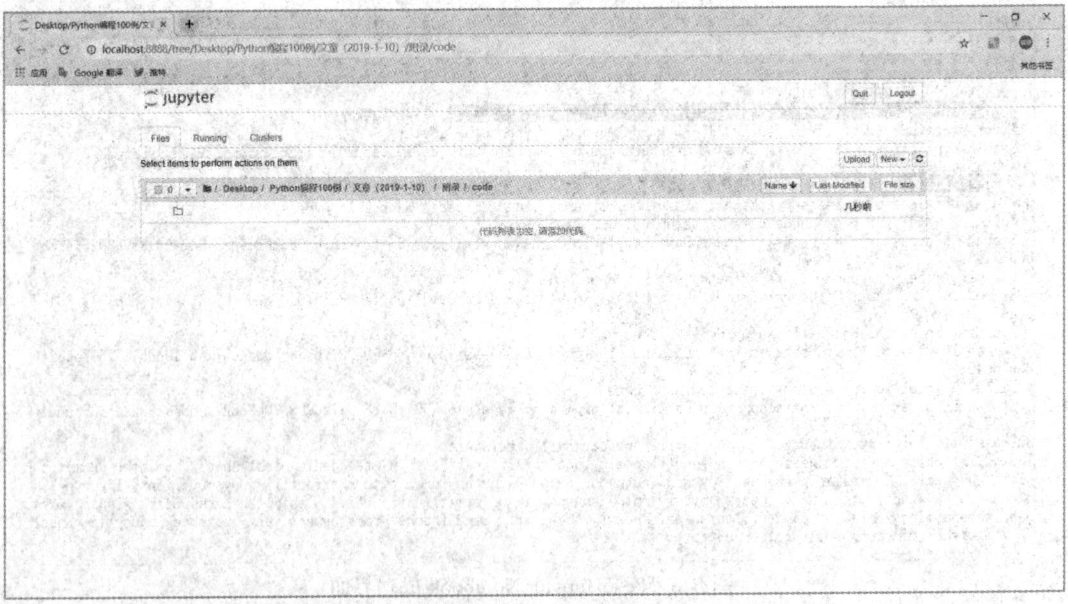

图 B-8　Jupyter Notebook 的浏览器运行界面

至此，Jupyter Notebook 的开发环境就安装完成了，读者可以在 Jupyter Notebook 中进行源代码编辑和运行程序了。

温馨提示：

如果 Python 的运行环境是按照附录 A.1 中的官方方式进行安装的，就需要参考本小节手动进行 Jupyter Notebook 的安装。如果是直接安装的 Anaconda，那么 Jupyter Notebook 也一并集成在其中了，不需要单独安装了，可以直接通过 Anaconda 菜单运行，也可以用本小节介绍的方法运行。

B.2 PyCharm 的安装

PyCharm 是一种 Python IDE，带有一整套可以帮助用户在使用 Python 语言开发时提高其效率的工具，比如调试、语法高亮、Project 管理、代码跳转、智能提示、自动完成、单元测试、版本控制等工具。此外，该 IDE 提供了一些高级功能，以用于支持 Django 框架下的专业 Web 开发。

B.2.1 PyCharm 的下载

PyCharm 作为一个普通的 Windows 应用程序，同样需要手动进行下载和安装，下面是下载的详细步骤。

Step1：在浏览器里输入 PyCharm 官网地址 https://www.jetbrains.com/pycharm/，界面如图 B-9 所示。

图 B-9 PyCharm 官网

Step2：点击【DOWNLOAD NOW】按钮，出现界面如图 B-10 所示。

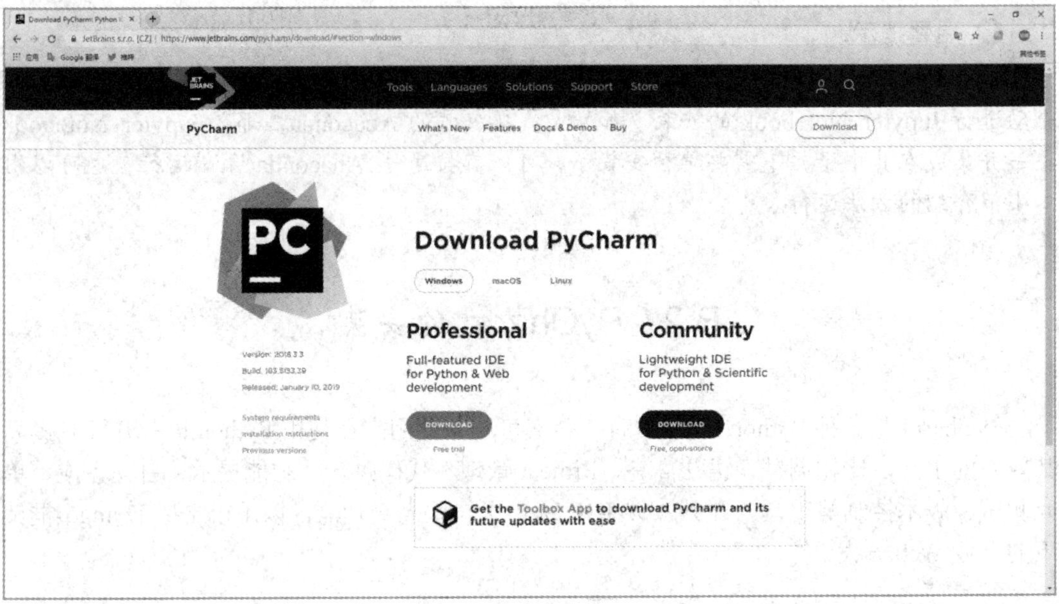

图 B-10　下载界面一

Step3：PyCharm 分为专业版(Professional)和社区版(Community)，专业版是提供给企业进行商业应用开发的，是收费版本。社区版是一个免费版本，主要提供给学生和广大科研人员研究使用，两个版本的功能相差不大，区别主要在于对应用的优化程度不同。本书选用社区版就足够使用了，所以我们选择社区版下面的【DOWNLOAD】按钮进行下载，下载界面如图 B-11 所示。

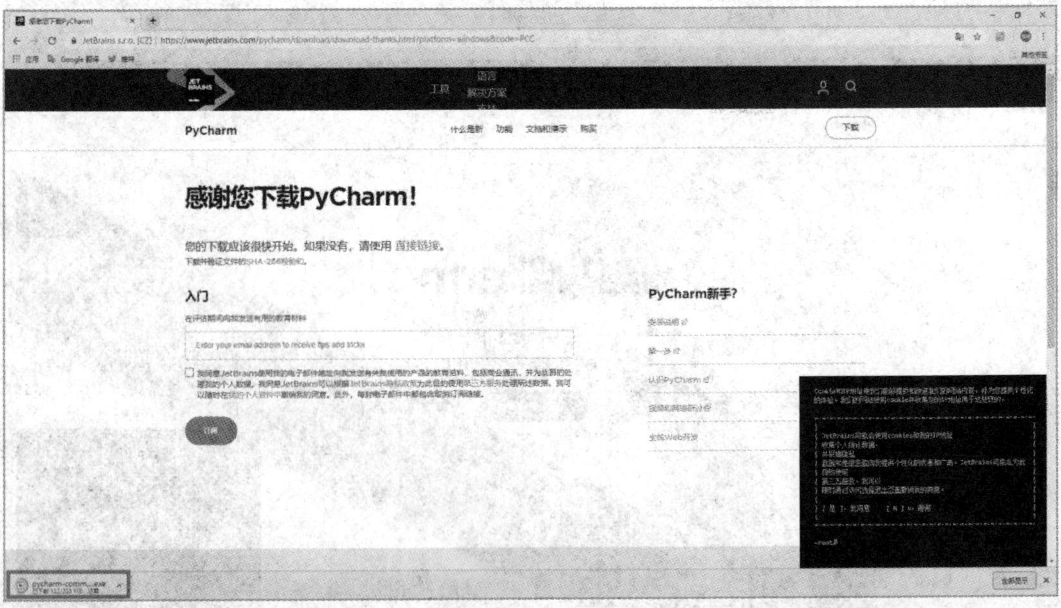

图 B-11　下载界面二

Step4：等待几分钟完成下载，打开相应的存储文件，找到 PyCharm 安装图标，如图 B-12 所示。

图 B-12　PyCharm 安装图标

B.2.2　PyCharm 的安装

PyCharm 的安装也比较简单，基本上一直点下一步按钮(【Next>】)就能够成功，具体步骤如下。

Step1：双击图 B-12 所示的图标，出现图 B-13 所示的界面。

图 B-13　安装界面一

Step2：点击【Next>】按钮，出现安装界面如图 B-14 所示。

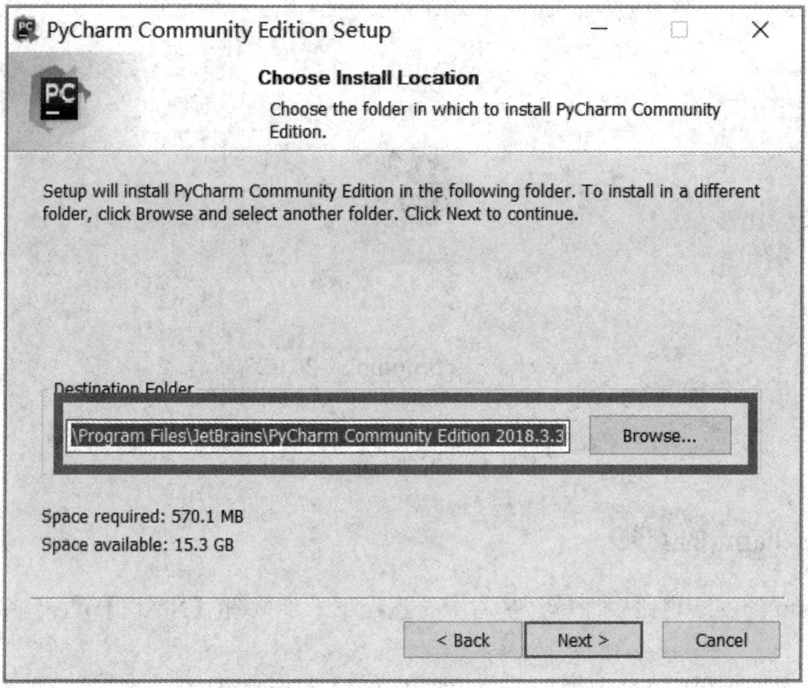

图 B-14　安装界面二

Step3：点击【Browse…】按钮选择自定义安装的位置，然后点击【Next>】按钮，出现界面如图 B-15 所示。

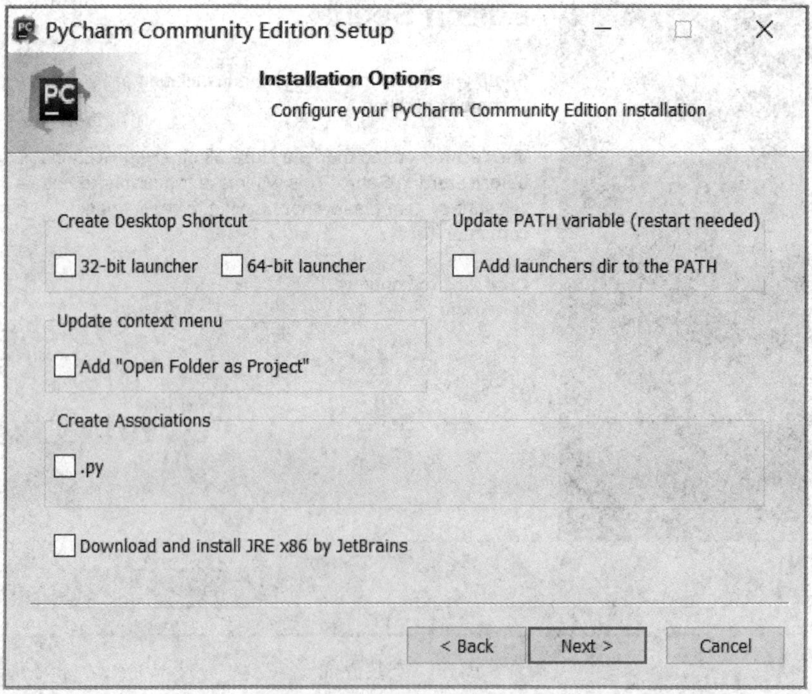

图 B-15　安装界面三

Step4：勾选相应的选项，如图 B-16 所示。

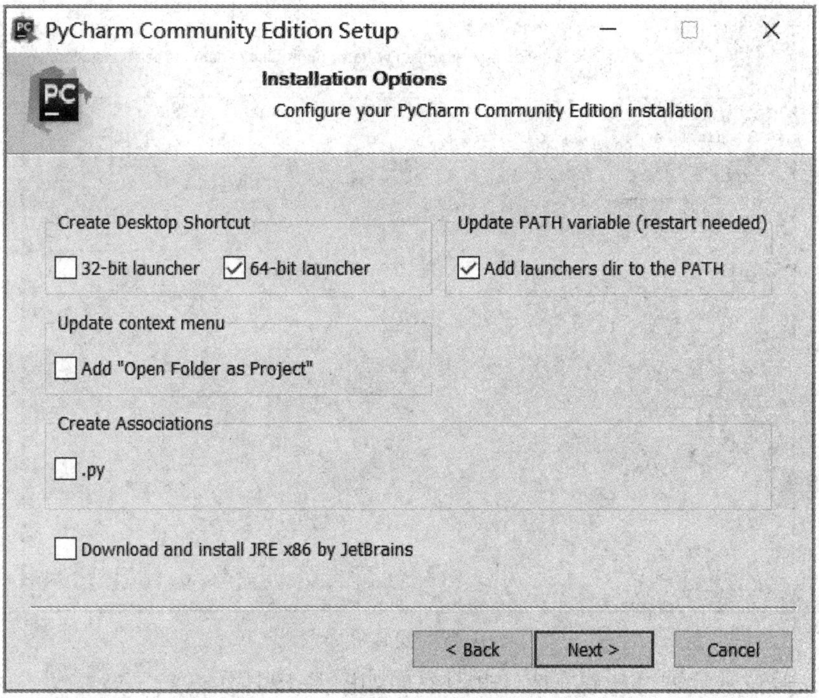

图 B-16　安装界面四

Step5：点击【Next>】按钮，出现界面如图 B-17 所示。

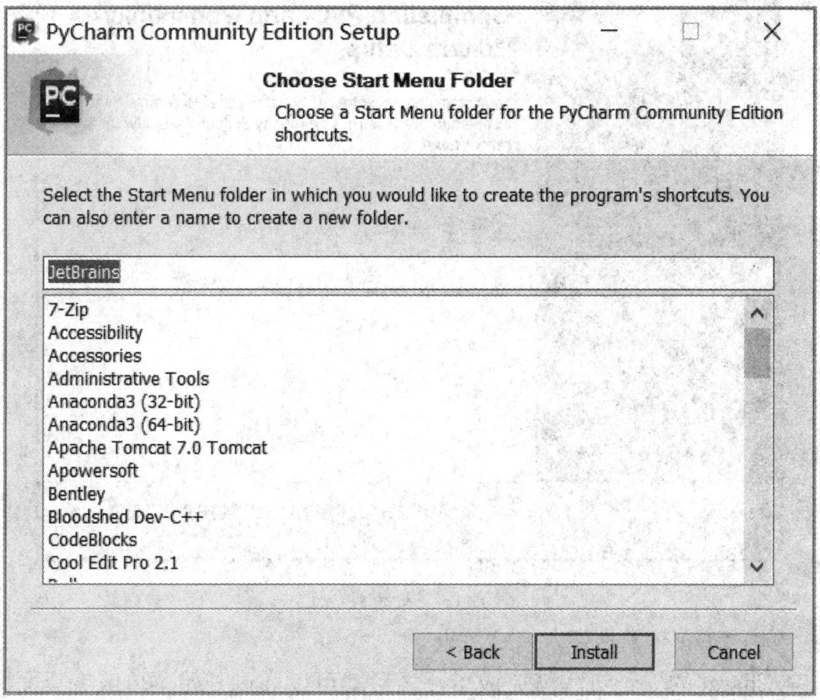

图 B-17　安装界面五

Step6：点击【Install】按钮，开始进行安装，界面如图 B-18 所示。

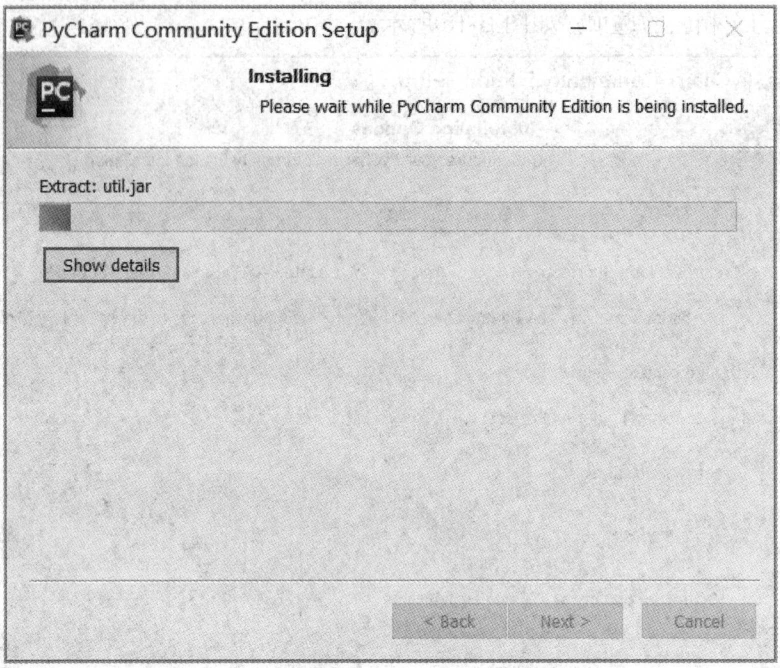

图 B-18　安装界面六

Step7：等待几分钟，加载完成，此时界面如图 B-19 所示。

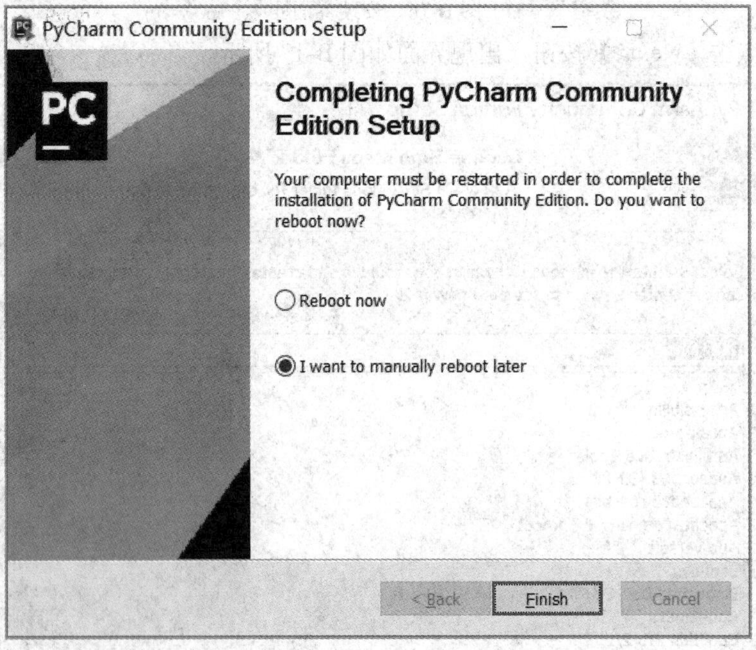

图 B-19　安装界面七

Step8：点击【Finish】按钮，完成安装。

至此，PyCharm 的安装过程就完成了，之后就可以通过开始菜单或者桌面快捷方式运行 PyCharm，进行 Python 项目开发了。